人種の表象と社会的リアリティ

人種の表象と社会的リアリティ

竹沢泰子 編

岩波書店

京都大学人文科学研究所共同研究報告

目　次

総論　表象から人種の社会的リアリティを考える

竹沢泰子

はじめに――日本から人種表象を再考する

日本で人種や人種差別について語ることは、常にある一定の困難さを伴う。人種と言えば、コーカソイド人種(白色人種)、モンゴロイド人種(黄色人種)といった、古典的で誤りに満ちた理解が教科書や事典などをとおして広く浸透しているがために、人種差別という言葉で一般に想起されるのは、アメリカ合衆国の黒人差別か南アフリカ共和国のアパルトヘイトか、さもなければ日本人が海外で受ける人種差別といった類のものに限られがちである。民族は人種の下位概念、文化的概念であり、人種は生物学的概念であるという理解によって、日本社会における在日コリアンや華僑・華人などに対する差別は「民族差別」、被差別部落に対する差別は「部落差別」というそれぞれ個別の差別形態として認識されることになり、問題を矮小化してきた。それによって、これらの差別に通底する人種主義の側面については、むしろ覆い隠されてきたと言っても過言ではない(1)。また学術界においては、国内におけるこのような問題を海外における人種主義の事例と紡ぎあわせて、それらの共通性や特異性を検証するといった営みは、きわめて立ち後れていると言わなければならない。

本書は、『人種概念の普遍性を問う――西洋的パラダイムを超えて』(二〇〇五年、人文書院)に続く、分野横断的・地域横断的な人種に関する共同研究の成果である。前書では、人種概念そのものを洗い直すことを試みたが、本書では、概念と表裏一体の関係にある実在性の問題に迫る。過去半世紀における一部の自然人類学の研究成果と遺伝学の飛躍的発展により、人種は生物学的実体をもたず社会構築物に過ぎないという知見が、ある程度まで浸透した。これは人種に対する根本的誤解を改める意味では寄与したが、反面、大きな課題を残すことにもなった。生物学的実体はもたず、社会構築物であると説明しても、日々の生活実践における人種主義を解明することには何らつながらない。また社会構築物、つまり虚偽《フィクション》であるならば、社会的に人種(皮膚の色《カラー》)を考慮する必要はないといった、カラーブラインド社会指向の議論に利用されるという、予期せぬ結果も招いたからである。人種に生物学的実体がなくとも、社会的リアリティは存在する。われわれの日常生活において、人種は、スポーツ、音楽、教育、社会福祉、医療にいたるまで、社会のあらゆる場面において強固なリアリティをもち続けている。存在しないはずのものをわれわれがリアルに感じるのはなぜなのか。問いの立て方を変えるなら、何がどのように人種のリアリティを生成し、再生産させているのであろうか。その考察の鍵を本書では「表象(representation)」に求めたい。

人種表象については、映画研究や隣接領域の視覚文化研究など、すでに膨大な先行研究が存在している。後に詳述するように、ヨーロッパ、北米、南米、東アジアという多地域にまたがる事例研究を学際的に収めた本書は、東アジアに存在する「見えない人種」の表象と、これらの他地域の事例とを接合させることによって、広い射程から人種表象の理論化に向けた新たなアプローチを探る。ただしそれによって意図するのは、欧米対日本、欧米対アジアという二項対立的な比較対照ではない。本書は、欧米の人種表象研究の蓄積から日本やアジアを見つめ直し、また日本の視点から欧米における非視覚表象を逆照射するという、双方向的で相補的な人種表象の解釈を提示することを目指すものである。

一　二一世紀の人種差別のかたち

1　社会進出と新たな差別のかたち

光と影が混在した二〇世紀を改めて振り返れば、人種差別の是正はたしかに飛躍的前進を遂げたといえる。世界中から歴史的瞬間として熱い注目を集めたバラク・オバマ氏の大統領選出は、その象徴的事例として語られている。二〇〇九年一月二〇日の就任演説で、集まった二〇〇万人の聴衆を目の前にして彼が語ったように、アフリカ系やアジア系アメリカ人がレストランに容易に足を踏み入れることが許されなかった第二次世界大戦直後のアメリカ合衆国において、そのわずか六〇年後に「黒人大統領」の誕生を予期しえたものがいただろうか。長年の運動が確実に実を結んで、今日露骨な人種差別的法制度はほぼ姿を消している。同時に、世界諸地域で二〇世紀末までに導入された多文化主義や差別是正のための積極的措置などにより、支配・抑圧されてきた人々の社会進出や中産階級層の増加が進んでいる。しかし、だからこそ今問い直さなければならない。世界は人種主義や人種間対立を昨日のものとして、「平等」と「融和」の明日へと真に向かっているのだろうかと。

二〇世紀後半、わたしたちは、差別的法制度の撤廃と差別是正措置の導入という、人種主義に抗するための最大の武器を手に入れたはずだった。被抑圧集団の人々の社会進出、オバマのような英雄の誕生が、差別解消の例証として語られる。しかし今日の生活実践で見出される差別のかたちは、もはや法を指さして人種差別だと声高に訴えられる類のものではないのである。現実には、法制度では測れない陰湿な差別や排除が根強く見受けられる。

現代世界における民主主義国家では、被抑圧集団の人々はさまざまな領域において徐々に社会進出を遂げているものの、職場や学校・大学、近隣区などの個別の空間においては、多くの場合、数的にも(圧倒的)少数派のままであるがために、再編成された周縁化を余儀なくされている。そこで見受けられる事態は、支配的・中心的位置にいる人々の権益が擁護され、構造的に周縁化された人々は、あからさまなかたちではなくとも、利益享受に関連するさまざまな意志決定や情報の伝達経路から排除されるという、かたちを変えた差別構造である。個別の空間において、中心の間で周縁をめぐる言説が生み出され、その言説をとおして中心の権益は擁護・拡大され、周縁に対する抑圧・排除は、自己責任の問題に還元される。言い換えるならば、半意識的・無意識的に埋め込まれた身内びいきや他者に対する排除と、既得権維持・権利拡大の欲望とが交錯して、言説は創り出され、維持される。その結果、周縁は抑圧され続け、形を変えた人種差別が繰り返されているのである。

しかも厄介なことに、そこには法的な問題は見出されず、民主主義における「数の論理」によって正当化されるために、支配的・中心的位置にいる人々はそれが構造的差別であるということに無自覚でありがちである。被支配的・周縁的位置にいる人々の社会進出は分節化・分断化されているがために、ある次元で横断的に見れば酷似する差別形態をもちながら、そこに通底する差別構造はきわめて可視化されにくい状況が生じている。これが現代に見られる人種主義のひとつのかたちなのである。

日本においては、日本生まれの永住外国人でさえ社会進出がきわめて限られている現状においては、さしあたり、社会進出を遂げた女性たちをめぐるジェンダー差別が類似した形態を見せていると言えるであろう。

2　ネオリベラリズムと人種主義

今、世界は、出口の見えないきわめて深刻な経済危機に瀕している。冷戦の終結によってグローバル化を勝ち得た資本主義は、ネオリベラリズム(新自由主義)を世界規模に拡張させてきた。新古典派経済学者らは、国民国家の枠を超えた資本や労働力の自由な流通こそが、国家間の賃金格差や経済格差の解消につながると主張してきた。だが、彼らの楽観的予測は裏切られ、今や誰もが知るように、一握りの富める者のみが一層富を増すことになった。単に先進国と開発途上国の間の「南北問題」だけではなく、先進国・途上国いずれの国内においても一層格差が拡大するという現状に、今世界は直面している。前述のような社会進出とはおよそ縁がない社会の底辺層に格差のひずみは押し寄せており、そこに移住労働者を含めた人種やエスニック・マイノリティなどの構造的弱者の存在が圧倒的偏りを見せている状況は、世界的に共通している。

現在のような深刻な不況のもと、人種主義はどのようなかたちで現れているのだろうか。賃金カットによる月々の収入の減少や失職に際しては、家族の資産の有無によって決定的な有利不利の差が生じる。資産は不況時の緩衝材となりうるからである。アメリカ合衆国の人種間経済格差に関する研究で近年大きな注目を集めているのは、収入格差よりむしろ、資産格差の問題である(e.g. Shapiro and Oliver 1995; Conley 1999)。二〇〇〇年の国勢調査によれば、黒人の一世帯あたりの総資産(家、車、貯金、株、家具等々)は非ヒスパニック系白人のそれの一〇分の一にも満たない。また一九九六年から二〇〇二年までの不況時には、黒人と非ヒスパニック系白人の間の資産格差は、むしろ拡大しているという調査結果が出ている(2)。

しかし、これは「人種問題に苦悩するアメリカ特有の問題」ではない。日本では、深刻な人材不足に見舞われていたバブル期に、入国管理法の改定によって大量に受け入れられてきた日系ブラジル人や日系ペルー人らが、不況になると真っ先に大量解雇の対象となり、今その多くが職も住まいも失い続けている。全国各地のブラジル人学校では、親の失職のため生徒数が激減している。不況時におけるこのような支配者集団と被支配者集団の間の格差拡大は、スウェーデン、ベトナム、マレーシアなど、世界諸地域で報告されている(3)。

現代の人種主義はグローバリゼーションのプロセスと密接に関係している——そう主張するのは、国際人口移動研究の第一人者であるスティーヴン・カースルズである。「人種主義に基づく排除や搾取は、その形を変えただけで、従来同様、広く蔓延しており、深刻である」(Castles 2000: 185)。露骨な隔離や排除といった古典的かつ狭義の人種差別ではなく、国家経済や社会関係、文化やアイデンティティの危機といった多様なかたちでそれは現出しているのであり、このような人種主義の変容が、その変容に対応しきれていない反人種主義闘争を危機に陥れている、とカースルズは警鐘を鳴らしている。グローバリゼーションは、国民国家内において周縁化されてきた人々を分断し、異なる方法でこれらの人々を巻き込んでいる。この点については抵抗をめぐる議論と併せて後述することとする。

二　人種概念の特性と三つの位相

人種表象の議論に進む前に、ここで、前編著(竹沢 二〇〇五)において論じた人種概念の三つの内在的特性について再確認しておきたい。

第一に、人種的資質とされるもの(可視的および非可視的身体要素、気質、能力など)が、系譜的に世代から世代へと身体を媒介に「遺伝する」もの、出自によって決定され、環境や外的要因では「(容易に)変えることができない」ものだと信じられていること。

第二に、自己・他者認識の境界を引く主体が他者集団に対して排他性を示す傾向が強く、とくに古典的な人種概念においては集団間に明白な序列階梯が想定されること。

第三に、その排他性や序列階梯が政治的・経済的あるいは社会的制度や資源と結びついて発露するため、単なる偏《へん》見《けん》やエスノセントリズム(自民族中心主義)にもとづく差異の認識にとどまらないこと、つまり組織的な差異化であり利害と関係しやすいこと、である(竹沢 二〇〇五：一五一―一六一)。

内在的特性をめぐるこのような議論から明らかなように、本書もまた、人種偏見が人種主義の根源的要素として作用すると考える社会心理学的なアプローチをとるものではない。むしろさまざまな重層構造のなかで、人種が交錯することにより、差異を固定化し、ひいては序列階梯の生成・維持に強い効力を発する特性に注目したい。すなわち、人種概念は、政治的・経済的・社会的制度や資源等の利害が絡んだ序列階梯と不可分な関係をもっており、そこに、身体を媒介として遺伝するといった言説が接合することにより、人種概念が構築されているのである。

さらに前書では、人種起源をめぐって欧米で確立している、普遍説と近代西洋起源説という二大説をともに否定し、人種概念は普遍的に存在するものではないこと、また近代以前に西洋以外の地域においても見出されることを日本の事例などを引いて主張した。そのうえでオルタナティヴな理解として、人種概念が「小文字の race」「大文字の

Race」「抵抗の人種（Race as Resistance（RR））」という三つの位相によって一つの球をなすように成立していると論じた。これら三つの位相がそれぞれ抱える複雑な特性については省略せざるをえないが、簡単に紹介するならば、「小文字のrace」とは、近代化や欧米からの人種分類論の受容などによる影響とは無関係に、それぞれのローカル社会において右のように定義した特性がみられる人種であり、「大文字のRace」とは、世界中の人々のマッピングと分類を意識して構築された科学的概念として流通する人種、また「抵抗の人種（RR）」とは、マイノリティ当事者らが、人種主義に抵抗するために、重層的アイデンティティのなかで人種アイデンティティを動員することにより生成・強化される人種である。

三　人種表象と社会的リアリティ

前述の通り、二一世紀初頭の今、人種差別の形態はより可視化されにくくなっており、ややもすれば差別が解消の方向に向かっているかのごとき錯覚を人々に与えている。差別構造は多元的多層的であり、人種主義だけが特権化されるものでもない。本書がこの作業をとおして真に接近を試みているのは、人間の差異と不平等をめぐるメカニズムであり、人種主義はそのひとつの表現でしかない。ただし人種主義がジェンダー差別とともに根強い差別として現れやすい理由は、そこでの差異の「自然化」にある。すなわち、「人種」の差異が自然化されることによって、社会的不平等も人間や社会の手には及ばぬ自然の摂理へと還元される。差異を自然なるものに還元する表象は、支配や周縁化を正当化するために、差異の永続性を確保する表象のストラテジーなのである。

ベル・フックスは、『ブラック・ルックス』のなかで、アフリカ系アメリカ人が教育や雇用面において目覚ましい進出を遂げているのとは対照的に、彼らにかんするステレオタイプ的な表象には本質的な変化がみられないと論じている。「雑誌や本を開いても、テレビをつけても、映画を観ても、写真を見ても、黒人は白人至上主義を再強化するようなイメージで描かれている」と（hooks 1992: 1）。

フックスが指摘するように、ステレオタイプ的な人種表象は執拗に反復されるため、根本的変化は容易には望めない。このように人種的ステレオタイプの研究は、表象に見られる人種主義を批判的に検証する一定の役割を果たしてきた。しかしながらショハットとスタムは、ステレオタイプ研究の問題点について以下のように指摘している。ステレオタイプ研究は、ステレオタイプを固定的で歴史から切り離されたものとして捉えることにより、本来それが告発するはずの本質主義の罠に陥っている。さらに、表象の「誤り」や「歪曲」の指摘に際して、「真正性《オーセンティシティ》」の存在が前提とされるが、それは本来誰も語る特権をもちえないはずである[4](Shohat and Stam 1994; Shohat 2008)。

表象を現実の人種主義の反映として捉えるステレオタイプ研究に代わって、現実をつくり出していくエージェントとしての能動的プロセスに注目するのが最近の傾向である。スチュアート・ホールの言葉を借りるなら、「反映論的アプローチ」ではなく、「構築主義的アプローチ」である(Hall 1997)。本書においても、人種表象を現実や実態と照合して議論するのではなく、表象がどのように人種の社会的リアリティを構築するのか、そのプロセスを検証する。

表象には、マス・メディアを媒体として流通するイメージや、象徴、言説、論争、思想などさまざまな形態があるが、本書では、とくに視覚表象と並んで、社会言説を中心とした非視覚表象、および科学表象を取り上げる。視覚表象が人種表象の代表格であることは疑いようがなく、本書に収められた大半の論文も映画や芸術などを題材の一部として検証している。言説にも比重をおく理由は、視覚表象と言説が不可分な関係にあることに加え、人種表象の研究分野においては、映画表象に代表される視覚表象に関する研究の膨大さに比べて、非視覚的な人種表象の研究がけっして豊富にあるとは言えないからである。それは、欧米では可視的な身体形質に基づいて差異とヒエラルキーが構築されてきた人種概念を基軸としつつ、その国内外における植民地主義の経験に偏重した研究が大半を占めているがゆえの結果である(竹沢 二〇〇五)。

他方、被抑圧集団の人々は、社会に存続する表象によって閉鎖的で固定的な空間に閉じ込められるのではなく、現代においては主体的な表現や「対抗表象」(川島論文)でもって既存の表象を打破しようとする試みが見出される。ただし二一世紀初頭の今日、対抗表象や抵抗も、二〇世紀末型とは異なるかたちを見せつつある。

このように本書では、表象の考察をとおして分野横断的・地域横断的に人種の社会的リアリティの問題に迫る。だが、本書の特色は単に学際性、地域横断性に限られるものではない。以下、視覚表象、非視覚表象、科学表象、二一世紀における抵抗の課題について、本書の各論を踏まえながら編者の見地を記すこととする。

四　視覚表象

近代以降、ヨーロッパ文化を中心に、視覚はあらゆる感覚に優先されてきた。そもそも近代科学の夜明けとともに始まった博物学では、視覚にほぼ独占的な特権が与えられ（フーコー　一九七四［1966］）、万物を目で観察し、形状や大きさに応じて分類することによって、「知」の体系が築かれた。視覚文化の優位性に対し、聴覚や触覚をとおして継承される口承文化が劣位に位置づけられたことも銘記しておくべきである。その後、一九世紀後半においては写真や雑誌などの印刷技術が、二〇世紀には加えてテレビや映画などの映像の制作技術が発達し、これらの媒体をとおして視覚表象が、知、思考、感性の中心を占めるようになった。さらに現在は、インターネットによる動画配信の時代である。視覚表象は、グローバル・レベルで、同時瞬間的かつ反復的に共有されるという、人類史上これまでになかった新たな展開を見せている。

視覚表象の第一の特性として指摘できるのは、公共空間においてきわめて広範囲にわたり不特定多数の人々によって共有されることである。印刷物からインターネットへの技術のさらなる発展に伴い、その反復再生産力は幾何級数的に増大している。それと関連して第二に、後述する非視覚表象と比べて、その影響力が比較的短期間に現れることが指摘できる。

人種の視覚表象の特性として注目したいもうひとつの側面は、資本主義のもとでは消費文化と不可分な関係をもつことである。視覚表象をとおした有徴化によって、時に色鮮やかに広告を飾り、時に映画で滑稽な役を演じ、時に官能的な写真で観る者を刺激する。視覚表象が市場原理に乗るには、多数派購買層の消費意欲をそそる美意識や価値観に基づき、かつ特権層に利潤をもたらすことが要求される。だからこそ、ひとたび支配―被支配の構造が確立されると、フックスが論ずるように、変化をもたらすことは容易でなく、人種表象は、構造的に再生産を強いられるのである。

視覚表象のなかでも最も古い歴史をもつ媒体のひとつである絵画は、近代以降、美術館など集客力の高い展示用の公共空間を獲得していった。井野瀬論文や藤原論文は、国家がある新しい「国民の物語」や政治的イデオロギーの普及というプロジェクトを抱えた時、委託した画家たちを通して、絵画のもつこうした表象の力を利用しようとした例を示している。貴堂論文のなかで議論される映画制作のさまざまな倫理規定（ヘイズ・コード）の策定は、二〇世紀に登場した映画という表象媒体の多大な影響力を警戒してのことであった。貴堂論文と川島論文に共通する点で興味深いのは、映画を通しての視覚表象と社会（改良）運動が連動していることである。川島論文で明らかにされる黒人身体能力神話に対する対抗表象の普及には、逆に視覚表象のもたらす効果の迅速性や、エージェントとしての役割が利用されるわけであるが、この点については後述する。

五　非視覚表象

日本や他のアジア地域などにおける「見えない人種」に対する差別は、現代においてなお解消する兆しを見せていない。[5] 人々は日々の生活実践のなかで、社会言説を中心とする非視覚表象をとおして見えない人種の存在を実感する。見えない人種の非視覚表象は以下のように特徴づけられる。[6] 公共空間に多くみられる視覚表象とは対照的に、ローカルなレベルの生活空間のなかで、秘密裏に伝承される傾向をもつ。視覚表象とは対照的に、臭いや感触といった感覚は、再生産不可能で、不特定多数の人間に同時に共有されることはない。だからこそかえって、個々人の意識下に深く浸透し、これまで維持されてきたのだと考えられる。また特殊な場合を除いて、消費の対象にはなりにくい。

ここで注目すべきは、視覚以外の身体の感覚に訴える表象である。見えない人種の場合、差異を確認し続けるために非視覚的な感覚に訴える表象が必要とされる。まなざしを向ける支配者側にとって、「見えない」がゆえに、それらの差異はしばしば視覚の他の、身体のほぼあらゆる感覚に刻み込まれるような意識を伴う。

これには二つの類型が考えられる。第一の類型は、五感のうち視覚以外の認知的刺激、とくに聴覚、嗅覚、触覚をとおして言説上の差異が実感される場合である。聴覚については、「声が違う」、「話し方が違う」、「音楽が違う」といった言説表象も含まれる。嗅覚については、「くさい」といった体臭(食物など文化的要素から生じる体臭も含む)をめぐる言説が、触覚については、「絹のような肌」やセックスにまつわるさまざまな言説が例として挙げられる。ただしこれらは、視覚や嗅覚、触覚という単純な認知的な刺激のみにおいて生じる反応ではない。あくまでも当該の「人種」をめぐる概念を前提として生起するものである。すなわち、脳のなかの、特定の人種を指示するラベルのついた引き出しが開けられ、認知された情報が既存の情報と照合され再確認されたあと、引き出しのなかに新たに付け加えられるというプロセスである。この一連の働きは、視覚をとおした認知についても同様のことが言える。

第二の類型は、認知的刺激なしに、社会言説を通じて、被支配者集団の「差異」が、まなざしを向ける支配者集団の側に身体化されるような感覚を伴う場合である。これもさらにいくつかに分類できる。

(1)　想像上の外的差異
(2)　想像上の内的差異
(3)　想像上の非人間化された差異

(1)の事例としては、朝鮮人と日本人は「顔が違う」といった言説(李論文)や、北米や南米などの地域で流布されている、アジア人女性の性器は「形が違う」といった言説などが挙げられる。(2)は、被差別部落をめぐる「血が穢れている」といった言説(黒川論文)のような例を指す。(3)の事例として挙げられるのは、今井監督による映画『橋のない川』においても登場する、被差別部落の人の手は「夜になると蛇の手になる」といった言説(黒川論文)である。このような事例は何も東アジアに限るものではなく、ヨーロッパではユダヤ人をめぐって、「男性にも生理がある」(2)、「尾が付いている」(3)という言説が古くから見出される。

これら想像上の差異は、まなざしを向ける側に、「恐ろしい」「不気味だ」あるいは性的欲望を喚起されるといった、いわば「肌身の感覚」を誘発するものである。見えない人種の場合、見えないからこそ、「差異」を強固にする、リアリティ溢れる言説が生み出され続けるのである。

前述の通り、まなざしを向けられる者の人種の差異とされるものは、「自然化」されることによって矯正不可能なものとして固定される。それに加えてここで新たに提示したいのは、まなざしを向ける支配的・中心的位置に立つ者にとって、不可視の領域だからこそ、周縁化されている人々の「差異」が、「肌身の感覚」という身体をとおして記憶に刻まれるという解釈である。

ただし、第一の類型と第二の類型が完全にそれぞれ独立しているわけではない。第一類型の視覚以外の認知的刺激が、第二類型の想像上の差異をめぐる言説と脳のなかで通じることにより、人種のリアリティがいっそう強められる場合がある。とくにセクシュアリティをめぐる言説は、ごく少数者の生活実践によって第一の類型に見られる表象が確認・誇張され（ステレオタイプに合わない場合は、忘却される）、経験しないその他の人々に伝えられると、第二の類型の表象が膨張し強固なものとなる。見えない身体を介するものであり、タブーの領域であるがために、人種の差異をめぐる言説は、いっそう現実味を帯びていく。

このような視覚表象と非視覚表象は、相補的な関係ではあっても、排他的な関係ではない。視覚以外の感覚で人種を感じた場合、それは視覚表象の記憶を刺激しさらにリアリティを増大させることになり、逆に視覚表象によって非視覚表象の記憶が喚起される。

ただしこの両者が交錯すると、時に弁証法的な展開が生じる場合もある。たとえば前述の今井監督による『橋のない川』をめぐる批判は、私的空間における非視覚表象と公共空間における視覚表象が交錯した時、それぞれの表象がもつリアリティが衝突することによって引き起こされた感情的反応であったとも考えられるのである。

視覚表象も非視覚表象も、人種の社会的リアリティを強め、それによって人種間の「差異」、すなわちヒエラルキーを維持する（しようとする）役割を果たしてきた（貴堂論文、藤原論文、李論文）。藤原論文は、ナチス・ドイツ下において、自己＝統治者が存在を証明できない「北方人」であるがために、その差異をモノによって創出することにより、権力構造を維持しようとした事例である。それに対し李論文が提示するのは、植民地支配下において、統治者が、他者＝朝鮮人の識別をめぐる言説によって、差異を固定化し、権力関係を維持しようとした例である。

逆に、視覚表象や非視覚表象が、ヒエラルキーに対する抵抗に関与する場合もある。それに時として力を貸すのが、人種、階級、ジェンダーの交錯である。一九世紀中葉のイギリスを舞台とした井野瀬論文によって提供されるのは、社会底辺の女性や黒人を登場させることにより、絵画で描かれた戦いが国民の物語へと変化した事例である。

六　科学表象

人種の社会的リアリティの問題は、視覚表象や、社会言説などの非視覚表象といった人文科学だけの学際的研究では不十分である。矯正不可能なものとして差異が自然化される人種を扱う以上、科学表象は、回避できない問題である。二一世紀初頭の今、ヒトゲノム解読やSNPs（一塩基多型）同定の発展に伴い、一部ながら人種実体説が回帰の兆しを見せている。かつての皮膚の色や頭蓋骨に代わって、遺伝子やゲノム情報をもとに、人類の多様性が、大陸集団間の差異へと読み替えられて表象される場合もある。本節では、この領域に関連する研究が大半を占めるアメリカ合衆国の事例を中心に考察する。

近年、医療、とりわけ罹病率や投薬効果と、人種との関係が大きな関心を呼んでいる。二〇〇五年六月、米国食品医薬品局（FDA）が、初の「特定人種用医薬」として黒人心不全患者用の「バイディル（BiDil）」を公認するという出来事が起こった。「バイディル」をめぐる詳細な議論は加藤論文に譲るとして、ここで注意を促したいのは、一連の議論の背景にある以下のようなそれぞれの立場の思惑の交錯である。すなわち、白人男性を医療の規範としてきた過去の代償としてバイディルを認可した米国食品医薬品局、それを歓迎した黒人コミュニティ指導者ら、そして特定人種をターゲットとすることにより医療ビジネスにおける巨大な利潤を目論んだ製薬会社である。

医療と人種をめぐる議論で看過してはならないのは、医療へのアクセス、医師や看護師による扱いに(自己申請に基づく)人種間で著しい格差が存在することである。徹底した調査に基づいて合衆国に存在する驚くべき人種間の「扱い」の格差について報告した『不平等な処遇』は、医療関係者や人種研究者らに大きな衝撃を与えた(Institute of Medicine of the National Academies 2002)。

遺伝学等において継続して議論されている重要な問題は、カテゴリーやラベリングをめぐるものであるが、ここではその代表的論文のひとつとされるセーレらの研究に言及するにとどめておく(詳細は竹沢(二〇〇五：総論第五節)参照)。それによると、「アフリカ人」が「アジア人」や「ヨーロッパ人」からかけ離れていると主張する研究は、一般にサンプルを距離的に互いに遠く離れた「集団」から採取して分析した結果であり、そのようなサンプル採取に基づけば、アフリカ人と非アフリカ人に明瞭に分かれる。対照的に、地球上の人口分布にそって「個人」単位で採取したところ、そのような二区分は見られず、すべての個人が二集団以上の混合を見せたという(Serre and Pääbo 2004)。

近年、急速に医療に応用されるようになったＭＲＩ(核磁気共鳴画像法)を用いた、人種と社会脳に関する研究が数多く発表されている。Ｌ・ブラザーズが一九九〇年にはじめて「社会脳」説を提唱して以来(Brothers 1990)、社会相互作用によって引き起こされる人間のさまざまな感情反応を調べる研究が進んでいる。ＭＲＩを用いた脳反応の研究で、一般的に用いられるのは視覚刺激の実験である。偏見がいかに恐怖心を煽るかについて調べるために使われる手法のひとつが、被験者に自分とは異なる「人種」の写真を見せ、その脳反応を数値化するというものである。白人の被験者に黒人の顔写真を見せると、脳のなかの扁桃体が恐怖心を抱いた時と同様の反応を示す(Cunningham et al. 2004; Frith 2007)[7]。しかしここでも、なぜ被験者が白人で、写真の被写体が黒人なのか、どのような形質をもつ黒人の、どのような表情を写した顔写真が選択され提示されているのか、が問われるべきなのである。このような恐怖心と脳の反応を考える際、黒人表象の働きと恐怖心の関係にこそ注目すべきであろう。

科学者の間では一般に、「科学的真理」が「社会的解釈」に移行する時点で偏見が働き、科学的事実とは異なる方向へ一人歩きすると説明されがちである。むろん科学の発見が社会で誤解・曲解されたり、政治的に利用されるという例は枚挙にいとまがない。だが科学的研究の前提となる次元において、科学者自身も、問題やテーマの設定、カテゴリー化やサンプリングの方法、結果の解釈において、社会的文化的拘束から自由ではない側面を過小評価するべきではない。知識を生産し共有する空間に、社会と科学という二分法的な棲み分けは存在しえないのである。

トロイ・ダスターは、「誰について、なぜ、何を目的に、科学的な問題とするのか」を注視すべきであると論じている。なぜ特定の集団の特定の側面に目を向け、なぜ他の集団は問わないのか、なぜ他の側面は研究しないのか、ということこそ問うべきであると。すなわち特定の集団を取り上げ差異を求めて実験すれば、ほぼ必然的に何らかの差異が見出される。そしてその期待された結果を根拠に、〇〇人は異なる、といった科学表象が生み出される。ダスターは、それゆえに、自然科学と社会の双方によって知識が共–生成(co-production)されていることを認識することの重要性を力説する。(8) これは最近注目を集めている科学技術社会論(Science, Technology, and Society(ＳＴＳ))でも強調されている点である。社会が科学の影響を受けているだけでなく、一見中立的に見える科学研究も、また科学者自身も、社会的価値観や政治性に縛られているのである。このような認識に立つ科学技術社会論は、それらの接触領域で発生する問題を分野横断的に考える営みである。

坂野論文も加藤論文も、まさに政治や社会との相互作用で揺れてきた「人種」「民族」「エスニシティ」をめぐる科学研究の軌跡を検証している。例えば「混血」研究は、日本において一九四〇年頃、爆発的に増大する。なぜ一九四〇年頃か、なぜ混血研究なのか。坂野論文が明らかにするのは、単にアジア侵略という時代的文脈だけではなく、混血に伴う「不調和」という科学言説の生成と大東亜共栄圏構想との関係である。加藤論文も、ヒトゲノムの解読発表や「特定人種用医薬」の米国政府認定が、時にその政治性ゆえに、人種の問題を敬遠し過ぎたり、十分な科学的根拠なく例外的に扱ったりと、左右に揺れる現状について論じている。このような人種をめぐる科学表象と社会の相互関係の問題は、本書に収められている全論文に通底する問題であるが、上記の二論文に加え、とりわけ黒人の身体能力をめぐる表象とそれに対する対抗表象を分析する川島論文や、前述の貴堂論文においては、重要な位置を占めている。

七　二一世紀の抵抗の課題

1　多文化主義の限界

二〇世紀末から現代に至るまで、多文化主義を公式に導入した国民国家では、人種やエスニシティなどに基づいて適用された過去の制度的差別を是正するために、人種などの縦割り区分に基づいて差別是正措置を実践してきた。コミュニティ団体による運動も、連帯や再編を伴いながらも、基本的には縦割りを踏襲し、戦略的本質主義に立ったアイデンティティ・ポリティクスを実践してきた。無論このような過去の差別の遺産は現代においても重くのしかかっているが、これらはある意味で古い形態の人種主義に対する抵抗として立ち上げられたものである。このようなかたちの抵抗自体が、前述の「抵抗の人種（RR）」を強め、人種のリアリティを増幅させてきた側面も否定できない。

差異やアイデンティティを承認し、差別是正を保障する制度として期待された公定多文化主義も、世紀転換期までにはさまざまな批判を浴びるようになった。知識人の間ではその後、「批判的多文化主義（critical multiculturalism）」や「市民的多文化主義（civic multiculturalism）」など、方向性の転換を示唆する議論も活発に交わされてきたが、最近では、「多文化主義の後退《リトリート》」「多文化主義の終焉《エンド》」「多文化主義の消滅《デス》」などの表題を掲げた学術書や論文が目立つようになっている（e.g. Kundani 2002; Darder and Torres 2004; Joppke 2004; Welsh 2008）。今日、オーストラリアやアメリカ合衆国、イギリスなど公定多文化主義を導入してきた社会においては、社会間に現象の差はあるものの、社会的理念としては、多文化主義はひとつの臨界点に達している感がある。

ここで多文化主義やその批判をめぐる膨大な量の議論を検証する意図はないが、多文化主義が人種主義の再生産であるという批判に限定して、次の二つの側面を注視したい。第一に挙げられるのは、アイデンティティを固定的で本質的なものとみなす言説を構築するだけでなく、その集団内の多様性を消去して、抑圧／被抑圧関係を自集団内で再生産するという自己矛盾に陥りかねない点である。ただし、このような集団間の非対称性がほぼ無限に存在することは、表象自体のもつ困難さのひとつでもある。第二は、多文化主義はリベラルな装いを見せるが、実際には表面的な「文化」の称揚や当該集団の人々の「お飾り《トークン》」的な登用の域を超えず、えてして根源的な構造的人種差別を覆い隠すという批判である。

多文化主義の効力についても疑問が投げかけられている。たとえばアメリカ合衆国における政治分野では、選挙区の再区画（redistricting）が大きな論争を引き起こしている。「差異の政治（politics of difference）」に対する期待から社会的少数派集団を背景にもつ政治家が選出されたところで、自動的に当該の「少数派集団」としての代表性が保障されるわけではない。「黒人コミュニティと彼ら〔既成勢力により擁立された黒人〕との実際のつながりは、皮膚の色ぐらいである」というような状況は珍しくないからである（Canon 1999: 1104）。

さらに抵抗に対するアプローチの問題も指摘されている。差別的な表象に対抗する表象としては、これまで社会的強者と弱者の役割やそれぞれに附与されてきた価値観を反転させるといった手法が主として採られてきた。しかしそれは言い換えるならば同じパラダイムのなかでの反転や裏返しに過ぎず（Denzin 2002）、当面の対処法としては効力を発揮したものの、根本的な変革を導いてきたわけではないのである。

個人のポジショナリティの多元性や関係性の問題が重視される現代、単純なマジョリティ／マイノリティという二分法で社会を定式化することは不可能である。このことは、本来多元的なアイデンティティをもつ個人が、被抑圧集団の構成員として社会に対して声を上げることを強く期待される、「表象の重荷（burden of representation）」の問題とも通底している。

近年ヨーロッパの一部や北米などでは、若い世代を中心に「ポスト・アイデンティティ」「ポスト人種」と呼ばれる現象があらわれている。そこには、これまで「マイノリティ集団」に帰属するとされてきた若者たちの、表象の重荷や「旧世代」の戦略的本質主義に基づく運動に対する抵抗がみられる。またそれは、ディヴィッド・A・ホリンガーなどが提唱した「コスモポリタニズム」に通ずるものでもある（ホリンガー 二〇〇二［1995］）。しかし人種主義が厳然と存在することに変化はない。またジェンダー研究が模索してきたように、カテゴリーの解体と多様性の強調の先にあるものは、「個」への回収であり、それが集団という旗印の下で実践されてきたエンパワーメントを脆弱化させることにつながりかねないというジレンマは解消されていない。

2　ネオリベラリズムによる分断

他方、先述の公定多文化主義を導入している社会においては、ネオリベラリズムが国民国家内で周縁化された人々を分断し、それぞれを異なったかたちで巻き込んでいる。ネオリベラリズムの席捲と、前述の国民国家の枠内での多文化主義の限界という二つの現象が接合することによって、人種主義をめぐる問題は新しい展開を見せつつある。(9) しかもそれら二つの現象が接合することにより新たに立ち現れている人種主義は、時にアリーナをグローバルな空間に移動させながらも、国民国家のなかで分断された人種・エスニック集団の人々に対して、異なるかたちで作用しているのである。ここでその作用の仕方を示す仮説として、以下の三類型を提示してみたい。このような類型は、従来の国民国家内での人種と階級の交錯をめぐる議論やディアスポラ論とも異なるもので、またこれらはすべての周縁化された人々を分類するものではない。

(1) ネオリベラリズムにもとづくグローバル経済で主体的役割を担う場合

一部の中国系、インド系などのグローバル・エリートは、(ホームランド以外の)それぞれの国民国家の枠内では社会的政治的に周縁化された人々であっても、ディアスポラ・コミュニティのネットワークを駆使することによって、ネオリベラリズム型のグローバル経済を動かす主役の一部を担う。しかしこの場合、彼ら自身が人種主義や搾取の加害者に陥る可能性もある。

(2) 多文化主義のなかでは中間的成功者とされるが、グローバル・レベルでは周縁化された位置のままである場合

国民国家内における多文化主義の縦割りの枠内では、中間的エリートとしてみなされており、時としてネオリベラリズムに便乗できる資源をもつ人々である。しかしグローバル市場に白人至上主義などの人種主義に根ざす権力構造が作用している限り、人種主義から自由になることは困難である。

(3)ネオリベラリズムによって被搾取状況が続き，国民国家のなかでも底辺を占める場合

それぞれの国民国家のなかで周縁的・被抑圧的な位置にとり残された数多くの人々は，今日のようなネオリベラリズムの煽りを最初に受ける。しかし問題は，かつての国民国家内やそれ以前の地域社会で完結していた人種差別や搾取と異なり，日常の生活空間において，搾取し，支配する相手の顔が見えない点にある。さらに多くの場合，他の労働者や同階級の人々との連帯も困難である。

二一世紀初頭の今，国民国家内の多文化主義の限界とネオリベラリズムの席捲という二つの現象が接合することによって，人種差別是正に先進的であるとされてきた社会においてでさえ，人種主義は再編の上，新たなかたちで立ち現れている。

3　多元的な連帯を求めて

二〇世紀末，とくに一九九〇年代から，人種主義に対する抵抗運動の戦略として，トランスナショナルあるいはグローバルな連帯が世界諸地域で見受けられるようになった。これは現代の抵抗に見られるひとつの特徴である。非政府組織(NGO)などによる草の根活動によって，「人権」概念も社会主義圏も含めて急速にグローバルに浸透しつつある。今日では，手をこまねいて有効な政策を施さない国民国家に対して，ユネスコなどの国際機関が勧告を促したり，NGOが働きかけるなどして，国際的に圧力をかける方法も確立されてきた。トランスナショナルあるいはグローバルな抵抗運動が端緒となり，国民国家レベルでは揺らぎがたい支配／被支配の関係に変化を生み出す場合も珍しくない。

他方，ローカルでは，二〇世紀末以後の抵抗運動のなかで，反差別闘争を担ってきた団体やコミュニティ組織の間での連帯が進められてきた。しかし二一世紀初頭の今，そのような団体や組織を敬遠し，アイデンティティ・ポリティクスに批判的である若者が増えているのが現状である。前述のような分断状況では，運動の連帯どころか，ネットワークの構築自体が困難になっている。

本書の第Ⅳ部に収められた石橋、竹沢、川島論文は、いずれも現在急激な変化を見せている抵抗や対抗表象を考察している。石橋論文では、ベネズエラへの多文化主義の導入とアフロ系運動の立ち上げという二つの点において、グローバル化やトランスナショナリズムの影響が認められる。アフロ系が権利保障の獲得に失敗したことは、グローバリゼーションによる影響と、かたやそれに抗して序列階梯を維持しようとする国民国家内の圧力との拮抗のなかで生じた結果だと解釈できるだろう。既存の表象に対抗するために新たな作品を手がけた作り手の意識に焦点を当てた前述の黒川論文とアジア系アメリカ人アーティストたちを取り上げた竹沢論文の二つの事例には、いくつかの共通点が見出される。ともに現実世界に今なお根強い人種主義が存在することは認識しながらも、作り手が作品に被差別経験を直接的に表現することは、前者の場合は「小文字の race」を、後者の場合は「抵抗の人種（RR）」を強めるものであると解釈し、批判あるいは忌避している点、ともに集団のカテゴリーやラベルの可視化に消極的である点、しかし社会的人種から自由でいようとするメッセージを伝えるためにはカテゴリーが必要とされるというジレンマを抱えている点、である。合衆国における二〇〇〇年以降の新しい動きを追う竹沢論文は、多文化主義の衰退とネオリベラリズムが接合するなかで生成されつつある新たな抵抗のかたちを探る。また「黒人の身体能力」は、日常生活のなかで人種を実感する領域のひとつとされているが、川島論文は、二一世紀転換期頃から映画などに見られ始めた、黒人の能力の多様化を強調する「対抗表象」に光を投じる。

八　変化する人種表象

社会的リアリティを生成するものとして表象にアプローチする本書は、とりわけ表象の「変化」に注目し、それを本書を貫く縦糸としている。この「変化」も一様ではなく、いくつかのパタンが見られる。

第Ⅰ部の貴堂論文、小関論文、井野瀬論文は、人種表象が、階級やジェンダー、セクシュアリティなどの表象と交錯することによって、変化を獲得する事例を提供している。小関論文の場合は、人種と階級の可視性が突如逆転する例である。平時は冗談の種(緊張関係を含みながらも)程度であった人種という差異は、非常時には悪事を為す「生物的」資質へと転化するのである。小関論文が暗示するもうひとつの重要な点は、抑圧者／被抑圧者、加害者／被害者という絶対的な関係が常に存在するのではないという差別の重層構造である。井野瀬論文は、「ネルソンの死」を描いた二枚の絵に着目し、人種とジェンダーと階級を連動させることにより、戦いの記憶が一人の英雄の物語から社会底辺の人々をも包摂した物語へと変化していく様を吟味している。貴堂論文では、異人種間のセクシュアリティにまつわる表象が、法制度を巻き込みながら、人種間の距離を維持する、つまり変化を阻む働きをしたことと、他方、戦争など大きな社会状況の変化が、表象の劇的な変化を促したこと、これら双方の過程が描かれている。

一見変化を遂げたような体裁を見せながら、根源的には変化しない場合もある。第Ⅲ部の坂野論文によれば、戦争の終結に伴い、日本の遺伝学者らの研究対象や研究地域は、植民地支配下の人々から、日本人とＧＨＱ関係者との間に生まれた「混血」の人々に変化した。だが、なぜそれらの人々を研究するのか、どのように解釈するのか、については、同根の思想が支配していたのである。加藤論文では、最新のヒトゲノム研究などにおいてさえ、人種やエスニシティにまつわる科学研究の成果をどのように発表し、あるいは実践に移すかで、政治性や社会的影響への配慮から左右に揺れてきたことが明らかにされている。第Ⅱ部の李論文で見られる変化とは、植民地支配下の朝鮮人識別をめぐる言説において、底流では同一性と差異に向ける眼差しが併走しながら、状況の変化に呼応してある一つの表象のありようが(「顔が変る」かのように)表面化する変化である。

第Ⅱ部の藤原論文、黒川論文、李論文は、いずれも「見えない人種」を考察の対象に据えているが、見えない人種を扱うことで照射される問題は、見えない人種を可視化させる時、どのような変化が加えられるか、あるいは社会言説において可視化のためにすでに有徴化されている場合はその徴をどう扱うべきかという問題である。藤原論文が取り上げるのは、生物学的に存在証明できない「北方人」という「血」の空洞を埋めるために、「土」というモノで囲った当時の農民画であった。黒川論文の場合は、今井監督の『橋のない川』では差別の現状を訴えるために含められた「徴」が、東監督の作品では差別を助長するものとして消去されるという変化である。

第Ⅳ部の石橋論文、竹沢論文は、周縁化された人々の抵抗のあり方をめぐって生じた変化を検証している。石橋論文では、「上から」のすなわち法的地位の変化が挫折に終わった後、アフロ系の人々が運動の重点を草の根活動へと転換した抵抗運動の変化と、混血ナショナリズム思想によって長くその存在が否定されてきたアフロ系が民族運動をとおして可視性を高めていく変化が描写されている。竹沢論文では、新旧の人種主義や「旧世代」の戦略的本質主義に抵抗して新たに作り出された表現方法が照射される。川島論文は、広く流布していたと思われる黒人身体能力神話に対して、一方でその人種主義的な言説に対する批判や、多様化した黒人の能力についての対抗表象が現れ始めたという変化を分析している。川島の予備的比較調査で明らかになった日米の学生たちにみる黒人観の差異は、いかに表象の変化が人々のイメージ変化に大きな影響をもたらしうるか、その可能性を示唆するものである。

人種主義が新しい衣をまとって立ち現れているなかで、その変化に応じてどのように人種主義を見極め、どのような有効な抵抗手段を生み出せるか、とくに二一世紀を担う若者たちが、どのように人種主義の問題と向き合い、オルタナティヴな戦略を見出せるのかは、人間社会にとってきわめて重要な課題である。人種を考えることは、差異を考えることでもある。差異との共存は理念だけで克服できるものではなく、日々の生活実践のなかで肌身の感覚に刻み、記憶させていかなければならないものである。

本書がこれから提示するさまざまな事例をとおして、この重要な問題を改めて提起したい。歴史を振り返り、現代を見つめ直すことから、人種の社会的リアリティの問題に迫る――それが本書の目指すところである。

注

(1)　この点については、すでに竹沢(二〇〇五)で論じたので、ここでは詳しく繰り返さないが、例えば、「日本人の血」「血が穢れている」といった言説は日本における人種主義の表出形態である。在日コリアンや華僑・華人、被差別部落などを社会的に構築された「人種」として捉え直すことにより、反差別闘争への可能性が開かれることも提唱した。人種主義などの定義についても、竹沢(二〇〇五：総論)を参照。

(2)　全米における各世帯の総資産の合計は、一九九六年から二〇〇二年の間にインフレ率を調整しても一二%の増加が見られる。この間、白人世帯の総資産は一七%増加したが、黒人は一六%減少している(『USAトゥデイ』二〇〇四年一〇月一八日)。

(3)　ヨーロッパ圏出身の移民とスウェーデン生まれの人々との格差に変化はないが、底辺層において、ヨーロッパ圏出身の移民と非ヨーロッパ圏出身の移民との間の格差は拡大していると報告されている(Hammarstedt and Shukur 2007)。ベトナムでは、さまざまなマイノリティ支援政策にもかかわらず、マイノリティの貧困問題が指摘されている(Institute of Development Studies 2008)。マレーシアでは、人口の六割を占めるマレー系に対して積極的差別《アファーマティヴ》是正措置《アクション》がとられているが、それが障害となり中国系との経済格差をさらに広げているとする指摘もある(e.g. Hodgson 2007)。

(4)　これに加えて、ステレオタイプを肯定的・否定的ステレオタイプに分けて論じることは不可能であることを指摘しておきたい。○○人は勤勉だ、○○人は身体能力が高いといった一見肯定的に見えるステレオタイプでさえ、必然的に他の明らかな否定的ステレオタイプと表裏一体の関係をなしている。例えば「勤勉」の裏には、成功は努力の賜であり、「遺伝的には劣性」といった陰のステレオタイプ、「身体能力が高い」の裏には、「知脳が低い」といったステレオタイプ(川島論文参照)がつきものである。また特定のマイノリティの賞賛は他のマイノリティに対する見せしめや責任転嫁(問題は人種差別にあるのではなく、能力不足・努力不足にあるのだといった言説)に利用されがちである。

(5)　ここでいう「見えない人種」とは、そもそも本来身体的に可視的な差異を伴わない、という意味である。パッシング、すなわちいわゆる異人種間結婚により身体形質の差異とされるものが「見えなくなる」にもかかわらず、人種に付与されてきたスティグマを継承するといった事例ではない。前述の「小文字のrace」と密接につながっている。なお「見えない人種」という表現を、最初に学術的観点から被差別部落に対して用いたのは、*Japan's Invisible Race*(『日本の見えない人種』)を著したジョージ・デボスと我妻洋であろう(DeVos and Wagatsuma 1966)。ただしその調査や記述をめぐる方法、また目的については、多々疑問が残る。

(6)　ここで「非視覚的表象」として指すのは、後述するように、視覚以外の身体の感覚に訴える表象であり、視覚表象以外のあらゆる種類の表象を意味するものではない。

(7)　フリスの論文は、千葉大学の岩永光一氏からご教示頂いた。

(8) 二〇〇八年一二月五日―六日に行われた「第一二回京都大学国際シンポジウム　変化する人種イメージ――表象から考える」を受けて七日に行われた専門家会議におけるダスター氏のコメントより。

(9) ネオリベラリズムの席捲と多文化主義の限界が接合することにより、あらたな形の人種主義が、時にアリーナをグローバルな空間に移動させつつ、姿をあらわすとする編者の議論は、拙稿(第一〇章)を出発点として理論的に発展させたものであるが、国民国家の枠でネオリベラリズムが多文化主義に与える影響について論じた研究は、数少ないながらも近年散見されるようになった(e.g. Mitchell 2003; 塩原 二〇〇五：ハージ 二〇〇八[2003]：関根 二〇〇八)。

参照文献

塩原良和　二〇〇五『ネオ・リベラリズムの時代の多文化主義――オーストラリアン・マルチカルチュラリズムの変容』三元社。

関根政美　二〇〇八「多文化共生のカギは「競生」に」『公明』一二月号、八―一三頁。

竹沢泰子編　二〇〇五『人種概念の普遍性を問う――西洋的パラダイムを超えて』人文書院。

ハージ、ガッサン　二〇〇八[2003]『希望の分配メカニズム――パラノイア・ナショナリズム批判』塩原良和訳、お茶の水書房。

フーコー、ミシェル　一九七四[1966]『言葉と物――人文科学の考古学』渡辺一民・佐々木明訳、新潮社。

ホリンガー、デイヴィッド・A　二〇〇二[1995]『ポストエスニック・アメリカ――多文化主義を超えて』藤田文子訳、明石書店。

Brothers, Leslie. 1990. "The Neural Basis of Primate Social Communication," *Motivation and Emotion*, 14, pp. 81–91.

Canon, David T. 1999. *Race, Redistricting, and Representation: The Unintended Consequences of Black Majority District*, Chicago: University of Chicago Press.

Castles, Stephen. 2000. *Ethnicity and Globalization: From Migrant Worker to Transnational Citizen*, London: Sage Publications.

Conley, Dalton. 1999. *Being Black, Living in the Red: Race, Wealth, and Social Policy in America*, Berkeley: University of California Press.

Cunningham, W. A. et al. 2004. “Separable Neural Components in the Processing of Black and White Faces”, *Psychological Science*, 15, pp. 806–813.

Darder, Antonia and Rodolfo D. Torres. 2004. *After Race: Racism after Multiculturalism*, New York: New York University Press.

Denzin, Norman K. 2002. *Reading Race: Hollywood and the Cinema of Racial Violence*, London: Sage Publications.

DeVos, George A. and Hiroshi Wagatsuma. 1966. *Japan's Invisible Race*, Berkeley: University of California Press.

Frith, Chris D. 2007. “The Social Brain?”, *Philosophical Transactions of the Royal Society*, 362, pp. 671–678.

Hall, Stuart. (ed.) 1997. *Representation: Cultural Representations and Signifying Practices*, London: Sage Publications.

Hammarstedt, Mats and Ghazi Shukur. 2007. “Immigrants' Relative Earnings in Sweden — A Cohort Analysis”. (http://www.emeraldinsight.com/Insight/viewContentItem.do?contentId=1628093&contentType=Article)

Hodgson, An. 2007. “Malaysia — Wealth Gap along Ethnic Lines”. (http://www.euromonitor.com/Malaysia_wealth_gap_along_ethnic_lines)

hooks, bell. 1992. *Black Looks: Race and Representation*, Boston: South End Press.

Institute of Development Studies. 2008. “The Economic Development of Ethnic Minorities in Vietnam”. (http://www.ids.ac.uk/UserFiles/File/poverty_team/POLICYBRIEF-final-Eng.pdf)

Institute of Medicine of the National Academies. 2002. *Unequal Treatment: Confronting Racial and Ethnic Disparities in Healthcare*, Washington, D. C.: National Academies Press.

Isaacs, Julia. 2007. “Economic Mobility of Black and White Families”. (http://www.brookings.edu/papers/2007/11_blackwhite_isaacs.aspx)

Jasanoff, Sheila. 2004. *States of Knowledge: The Co-production of Science and the Social Order*, New York: Routledge.

Joppke, Christian. 2004. “The Retreat of Multiculturalism in the Liberal State: Theory and Policy”, *British Journal of Sociology*, 55–2, pp. 237–257.

Kundani, Arun. 2002. “The Death of Multiculturalism”. Institute of Race Relations. (http://www.irr.org.uk)

Mitchell, Katharyne. 2003. “Educating the National Citizen in Neoliberal Times: From the Multicultural Self to the Strategic

Cosmopolitan", *Transactions of the Institute of British Geographers*, 28–4, pp. 387–403.

Serre, David and Svante Pääbo. 2004. "Evidence for Gradients of Human Genetic Diversity Within and Among Continents", *Genome Research*, 14–9, pp. 1679–1685.

Shapiro, Thomas and Melvin L. Oliver. 1995. *Black Wealth/White Wealth: A New Perspective on Racial Inequality*, New York: Routledge.

Shohat, Ella. 2008. "Stereotype, Representation and the Question of the Real: Some Methodological Proposals". Paper presented at the 12th Kyoto University International Symposium *Transforming Racial Images: Analyses from Representation*, Dec. 5th, 2008 at Kyoto University.

Shohat, Ella and Robert Stam. 1994. *Unthinking Eurocentrism: Multiculturalism and the Media*, London: Routledge.

Welsh, John F. 2008. *After Multiculturalism: The Politics of Race and the Dialectics of Liberty*, Lanham: Lexington Books.

I　人種とジェンダー・セクシュアリティ・階級の交錯

第1章　アメリカ合衆国における「人種混交」幻想
――セクシュアリティがつくる「人種」

貴堂嘉之

はじめに――人種混交のポリティクスと表象

「人種」概念を近代社会に成立せしめ、リアルなものとして構築してきたものは何か。本論は、「人種」と「人種」の距離を維持・拡大させ、その実在性を日常のレベルで作り出し支えてきたものを、アメリカ合衆国における異人種間のセクシュアリティに関わる表象を検証することで解き明かしていこうとするものである。

「人種」の近代とは、同時にセクシュアリティが発明され、それにとり憑かれた時代でもあった。誰と恋愛をし、セックスするのか。誰と結婚し、家庭を築くのか。逆に、誰とはしてはいけないのか。こうした性的な快楽や欲望の行動様式や観念を総じてセクシュアリティと定義すれば、その規範は身体をたえず性的欲望が問われる場として問題化し、近代的主体としての自己を性的な欲望と禁忌のなかに規定する役割を果たした。

では、アメリカ合衆国においてこのセクシュアリティの規範と「人種」はどのような関係にあったのか。その議論の前提として、まず本論において分析の中心となる miscegenation（人種混交）という言葉の由来から始めたい。一八六三年、クリスマスを目前に控えたニューヨークで、*Miscegenation: The Theory of the Blending of the Races, Applied to the American White Man and Negro*（『人種混交――アメリカの白人とニグロに適用される諸人種融合の理論』）という奇妙なタイトルの小冊子が売り出された。南北戦争の最中、一月一日に奴隷解放宣言が出され、翌年にはリンカンが再選を目指す大統領選挙が行われるというタイミングで著されたこの政治文書のなかで、ラテン語の miscere（＝to mix）と genus（＝race）を組み合わせた“miscegenation”なる造語が誕生した。

この文書の著者は、共和党の人種融和政策に賛同する奴隷制廃止論者を装っており、選挙応援文書のようでもあったが、その内容は当時の社会通念や人種観とはかけ離れた過激なものであった。「混血の人種は、純粋な血統の人種より、精神的にも、肉体的にも、道徳的にもはるかに優秀である」と主張し、アメリカの国としての強さは「そのアングロ・サクソンの祖先ゆえではなく、あらゆる国々からの寄せ集めだからであり、……われわれがこの地球上で一番すばらしい人種になるために必要なことは、私たちの血統にニグロの血を付け加えること」だという。さらに、南北戦争は白人と黒人の混交を進めるための戦争であり、勝利後はアジア人との融合を次なる課題にすべきとし、共和党は党綱領に人種混交奨励の項目を盛り込むべきだと最後に謳っている（Croly 1864）。

この政治文書は、有力政治家や著名な奴隷制廃止論者に郵送され、新聞各紙に転載されたことで、人種混交を指す言葉としての miscegenation は瞬く間にそれまで使用されていた amalgamation などの言葉に取って代わり、アメリカ社会に定着していくことになる。民主党系新聞や奴隷制支持者は、当然、猛反発し、人種混交の危うさを訴える文書、図像を量産することとなったのである。以来、アメリカではこの miscegenation が、全米各州で制定された異人種間結婚禁止法が anti-miscegenation law と呼称されたことに象徴されるように、「人種」を語る上でのキーワードとなり、異人種間の婚姻、同棲、私通を禁じた法体系に対して、最高裁のラヴィング判決で違憲の判断が下る一九六七年まで特別な位置を占め続けたのである。

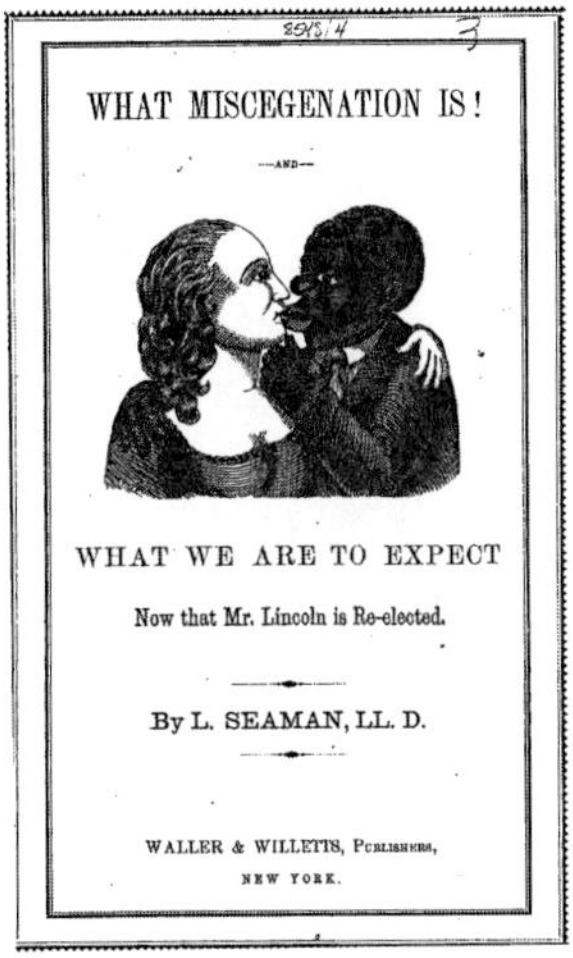

図1　*What Miscegenation Is! And What We Are to Expect Now that Mr. Lincoln is Re-elected,* ca. 1864.

この文書の作者が誰であるかは当初、不明であったが、

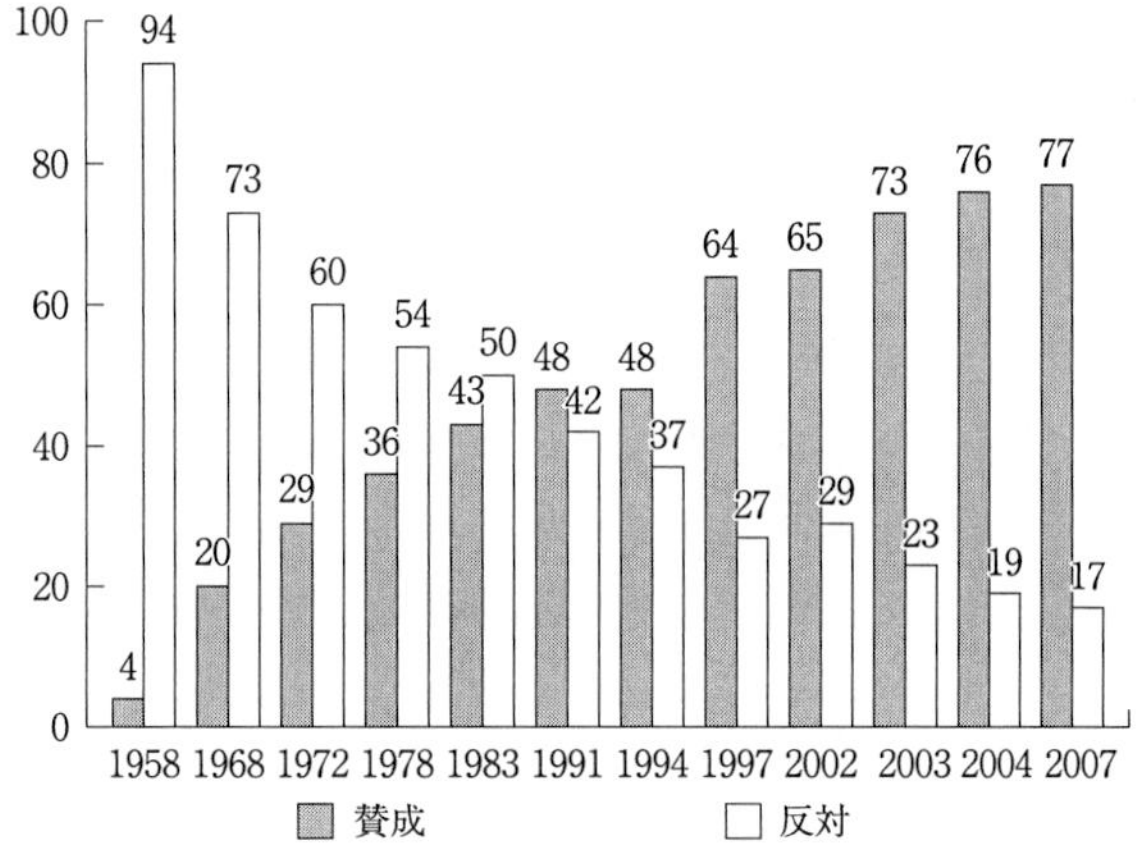

図２　人種間結婚の是非をめぐる世論調査(Gallup)
(http://www.gallup.com/poll/28417/Most-Americans-Approve-Interracial-Marriages.aspx)

一年後にようやくこれが民主党系新聞の記者らによる政治的でっち上げであったことが判明する。タテマエとしては人種平等のスローガンを支持し、共和党の新しい政治に期待する立場を示しながら、それにより市民の混交忌避のセクシュアルな感情を喚起し、共和党にダメージを与える目的であったのである。リンカンが指摘するように、異人種間の親密な関係の温床になっていたのは南部奴隷制下のプランテーションであったが、彼らは南部の日常におけるセクシュアルな関係と峻別するために、わざわざ新しい言葉をつくり、人種混交の幻想の物語を作り出したのだ(Kennedy 2003: 20–21)。

この南北戦争・再建期は、戦前の自由人／奴隷の秩序境界を無化し、解放された黒人を自由労働者として国民へと包摂し新たな国民社会の形成が開始される、大きな政治的転換期である。その際、この政治的逸話は、アイルランド系など白人労働者の階級意識との関係でその非「奴隷」ではなく、非「黒人」としての人種意識、ホワイトネスの醸成という観点から論じられてきた(Roediger 1991: 154–156)。だが、共和党急進派により黒人への政治的権利の付与や社会的平等が政治課題になったまさにこの再建期以降に、これらがつねにセクシュアルな不安へと翻案されて、政治争点化していた点にここでは注目したい。国民統合論において、国民を一つの家族として想起することが「想像の共同体」の礎となってきたことはしばしば指摘されることであるが、この一九世紀中葉以降の政治とは、アメリカ国民にふさわしいのは一体誰で、その範囲はどこまで拡大するべきなのかという、この〈アメリカ人〉という家族の構成員をめぐるせめぎ合いでもあったのだ。実際、一八六四年頃に描かれた図1の挿絵が典型的であるように、この時代の表象にはエロティックでセクシュアルな感情が満ちている。新しい戦後社会での家族、結婚観などのセクシュアリティの規範の形成と、「人種」の社会的リアリティの生成は密接に連動していたのであり、この両者により相補的に編みこまれた秩序規範を検証することが重要となる。

これまでアメリカの「人種」の歴史では、一滴血統主義による白／黒の厳格な二分法が注目され、植民地時代から一貫して維持された人種混交禁止の社会構造が強調される傾向にある(1)。だが、異人種間のセクシュアルな関係をどこまで許容するのかについては、近年、社会史研究の進展によって、それが時代や地域ごとにかなりの程度、受忍限度に幅があったことがわかってきている(Hodes 1997)。決して歴史普遍的に存在したのではないこの人種混交のかたちを、できうる限り歴史的文脈のなかに位置づけ、それがアメリカにおける「人種」構築にいかなる役割を果たしたのかを問うことが本章の課題となる。それゆえ、本章では、アメリカのセンサス(国勢調査)、裁判記録、法文などの政治表象から、映画などの文化表象まで、この異人種間混交のセクシュアリティがどのように議論され、表象されてきたのかを幅広く検証し、人種混交の空間そのものがいかに表象／隠蔽され、また変容してきたのかを追う。

また、本論では一九世紀半ばから現在に至るまでの長い時間軸を設定して検証作業を行う。それは、この人種混交に関するアメリカ人の意識が、短期の時間軸では説明できないほど、ゆっくりと長い時間をかけて変化してきたからである。ギャラップ社による世論調査「異人種間結婚(白人と黒人との結婚)を認めるか」の編年データ(図2)が示すように、この半世紀あまりの間にも、戦後初の全国調査が行われた一九五八年には国民の実に九四%が反対しており、一九九一年以降、ようやく賛成と反対が逆転する。そして、二〇〇七年でも一七%のアメリカ人がいまもなお反対しているという現実をまずは押さえておきたい。

一　「人種混交」幻想の時代考証

1　政治表象と人種——隠蔽された奴隷制と人種混交

一七九〇年に世界で最初に実施されたアメリカのセンサスは、人口統計学的な社会地図としてアメリカという「想像の共同体」の最も基本的な政治表象となっている。一〇年ごとのセンサスの分類がアメリカの「人種」概念形成に大きな役割を演じたことは先行研究でも指摘されてきたが、では人種混交のテーマから問い直してみると何が見えてくるだろうか(Nobles 2000; 中條 二〇〇四)。異人種間結婚や混血に関するカテゴリーがいつ、どのような目的で調査の対象となったのか。そもそも、日本のように異人種間結婚という概念が政府統計に登場しない国もある。明治以来、日本は一貫して「国際結婚」として、「人種」ではなく「国籍」の境界を重視し、異人種間結婚を意味する外来の「雑　婚《ミクストレイス》」を駆逐してきたという(嘉本 二〇〇一)。こうした統計枠組みの政治性、歴史性を問い、表象のかたちを検証することが、人種の表象研究を始める際の最初の作業となろう。

万人の自由・平等の啓蒙的理念を国是としながらも、七六万の黒人奴隷という不自由を抱え船出したアメリカは、独立宣言や憲法において、黒人奴隷への明示的な言及を避け、国民表象に巧妙なぼかしを入れ込んだことが知られている。独立宣言に、奴隷制批判として挿入されるはずであった文案では「僻遠の地の人々」と表現され、憲法第一条第一節の州人口の換算にあの悪名高い「五分の三条項」が示される条文でも、黒人奴隷は「自由人以外のすべての人数」とだけ記されている。その後、一八六五年の修正一三条で奴隷制廃止が定められるまで、そもそも憲法に「奴隷」は存在しないのである。

クレヴクールの「アメリカ農夫の手紙」(一七八二)にある「ではアメリカ人、この新しい人間は、何者でしょうか。……他のどの国にも見られない不思議な混血(strange mixture of blood)なのです」の一節のように、アメリカ人は国民統合の理想図として、一つの人種に溶け合う社会的坩堝としてのアメリカを描き、混血のメタファーを繰り返し用いてきた。だが、これはあくまでヨーロッパ系移民の白人内部での混血、同化を想定しており、先住民や黒人奴隷、アジア系移民との混血とは区別されるものであった。センサスでは混血の統計が一八五〇年から開始されるが、この白人共同体を汚す混血を名指す言葉として定着したのが、miscegenation なのである。

周知の通り、センサスもはじめから「人種」を分類の基準としていたわけではない。南北戦争前後の奴隷制存続をめぐる南北間での対立を背景に、一八五〇年センサス以降、「人種」は初めて身分分類とのセットではない自立した概念として登場する。それまでは、自由人／奴隷の身分境界が社会秩序の根幹にあったのである。白人／黒人／ムラトーという肌の色(color)に基づくこの分類体系がセンサスに導入される際には、事前に人種学者らの研究や提言をもとに、統計の調査項目について連邦議会上院は熱心な審議を行っている(Nobles 2000: 38-43)。もはやアリストテレスの先天的奴隷人説や宗教的・経済的事由で奴隷制を擁護できる時代は終わり、それに代わるものとして科学的な人種学が注目を集めていた。一八四〇年代以降、人類多起源説を唱えるアメリカ人類学派が地歩を固めており、審議ではジョサイア・ノットの学説がしばしば引用された。

白人と黒人は異なる種に属するため、その交配種である混血は、身体的にも精神的にも疾患が増え、やがて退化し絶滅する運命にあるとノットは考えていた(Nott 1843)。そのため奴隷の名前や出生地を調べ上げ基礎データをつくり、「奴隷がどれほど純血種の白人種や黒人種から離れているか」を出生率・死亡率、聾唖者、精神薄弱の数などを数えて調査することを望んだ(Nott 1847)。だが議会では、予想外に南部議員の強い反対にあい計画は頓挫する。かろうじてこの「ムラトー」項目は残るが、ノットの望んだ詳細な調査はかなわなかった。南部議員にとって望ましい統計の取り方とは、奴隷制の社会的現実、とりわけ性に関わる部分をできうる限り隠蔽するデータ収集であったのだ。

アメリカの奴隷制は、連邦議会が一八〇七年に奴隷貿易の禁止を決定したことから、その後は労働力の維持を黒人女性の再生産に依存する体制であった。黒人人口は、一八一〇年の一三八万人から一八六〇年には四四四万人へとこの間、急増している。この「産む性」としての黒人女性を取り巻く生活環境がいかなるものであったのか(U. S. Bureau of the Census 1918: 25)、奴隷間でのセックスや出産、家族形成とともに、白人男性による性搾取の実態の解明が

表1　アメリカの黒人人口(ブラック，ムラトー別)の推移

年	黒人総数	Black	Mulatto	Mulatto　%
1850	3,638,808	3,233,057	405,751	11.2
1860	4,441,830	3,853,467	588,363	13.2
1870	4,880,009	4,295,960	584,049	12.0
1880	6,580,793	—	—	—
1890	7,488,676	6,337,980	1,132,060	15.2
1900	8,833,994	—	—	—
1910	9,827,763	7,777,077	2,050,686	20.9

U. S. Census Bureau, *Negro Population in the United States, 1790–1915*(Washington D. C., 1918), p. 208 より作成．＊1880，1900年はデータなし．

求められるが、公刊調査資料が限られており、ただでさえ文字資料の残されることの少ないセクシュアリティの歴史の再現は壁に直面する。このような歴史的検証を不可能にしている理由の一部として、南北双方のさまざまな政治的思惑から、南部奴隷制とその下でのリアルな人種混交が政治表象としては隠蔽されてきた経緯があり、読み書きの学びを禁じられ沈黙を余儀なくされた奴隷たちにとっても、そこは自分語りのかなわぬ空間であった。ストウの『アンクル・トムの小屋』(一八五二)が、黒人奴隷家族の離散、母子関係の崩壊など非人道的空間として南部を描き、奴隷解放運動に決定的な影響を与えていくが、この一九世紀最大のベストセラーが典型的であるように、常にこの南部のセクシュアリティの空間は当事者以外の誰かにフィクションとして、とりわけメロドラマとして語られることによって存続してきたということを確認しておきたい[2]。

だが表1にあるように、「一滴血統主義」が統計上成立し、このムラトー項目が消滅してしまう一九三〇年以前の現存するデータからも垣間見えてくるものはある。というのも、最初に統計が採られた一八五〇年の総数四〇万余の混血者の数値は、異人種間結婚を禁じてきた法体系と矛盾する南部社会のリアルな生活世界を如実に映し出していた。一八五〇年から一八六〇年のデータを比較しても、ムラトーの増加率がブラックの増加率を大きく上回っており、奴隷制下の白人男性による略奪的な性欲によって、混血児が産み出されていたことがわかる。また、南北戦争を挟んだ一八六〇年と一八七〇年の統計では、一転、ムラトーは減少しており、奴隷制下の性的支配の終焉が大きく影響していると推測される。また、「ムラトー(二分の一)、クアドロン(四分の一)、オクトロン(八分の一)」の細目分類で一八九〇年に実施された統計では、混血者は百万を突破し、一九一〇年には二百万を超え、黒人人口の実に二割に達していた。

では、この混血者のデータはどれほど正確に社会実態を捕捉していたのだろうか。一八五〇年に開始された黒人人

口統計の歴史を回顧したセンサス局発行の白書(一九一八)によれば、調査官は各地域を個別訪問し、年次指導書で定められた書式を用いデータを収集した。その際、この白人/黒人/ムラトーの区別は、「ニグロの血の割合」を見抜く調査官個人の識別能力に依拠しており、正確なデータ収集が不可能な事態に陥っていることを吐露している(U. S. Bureau of the Census 1918: Ch. XI)。つまり、一九二〇年段階には、そもそも混血者の把握は事実上、困難になっていたのであり、その識別できない見えない混血の不安が、なお一層、人種混交の幻想の物語をリアルなものとしていたのである。

2　南部の日常世界の秩序——分水嶺としての奴隷解放

では南部の日常世界とはいかなる規範から成り立っていたのか。奴隷解放から半世紀たった一九一〇年統計でも、混血者の八六%は南部に居住しており、人種混交の主要な舞台が南部であったことは疑いようもない(U. S. Bureau of the Census 1918: 212)。南部の法体系と裁判を手がかりにこの人種混交の空間にアプローチし、それが南北戦争・再建期を分水嶺にどう変容したのかを整理しておきたい。

白人と黒人の親密な関係を禁止・制限する法制度の歴史は古く、植民地時代に遡る。初期の奴隷制度確立の過程で、白人労働者、年季奉公人と黒人奴隷との連帯を阻止する目的で、ヴァージニアで一六九一年に最初の法律が制定された。一八〇〇年までに南部一〇州が制定するこの人種混交を禁じた一連の法律は、白人と黒人の婚姻を「忌まわしい結合」とみなし、白人を永久追放、混血の子どもに長期の年季奉公を義務づけた。イギリス・コモンローでは、子は父親の身分を継承するのに対し、これらの法では母親である奴隷の身分が子に引き継がれると規定した点で特異であり、ここにアメリカ独自の奴隷法体系ができあがる。また、白人女性が出産した場合には、罰金や年季奉公など処罰の対象となったのに対して、黒人奴隷女性が出産した場合、父親である白人男性は処罰対象外とされるジェンダー化された男制中心主義の制度でもあった(Pascoe 1996; 宮地 二〇〇八:二三一—二四)。

だが、近年の社会史研究は、裁判証言などに踏み込んでさらに法制度を検証することで、人種混交への白人の態度に南北戦争の時期を境に大きな変化が起きたことを明らかにしている。植民地時代から確かに法体系は存在したが、南北戦争後に miscegenation が「人種」間の混交そのものを禁忌とする概念として定着していくまで、白人と黒人の性的逸脱を定義する画一的な用語はなかった。常に、白人間においても罪となる密通、不貞、私生児出産などを理由に混交には処罰が下されていたのである。また、興味深いのは、この時期の白人男性は、白人女性と黒人男性との性的関係をかなりの程度、受忍する傾向にあったということである。こうした受忍の文化の背景には、南部白人社会が決して一枚岩ではなく、プランター層と自由農、プアホワイトとの間に社会的緊張があり、プアホワイトの女性の黒人との混交は白人男性の家父長制に支えられた奴隷制社会の秩序に影響を与えるものではなかったことがその理由の第一である。また、奴隷が高額な「動産」であったことも、大きな意味をもった。南北戦争以前には黒人奴隷が白人女性を強姦したケースでも被告が恩赦を受けるケースが少なくなかったといわれる。白人奴隷主にとって高額な「動産」を死刑判決で失うことと、白人女性の性的被害の代償を求めることを天秤にかければ、前者のほうがより重大なことと認識されたのである(Hodes 1997: 3, 25–26)。この認識は一九世紀末以降の黒人男性の強姦に対して性器を切断するなどの儀礼的リンチを白人男性が加えていったのとは対照的である。奴隷解放後に、白人の「動産」でなくなり市民となった黒人は、その自由な身分と引き替えに、白人の暴力の対象となっていくのである。

こうした南北戦争前後の変化は、結婚制度を軸に整理してみても興味深い。ナンシー・コットが指摘するように、結婚はプライベートな関係だが、アメリカの政治文化に大きな影響を与え、ジェンダー秩序とともに人種、市民の境界線を構築してきた(Cott 2000)。この結婚の歴史も、一九世紀中葉から南北戦争を分水嶺に大きく二分されるといわれる。植民地期を含め戦前のアメリカは、黒人奴隷が正規の結婚制度の枠外に置かれたこともあり、白人／黒人を問わず南部を中心に婚姻の合意のない非公式の性的関係が日常的にあったとされ、財産と地位を子どもに相続させる結婚の制度だけは厳しく取り締まられたが、同棲・性交渉・同衾については法制面でも比較的寛容であった。こうした生活世界が、地域社会の監視と管理のもとに守られていた。

だが、一九世紀中葉以降、州内で独自に維持されてきた結婚やセクシュアリティの多様な文化が柔軟さを失って、連邦レベルでの画一的な規範が形成されていく。南北戦争後に解放黒人に対して法的な結婚の自由が付与されたことが大きな契機となり、異性間での一夫一婦制の婚姻がアメリカ市民に広く規律化されていったのである(Cott 2000: Ch. 4 & 5)。こうした文明化の指標として、またキリスト教的価値に基づいて、婚姻が制度化されると、モルモン教徒の一夫多妻制や先住民の複婚、オナイダ共同体(一八四八年、ジョン・ノイズらが作ったユートピア的共同体)やフリーラブ運動などをノーマルな規範からの逸脱として糾弾・非難する動きにもつながった。また、一九世紀中葉ともなると、恋愛と結婚と性が三位一体になったロマンティック・ラブ・イデオロギーが定着してくる。恋愛が肯定的な意味を持ち始め、結婚は愛によってのみ正当化され、結婚までは「純潔」を守ること、結婚後は同じ相手と生涯連れ添うことが、アメリカ近代家族像として定着していくのがこの時代である(ノッター 二〇〇七：二七―三〇)。

3　再建期の政治と「人種混交」

アメリカ史像において、南北戦争・再建期ほど、目まぐるしくその歴史的評価に修正が重ねられた時代は他にない(Blight 2001)。「分かれたる家」を再統合し、共和党政権下で新たな国作りが始まったものの、五年の長きにわたった総力戦の結果、南北併せて六〇万人以上の戦死者を出す結果となったことで、南北には戦後深い溝ができあがり、各陣営が各々、新聞メディアを用いて、奴隷制の過去や戦後社会構想を過度に美化したり非難したりする報道合戦を繰り広げたためである。ここでも、次頁の二つの諷刺画が示すように国家の礎としての家族や人種混交が主要なテーマとなっており、図3が示すように、「奴隷解放」は黒人家族の再統合(図3中心部分)や、暴力的支配の過去との決別を意味していた(Kido 2006)。

四〇〇万の黒人奴隷が解放されたあとの再建期の政治は、共和党急進派が主導し、カラーブラインドな社会を構想するラディカルな政治が実行された。人種混交を禁じていた多くの州で戦前の州法がその適用を停止され、南部でも共和党の強いミシシッピ、サウスカロライナ、ルイジアナの三州で禁止法が一時的に撤廃された。だが、南部諸州は政治的・経済的混乱のなか、解放黒人の自由を制限するブラックコードを制定するとともに、戦前からの異人種間結

図3 “Emancipation Proclamation”, *Harper's Weekly*, January 24, 1863.

図4 “Would You Marry Your Daughter to a Nigger?”, *Harper's Weekly*, July 11, 1868.

婚禁止法を時機をみて更新し、法を整備した。離脱した南部一一州に加え、境界州の五州、それにニューイングランドの六州、西部でも三州が加わり、計二五州が禁止法を施行した。共和党政権は「市民」の要件として一夫一婦制の家族を形成し、家庭性を育成することを解放民教育の柱に据えたが、それはあくまで黒人間の婚姻を前提としていた（荒木 二〇〇九）。この時期の国民と人種の境界構築において重要なのは、結果的には多くの州であらためて異人種間結婚禁止が確認され、正当な結婚とは同人種間でなければならないことが規範化され、そのセクシュアリティの規範でもって新たな国民と人種の境界が補強されたという点である。戦後の混乱のなかで、人種混交は社会紊乱のシンボルとなっており、法と秩序を維持するために白人、黒人双方に等しく規制をかける禁止法は法の下の平等に反しないとみなされた。共和党内にも「娘をニグロと結婚させることができるか」という究極の問いにおいては、積極的な応答はありえなかったのである（図4参照）。また、解放黒人のみならず、新たにアジア系移民の流入により社会不安が醸成されている地域もあり、禁止法にモンゴロイド（アジア系）との規定を持つ州が九つもあった。やがて再建期が終わると、アラバマ州の黒人男性ペースらが起こした最高裁訴訟（一八八三）を通じて、異人種間結婚禁止法が合憲であることが確認され、その後の人種混交禁止体制の確立に弾みがつくことになる。

再建政治終了後の南部では、解放黒人に与えられた政治的・市民的権利を剝奪することを目的に、さまざまな暴力が惹起された。前述のように、とりわけ黒人が白人女性を強姦することへの制裁として儀礼的なリンチが急増した。このリンチの多くが、実際には強姦の噂や容疑などに基づくもので、野獣のような性的存在として他者化されていた黒人への恐怖幻想がうみだしたものであった（Courtney 2005: 10–11）。こうした暴力の背景には、南部において下層白人と黒人とが人種を超えて共闘する政治運動の可能性が高まったことが指摘されているが、階級や政治的立場を超えて、白人エリート層が下層白人と連帯するためには、miscegenation の物語を用いて、黒人強姦魔から白人女性の純潔を守る「白人男性」であれと呼びかけるのが最も効果的であったのである（兼子 二〇〇七）。

二　国民の再創造と映画のなかの「人種混交」の物語

1　戦後五〇年と南北戦争の記憶のポリティクス
――映画『国民の創生』と国家の暴力的再生

こうして南部では公的空間での法的人種隔離が成立し、再建政治が達成した黒人への権利付与は形骸化していくことになる。また、連邦レベルでは、軍隊を例にとれば、旧南軍兵士が連邦軍への加入を認められないなど、戦禍の記憶は南北を依然として分断していた。だが、二〇世紀に入り、戦後五〇年となるころから、この南北戦争の記憶の読み替えが加速していく。

この戦後五〇年という時機は、生きられた経験として生存者たちが南北戦争を語る最後の機会であったからかもしれない。とりわけ象徴的な場となったのは、一九一三年、ゲティスバーグの戦いの五〇周年を記念した式典で、そこで南北の旧軍老兵士が集い、南北戦争が白人の「兄弟げんか」として読み替えられた上で、白人の「血のつながった兄弟」としての再統合、和解が確認された。当日の基調演説では、奴隷解放についての言及が一切なく、黒人側ではB・T・ワシントンら黒人指導者が奴隷解放を歴史的に顕彰する全国的式典の開催をタフト大統領に要請し、NAACP（全米黒人地位向上協会）が祝日化を目指して活動をしていたが、実現することはなかった。政治の世界においても、戦後初の南部出身の民主党選出の大統領ウッドロー・ウィルソンが一九一三年から政権につき、議会でも主要ポストを南部白人が占めていたのである（貴堂 二〇〇五：O'leary 1999: 194–205）。

ホーミ・バーバが指摘するように、国民がときに歴史の忘却の上に誕生するとすれば、奴隷解放の意義や愛国的な黒人を忘却し、墨で消した新しい南北戦争の歴史は、その後のアメリカの国民統合の大きな核になっていった。なかでも、南北戦争に関連する大量の「愛国的なメロドラマ」を作り続けた映画の影響は大きかった。近代における政治的公共性の形成における近代の出版資本主義の効能に注目したのはB・アンダーソンであるが、この二〇世紀の映画ほど、アメリカ国民の創生に大きな影響を与えたメディアはなかった。一九一三年までに実に九八もの南北戦争ものの映画が作られ、引き裂かれた白人家族などをテーマに、南北和解を演出する物語が量産された(O'leary 1999: 198)。その集大成として画期をなす映画が、南部出身のグリフィス監督の代表作『国民の創生』(一九一五)であったことはいうまでもない。

一九一五年に封切られた『国民の創生』は、トマス・ディクソンの『クランズマン』とウッドロー・ウィルソンの『アメリカ国民の歴史』をもとに作られた大作映画であり、当時、最も人気を博す映画となった。グリフィスは、南北戦争と再建期に成り上がりの北部人と黒人により蹂躙された南部を、白人の勇者であるクー・クラックス・クランが救済する筋立ての物語を描き、南部で現実に進行していたリンチによる人種秩序の回復、暴力的な再生を国民的物語に仕立て上げた。アメリカ映画史の起点となるこの古典映画において、黒人への政治的権利の付与が社会に悪しき混乱を引き起こし、野心を持った黒人男性による白人女性のレイプの脅威が描かれたことで、人種混交幻想は国民的物語のなかにしっかりと埋め込まれることとなったのであり、その意義は大きい。NAACPは組織的な上映反対運動を組織し、再建時代の描写を「インモラルで不当なもの」として批判した。現在の再建期研究からみれば、映画に登場する組織や人物像が史実とは異なる歴史的フィクションであることは間違いないが、このフィクションを国民は熱狂的に受け入れたのである(Courtney 2005; 大森 二〇〇三)。

2　ヘイズ・コードの成立と「人種混交」表象の封印

映画は、二〇世紀で最も影響力の大きな、大衆的な文化メディアである。一九世紀末に移民や都市労働者の安価な娯楽として始まった映画は、グリフィスの『国民の創生』により一気に芸術の域にまで高められ、中産階級以上の階層にまで支持層を広げ、国民的メディアとなっていった。一九世紀の新聞・雑誌とは比較できないほどの規模で、大衆が見たことのない人やモノ、そして過去の歴史をも、映画は視覚化し、色づけする力を持っていたのである。だからこそ、その誕生と同時にその影響力への警戒感から規制に向けた動きを引き起こした。

初期の映画産業を担ったのが主にユダヤ系であったことから、革新主義の社会改良運動のなかで映画は若者に悪影響を与える非道徳なものとして取り締まりの対象となった。この規制には、政治家のみならず、宗教団体、ＰＴＡ、女性団体などが加わり、上映される映画の犯罪・暴力・飲酒・妊娠中絶・セックスなどのシーンに関心が寄せられた。一九〇七年にシカゴで最初に設置された検閲委員会は、二〇年代には七州に増え、各州それぞれの基準で検閲を実施したが、サイレントからトーキーへと時代が移ると、さらに規制強化の声が高まり、連邦政府による直接検閲を求める動きが出てくる（Vaughn 1990: 40–42; Black 1994）。

こうした連邦規制への動きを受けて、ハリウッドは一九二二年に、映画の内容を自主検閲する組織としてアメリカ映画制作者配給者協会（The Motion Picture Producers and Distributors Association 以後ＭＰＰＤＡと略記）を設立し、ハーディング政権で郵政長官を務めた共和党の政治家ウィル・ヘイズをヘッドに任命する。このＭＰＰＤＡとその傘下の映画制作倫理規定管理局（Production Code Administrator 以後ＰＣＡと略記）が中心になって、一九三四年にいわゆる映画制作倫理規定（以後、ヘイズ・コード）を策定し、これが一九六八年に撤廃されるまでの三〇年余の間、映画として何が描け、何が描けないのか、その表現の内実を決定的に規定する役割を果たすことになる。

倫理規定は一九二四年に一一の禁止条項と二六の注意条項（“Don'ts and Be Carefuls”）が定められてから、数度の改変をへて三四年版のヘイズ・コードとして完成することになる。一九二八年二月にはブルクハルト上院議員が映画検閲の連邦法案を上程し、通過はしなかったものの、その後も司法省は映画産業への反トラスト法の適用を検討し続けた。世界恐慌のなかでも、映画産業は観客確保のために政府や市民団体、宗教組織からの干渉圧力と折り合いをつけながら、「倫理的な」映画作りを強いられた（Vaughn 1990: 64; スクラー 一九九五：三二）。

では、ヘイズ・コードとはいかなるものか。一九三四年版の倫理規定は、娯楽としての映画が、国民の精神的・道徳的向上に寄与し、より優れた社会生活を営めるように貢献することを責務とすると前文で謳っている。具体的な禁止項目では、性に関する規定が一一あり一番大きな扱いを受けている。「結婚の制度ならびに家庭の神聖さを称揚せねばならない」と一般原則を述べたあとで、姦通や私通の描き方についてこれを魅力的に描いてはならないとし、肉欲的なキスや抱擁シーンにも制限を加えた。これらと並んで、六番目の項目として「人種混交(黒人と白人との性的関係)は禁じられる」と定められている。レイプや性的倒錯、白人奴隷(売春を強要された女性)の扱いも禁じられており、セクシュアリティについては厳格な表現規制が定められた[(3)]。

というのも、革新主義期のアメリカでは、セクシュアリティの管理はきわめて関心の高いテーマであった。実際、一九〇九年から一九二一年までの間に、連邦議会には二一の異人種間結婚禁止の関連法案が上程され、白人奴隷取締りのための通称、マン法が一九一〇年に制定されていた(Courtney 2005: 56)。こうした社会改良運動とヘイズ・コードの規定は、共振していたのである。ただし、このヘイズ・コードが人種混交の描写を禁じ、レイプなどの表現に大幅な制限をつけたことは、この時期の社会運動の影響以外にも大きな意味が隠されている。

人種混交の表象の歴史において、『国民の創生』が確立した黒人の強姦魔としての描写は、白人共同体としての国民創出に利用価値が大きかったはずである。にもかかわらず、ここであらゆる組み合わせのレイプや人種混交の描写を禁じた背景には、南北戦争から半世紀が経ちようやくその分断状況を克服した「戦後の終焉」というモメントがあり、この奴隷制の解体をめぐり血を流した南北双方の白人にとって、奴隷制や人種混交の過去を封印し、忘却した上に映画という国民的メディアを作る必要があったからである。ショハットが指摘するように、ヘイズ・コードについては人種とセクシュアリティにもとづく黒人に対する暴力をないがしろにし、奴隷に対するレイプ、去勢、リンチの記憶を消去してしまったという点で、その不在の構造化の重大さを考えることが重要である(ショハット 一九九八[1991]:二二〇)。だが、その不在の構造がなぜ必要であったかといえば、南北戦争後の分断状況の克服と国民再統合という時代背景があったのである。

こうして人種混交は、法律で禁じられるだけでなく、映画を通じても社会的禁忌として刷りこまれていった（Courtney 2005: 133–135）。一九三〇年代、四〇年代と黄金時代を迎えるハリウッドでは、あらゆる作品がこのＰＣＡの検閲を受け、セクシュアリティと人種に関してハリウッド映画の鋳型にはめ込まれた。一九六〇年以前に制作されたハリウッド映画の実に九五％が恋愛を第一、第二プロットとする内容で制作されており、その恋愛の作法が社会的モデルとして大きな役割を果たしたが、この膨大な恋愛の物語から、異人種間の恋愛は完全に消されていったのである（Wexman1993: 3）。

三　転機としての第二次世界大戦

1　戦争による「人種問題」の全国化、国際化

南部奴隷制下の人種混交の過去はヘイズ・コードにより徹底的に封印できたとしても、社会的現実としては第二次世界大戦を転機に、異人種間接触の欲望の空間がその戦時動員体制を通じて次々に作りだされ、人種間関係を激変させていく。映画に登場する主人に従順なプランテーションの黒人奴隷とは異なり、彼らの活動の範囲は一九一〇年代より、スポーツや音楽など国民の視線を集める公的な領域に広がっており、二つの大戦への黒人の兵士としての参加がそのアメリカ市民としての立場をより強固にしていった。(4)

南部から北部への黒人の大移動は、第二次世界大戦時の大規模な軍需産業への動員により加速し、一九四二―四五年に五〇万人の黒人が南部を去った。軍需工場では、行政命令により人種差別が禁止されていたため、黒人たちは南部の閉鎖的な人種隔離体制とは異なる労働空間を経験し、白人女性との接触の機会がそこでは生まれた。また、従軍した黒人兵は、はじめ海兵隊や空軍に受け入れを拒まれるなど露骨な人種差別にも直面したが、人種別部隊に編成された黒人兵は反ファシズムと反人種差別という二つの闘いでの勝利を目指し貢献し、朝鮮戦争時には軍隊内での人種隔離は撤廃されていった。

こうして戦前には基本的には南部に限定されていたローカルな問題が、戦中には北部都市での大規模な反黒人暴動などによりナショナルな問題へと発展し、また敵国のドイツと日本からはアメリカの国内人種差別を批判するプロパガンダが執拗になされたことで、人種問題は国際問題化していった。国際政治でのプレゼンスをアメリカが高めていくにつれ、対外的な視線を意識する公的領域では、むしろ国内的配慮よりもより普遍的な民主主義、人権思想に強くその行動が規定されるようになっていったのである。(5) この一連の動きは、それまでの人種混交に関する政治・社会の見方にも大きな変化をもたらし、学術研究でも新しい視点からの取り組みがなされていく。例えば、社会学者ミュルダールは、『アメリカのジレンマ』で、南部白人の人種隔離社会への固執は、アメリカ的民主主義を実現していく上での致命的な障害であると非難し、南部人が異人種間結婚を禁忌とするのは黒人の隷属状態を維持するための政治的策略に過ぎないと批判した(Myrdal 1944: 53–64)。

異人種間結婚禁止法の法制度においても、新しい学術研究と第二次大戦の教訓が、その従来の体制を突き崩す判決をもたらす。メキシコ系女性と黒人男性の異人種間カップルをめぐるカリフォルニア州最高裁ペレス判決(一九四八)において、首席判事トレイナーらは、結婚は「個人の権利であり、人種集団の権利ではない」とし、人種のみを理由に個人の行動を制限することは平等保護条項違反であると裁可した。これまで全米各州の裁判で提示された、白人以外の人種の身体的・知的劣等性の議論や混血児が市民の質を劣化させるといった優生学的見解に対しては、人類学者のボアズやベネディクトらの研究成果を引用し科学的根拠がないと一蹴した。また、カーター判事は、このような白人至上主義的純潔主義は、ナチス・ドイツの主張と同じだとしてヒトラーの『わが闘争』を法廷で引用して警鐘を打ち鳴らした(*Perez v. Sharp*. 1948: 198 P. 2d17)。こうしてペレス判決は、異人種間混交禁止の体制に風穴をあける画期的な裁判となり、一九六五年までに西部と中西部のすべての州で禁止法が廃止される道を切りひらいた。

2　戦争花嫁問題

戦争が異人種間混交禁止の体制に変化をもたらしたもう一つの社会的現実は、ヨーロッパ・アジア戦線に参加したアメリカ軍兵士一六〇〇万人の現地女性との恋愛問題であった。アメリカ軍は、敵国軍人や被占領地の住民と親しくなることを戒めるとともに、士官・下士官の間での恋愛を禁止するなど、軍人として相応しくない関係を規制する強い方針を打ち出していたが、戦地では結婚を希望する兵士の数は増えて、最終的には約百万人近くの女性が米兵・軍属と結婚し、そのうち七五%が「戦争花嫁」としてアメリカに入国したとされる。地域別には、イギリスで一〇万以上、オーストラリア・ニュージーランドで一万六千、ヨーロッパ人女性が一五万—二〇万、アジア人女性五万—一〇万(一九四四—五〇)が結婚したとされる(安冨ほか 二〇〇五：二六—二七)。

黒人兵に限らず、恋愛御法度の軍の禁止令のなかフィアンセをアメリカに連れて帰ることは、本国の人種混交禁止の体制に抵触した。動員された兵士たちは故郷の州選出の連邦議員を通じて戦争花嫁とその子どもたちの入国許可を求め連邦議会への請願を強めた。日本を含むアジア戦線も、こうした戦争花嫁・混血児問題の最前線であった。

一九四五年一二月末には戦争花嫁法が連邦議会で制定され、一九二四年移民法の割当数の枠外で従軍兵士・軍属の配偶者およびその子どもの入国がビザなしで認められた。ヨーロッパ戦線からは一九四六年制定のGI婚約者法などその後も特別措置がとられ、年間一五万人ほどの外国籍の配偶者らの入国が実現していった。しかし、アジア系の場合、上記の一連の立法が一九一七年や一九二四年の移民法に準拠したため、「帰化不能外国人」とされた日本人のGIの花嫁としての入国は認められる状況になかった(安冨ほか 二〇〇五：七九—八一)。

GHQ占領下の日本では、日本女性と米軍兵士の性関係やその混血孤児が社会問題化した一方で(第七章坂野論文参照)、自由恋愛の末、GIと結婚しアメリカ入国を果たした戦争花嫁が、人種混交をめぐる新しい表象言説を作り出したことも事実であった。占領軍として日本へと入国した日系二世の多くが日本人女性との結婚を望んだことや、マイク・マサオカなどのJACL(日系アメリカ人市民協会)が本件を日系人の地位向上のための重要な活動と位置づけたこともあり、一九四七年に戦争花嫁法は改正され、「人種に関わりなく」配偶者の入国が許可されることとなり、日本人妻や婚約者の入国が許可されることとなった。

3　戦後の映画業界の変容と映画『サヨナラ』

戦争を契機に大きな変化が生じ始めていた異人種間関係をめぐる物語は、映画産業にも影響を与えた。ヘイズ・コードに抵触しない範囲内で、異人種間恋愛を取り上げ、メロドラマ仕立てで社会的禁忌や人種差別そのものを扱い、映画の表現の限界を内破する動きが出てくるのである。

映画産業が自己変革を推進した背景には、戦後社会においてテレビがメディアの主役として登場したために、映画館の観客数が激減していったことがある。テレビでは、白人ミドルクラスの家族を描くホーム・コメディが大人気となっており、このテレビにはない何かを映画は探す必要があった。一万数千あった映画館は一九五〇年からの三年間で約五千館が廃業に追い込まれ、逆に新しいドライブ・イン・シアターが登場し、一九五三年末までに四千カ所に増加した。こうした娯楽施設に集まる若者カップルを新たなターゲットにして、性描写で先行する外国映画に負けない映画作りを要請されたことが新たな恋愛映画の登場を後押ししていた（スクラー 一九九五下：一六章）。

戦争中、映画制作者は軍用の記録・教育映画やプロパガンダ映画の作成などに尽力し戦時協力を惜しまなかった。しかし、下院非米活動調査委員会は、ハリウッドに共産主義が浸透しているとして赤狩りを開始し、これを受け映画業界は独自に「アメリカ的価値を守る映画連盟」を結成するなど内部分裂の危機を迎えた。また、司法省が映画業界のビジネス独占を問題視し、制作・配給会社に反トラスト訴訟を再開するに至り、業界の垂直的な系列が解体されたことで、ＰＣＡの映画産業への影響力は低下する。一九五四年にＰＣＡ創設時から局長を務めてきたジョセフ・ブリーンは引退し、映画自主検閲の時代に終止符が打たれるときが近づいていた。こうしたなかで、最初に異人種間恋愛の表象に新しい頁を開いたのは、英領インドの架空の島を舞台にそこで生活する人々の人種の苦悩（混血）や複雑な恋愛観を描いた『日のあたる島』（一九五七）である。

連邦最高裁は、一九五四年五月、公立学校における人種分離教育を違憲とする画期的なブラウン判決を下した。教育分野の人種統合は、南部白人に人種混交の恐怖を喚起する効果が大であったため、その反動から南部は徹底した暴力的抵抗をみせることとなる。アーカンソー州リトルロックの高校で九人の黒人生徒の入学をめぐって連邦軍と州軍がにらみ合う緊迫した事態となったのは、この映画上映と同じ一九五七年であり、アメリカ市民はテレビのニュースで南部の牢固な人種差別主義を注視していた。セントルイスで発行された白人至上主義者の新聞、『ホワイト・センチネル』では、アメリカで最初に異種雑婚（mongrelization）がオープンに描かれた映画であると『日のあたる島』を酷評し、ＮＡＡＣＰを南部で白人の雑種化を進める団体と決めつけ、白人種の雑種化は「共産主義の秘密兵器」であると断じている（Romano 2003: 151–152）。

だが、この映画は興行的には大成功を収め、異人種恋愛のブームの火付け役となった。一九五七年には同じテーマを扱った映画『サヨナラ』が、同年配給収入のベスト３に入った。これは、大戦直後の朝鮮半島と日本を舞台にした映画で、米軍空軍少佐グルーバー（マーロン・ブランド主演）とマツバヤシ少女歌劇団のスターであるハナオギのカップル、そして、グルーバーの同僚のケリー航空兵とその恋人カツミのカップルの恋物語である、この両者の恋模様は対照的な結末を辿る。本国転属の嫌がらせを受けたケリーはカツミと自殺して果て、恋愛禁忌の物語に典型的なアメリカ版曾根崎心中のようである。もう一方のグルーバーは、白人女性の性的魅力を体現するフィアンセがいながら、ハナオギのトランスジェンダーな魅力に惹かれ恋に落ちていく。ハナオギは、異性愛の情事を通じて、グルーバーを南部人の旧い人種差別主義から、そして男性性の危機からも救い出す。エンディングはグルーバーとハナオギの結婚をにおわせ、一緒に車に乗り込むところで終わる。歌舞伎や宝塚といった日本的なトランスジェンダーを挿入し、多様なセクシュアリティが仮構されたオリエントという空間設定のなかで、『サヨナラ』は日米の異人種間恋愛が時代錯誤の人種主義に勝利を収める筋立てとなっている。冷戦下のトランスナショナルな場面設定のなかでは、こうした異人種間カップルの物語が、ヘイズ・コードが想定した南北和解のための「国民の物語」の維持といった問題機制をいとも簡単に超越し、その帝国のパートナーシップの物語が国民に歓迎されたのである。

四　異人種間結婚禁止法の撤廃と現代映画

1　公民権運動のなかでの異人種間恋愛・結婚と「ラヴィング判決」
――映画『招かれざる客』

戦後に出されたブラウン判決など、アメリカ連邦最高裁による上からの改革は人種差別撤廃に向けた大きな流れをつくった。だが、黒人たちの公民権運動にとっては、南部白人が人種統合に反対するロジックに使っていたのがまさにこの人種混交の恐怖であったために、南部白人の感情を逆撫でする可能性のある異人種間結婚禁止法の撤廃は活動家の関心を引くテーマではなかった。黒人団体も、ＮＡＡＣＰ会長のウォルター・ホワイトが一九四九年に二〇年連れ添った黒人の妻と別れ、白人女性と再婚したことが協会内で問題化しており、この問題への関与には明らかに消極的であった(Romano 2003: 97)。

一九五〇年代の活動家たちは、法的・政治的平等を求める法廷闘争での勝利を目指し、異人種間結婚の問題を切り離す傾向にあったが、一九六〇年代になるとＳＣＬＣ(南部キリスト教指導者会議)やＳＮＣＣ(学生非暴力調整委員会)は、黒人と白人が同胞として社会的に平等な立場にたち、肌の色に関係なくコミュニティで暮らしていけることを求め、愛やブラザフッドを語り始めた。彼らは、人種混成の組織作りを意識し、伝統的な南部の人種・ジェンダー秩序に従うことを拒絶した。運動には白人女性の参加を歓迎し、黒人男性活動家との恋愛が芽生えることも多く、こうした運動内の変化が異人種間結婚禁止の法体系を問い直す気運を高めていった。その機会が一九六七年、ラヴィング判決によって訪れる(Romano 2003: 177–180)。

二四歳の煉瓦職人の白人リチャードと、幼なじみの一八歳の黒人女性ミルドレッドが、一九五八年に住まいのあるヴァージニア州でなく、禁止法のないワシントンで結婚したことから始まる。五週間後に地元に戻り暮らし始めたところで、夫妻は逮捕され、二五年間の州外退去に応じるのであれば懲役刑が猶予されるとの判決に従い、ワシントンへと戻り三人の子どもを生み育てた。しかし、この理不尽な扱いに納得できない妻が、一九六三年、司法長官のロバート・ケネディへ助けを求め手紙を書き、それが司法省を介してアメリカ市民自由連盟の人権派弁護士に渡り、法廷闘争へとつながっていく。最終的に、一九六七年六月、首席判事ウォーレンら最高裁判事全員一致で、ヴァージニア州の法律を憲法違反と断定し、三〇〇年以上にわたって続いてきた人種混交禁止の体制が崩されることとなったのである。これまで、結婚に関する法律は州に管轄権があるとして連邦の介入が阻まれてきたのだが、同判決では結婚という人間の基本的な市民権が、人種分類によって制限されることは不当であり、州法にはなんら合法的な事由が示されていないとし、合衆国憲法のもとでは、どの人種と結婚しようが、結婚の権利は個人にあり、州の侵害は許されないことが確認された(*Loving v. Virginia*, Supreme Court, no. 395, 1967)。これにより、異人種間結婚という行為が脱犯罪化されたことで、世論にも大きな変化がでてくることが期待された。

同年、ハリウッドでも異人種間結婚を正面から取り上げた話題作『招かれざる客』(一九六七)が封切られる。翌年の一九六八年には、ヘイズ・コードが最終的に撤廃され、イギリスをモデルとした格付けシステムが採用され、ここでも人種混交の表象の歴史の節目を迎える。白人リベラルが公民権運動を受けて、異人種間結婚について当事者として自問し始めた時機にあって、ハリウッドはヒューマニズムに訴えかけるドラマを作り出した。スペンサー・トレーシー演じる新聞社社主が娘の突然の黒人医師との婚約、結婚話に苦悩するストーリーは、アメリカ白人に、「娘を黒人と結婚させることができるか」という人種混交の物語における究極の問いに、向き合わせるものとなった。映画において、熱愛中の二人のキスはタクシーのミラー越しに一回のみで、異人種間カップルとしての露出は極力、抑えられている。それとは対照的に、妻や婚約者ジョンの母親に諭されながら、改心していくトレーシーが際だっており、アメリカという家族の家長の父親役割を体現している。トレーシーが最後の名演説で自分が恋したときのことを思い出し、二人の純粋な愛を認め結婚を許す場面は、ラヴィング判決と同様に、結婚が「人種」という集団性に規定される公的なものではなく、あくまで集団とは無関係な個の位相の私的な営みであることを再確認している。

もちろん、この映画を批判することはたやすい。人種混交の主舞台である南部を避け、サンフランシスコというセクシュアリティにおいても寛容な西部を選んだことや、黒人医師のジョンには、社会的地位としてこれ以上ない価値付けをし、強姦魔、貧困、劣等性などの従来の黒人像とは正反対の人物像を設定し黒人性を完全に抹消していることなど、仮想空間の夢物語としてしまった限界を指摘することもできる。だが、この映画は興行的に大ヒットし、アカデミー脚本賞、主演女優賞を受賞した。人種混交の禁忌を辿ってきた表象の歴史からみても、異人種間結婚をテーマとした映画として一つの大きな転機となる作品である。この映画を受け入れた若者層とは、第二次世界大戦後のベビーブーム世代であり、制度的な権威やアメリカの伝統的な文化規範を否定し、個人としての自由を求め自分に正直に生きることを大切にする世代であったのだ。

2　ブラック・ナショナリズムと人種混交
——映画『ジャングル・フィーバー』と現代映画

公民権運動は、公民権法や投票権法の成立へと結実し、南部の法的な人種隔離体制を解体させた。だが、北部の都市の黒人らは改善の見込みのない経済的困窮に不満を募らせ、一九六五年のワッツ暴動をはじめ全国各地で「長く暑い夏」と呼ばれる都市暴動が多発することとなる。ＳＮＣＣやＣＯＲＥ（人種平等会議）の活動家は、人種闘争において白人との連帯に懐疑的な見方を強め、この時期に多くのベテランの白人活動家が運動を去っていった。ストークリー・カーマイケルら若い黒人活動家は、黒人運動の自立、自衛、矜持の意味を込めて「ブラック・パワー」のスローガンを掲げ、人種統合は白人至上主義の維持に寄与するのみと考え、黒人の自負心の育成を目指した。

こうしたアフリカ系アメリカ人としての人種意識を肯定的に捉え、人種的一体感を強く求めるようになると、異人種間結婚は批判の対象となっていった。公民権法成立まで、多くの黒人は異人種間結婚を集団としての人種闘争とは無関係の個人的行為とみなしていたが、一転、ここにきて異人種間結婚は、黒人を黒人コミュニティから離間させ、黒人解放のための闘争の障害となるとみなし、人種への裏切り行為と考えられるようになった。マルコムＸも、「なぜ白人女を追いかける必要があるのか。黒人女性こそ最も美しい」と異人種間結婚に断固反対であると公言している

(Romano 2003: 221-222)。

黒人コミュニティの核に人種意識や家族を位置づけエンパワメントを図ったこの運動では、黒人男性が白人女性と結婚する異人種間結婚が急増するなかで、家族崩壊や結婚難を不安視した黒人女性が、異人種間結婚バックラッシュの急先鋒となっていった。事実、一九八〇年までに一二万二千人の黒人男性が白人女性と結婚したのに対して、白人男性と結婚した黒人女性の数はわずか四万五千人で、大きなジェンダー・ギャップがそこには存在していたのである(http://www.census.gov/population/socdemo/race/interractab1.txt)。

一九七〇年代にはこうしてブラック・ナショナリズムの異人種間結婚批判が強まったが、この黒人女性の嫉妬や焦りは、白人によって作られた人種混交の物語に欠落していた、まさに黒人自身の声でもあった。たしかにラヴィング判決により白人が作り上げた人種混交幻想は法的根拠を喪失し、異人種間恋愛は禁忌ではなくなった。しかし、今度は逆に、黒人の側が、自らのアイデンティティを求め再帰的に人種意識を拠り所に社会運動を展開するに至り、「人種」と「人種」の距離は黒人側の意向で維持・拡大が図られたということである。現在の「人種」のリアリティは、白人だけではなく、黒人によっても構築されているのである。

この黒人の目線で異人種間結婚をテーマに映画を作ったのが、スパイク・リーの一九九一年作品『ジャングル・フィーバー』である。前作『ドゥー・ザ・ライト・シング』(一九八九)でブルックリンの黒人街を舞台に人種と階級の交錯をリアルに描いた監督が、セクシュアリティを正面に据えて描いたのがこの作品である。主人公の黒人建築家フリッパー(ウェズリー・スナイプス)は妻子とともに豊かな生活を送っているが、彼が労働者階級のイタリア系の娘アンジーと不倫関係になるのを軸にストーリーは展開し、この二人に対して家族や周囲の人間がどのような反応をするのかが描き込まれる。マイノリティ間での人種偏見や異人種間結婚への嫌悪感とともに、黒人男性の強姦魔神話から完全に解放された女性たちによるいい男談義など、リアリティのある人種の現在が盛り込まれている。もちろん、ここでも黒人男性を盗んだ白人女と、黒人女性と仲良くなれない黒人男性に不満を募らせる黒人女性が登場している。

この映画が登場する前後からは、異人種間の恋愛や結婚をテーマにした映画やテレビドラマが数多く登場するようになる。その大きな理由は、多文化主義の隆盛であり、これがテレビや映画の配役においても、黒人やアジア系などの活躍の場を確実につくり出した。さらに、性革命を経て、この九〇年代にはいわゆるロマンティック・ラブの恋愛スタイルが大きく変化してきたことも指摘できる。恋愛、性、結婚を規範化されたセクシュアリティの近代は終焉し、映画においては、同性愛など新たなクイアなテーマがすでに大きな市場を開拓しようとしていたのである。

おわりに――A More Perfect Union

以上、人種混交の表象の検証を通して、それが市民的価値や近代のセクシュアリティの規範とともに一つの政治社会秩序として練り上げられてきたことで、「人種」のリアリティが構築されてきた経緯をみてきた。このセクシュアリティの規範が充填されていたからこそ、「人種」は実存性を持ち生きながらえてきたのである。

恋愛や結婚は本来、プライベートな個と個の関係にすぎず、人種という集団性に縛られるはずのものでもない。だが、本章で歴史的に検証してきたように、アメリカでは異人種間での恋愛・結婚のあり方が法律により定められ、公的にそのカップルの表象が管理され、人種混交の幻想の物語が政治的・社会的意図を持って紡がれてきた。親密なる私的領域がつねに公的なものとされてきたのである。その公化の背景には、南北セクション間での対立から、南北和解による国民再統合、帝国へのアメリカの拡大まで、国内の政治社会秩序の形成や国際秩序の構築が連動していることがみてとれる。こうした人種混交の物語が、白人、黒人、アジア系などあらゆるアメリカ人の生き方を規定し、「人種」と「人種」の間の距離を維持する役割を果たしてきたのである。

二〇〇八年の大統領選で、アメリカにおいてついに史上初の「黒人」大統領が誕生した。ケニア出身の黒人男性とカンザス出身の白人女性のカップルのもとに生まれた混血の政治家の両親の出会いが、禁止法のないハワイでなく、深南部であったなら、バラク・オバマがこの世に生を受けることはなかった。

大統領選直前の『ニューヨーク・タイムズ』(二〇〇八年一一月一日)に、その身のこなしや申し分のない学歴、ハワイとの接点など、映画『招かれざる客』でシドニー・ポワチエが演じた主人公とオバマには共通点が多いことを指摘する興味深い記事が掲載された。だが、オバマが生きてきた「人種」のリアリティは、映画のそれとはまったく重みが違うのではないだろうか。政治評論家からの「黒すぎる」とか「十分に黒くない」などという人種的なコメントに沈黙を守ってきたオバマがはじめて人種について基本姿勢を述べたA More Perfect Unionの演説(二〇〇八年三月一八日)が明確に示しているように、彼は人種が社会的に作られるメカニズムを熟知している。映画では、父親に家族の将来について尋ねられたジョーイが、「自分たちの子どもたちはきっと大統領になる」と応える場面があるが、この台詞が現実のものとなった今、果たしてオバマ自身の人種混交の来歴と、人種融和を語る言葉の力は、いかなる変化をアメリカにもたらすのだろうか。

注

(1)　二〇〇〇年センサスでの人種項目をめぐる論争などもあり、アメリカでは混血研究mixed race studiesが九〇年代末以降、隆盛となっている。日本では、松本(二〇〇五)や、山田(二〇〇六)などが、異人種間結婚を論じている。

(2)　唯一、逃亡奴隷の奴隷体験談のなかで、ハリエット・ジェイコブスのような屋内奴隷としての経験を持つ女性が奴隷主から受けた性的暴力についての抑制のきいた語りから女性奴隷やその家族、混血の子らの断片的な現実が浮かび上がるだけである。一九世紀中葉から、小説のなかではリディア・マリア・チャイルドのような反奴隷制の作家たちが素材として取り上げはじめ、それが「悲劇の混血女性(tragic mulatta)」として常に悲劇の末路を迎えるステレオタイプ化された黒人女性像として定着していくことになるが、これも黒人女性を性的欲望の対象へと定位させるものとなる。この文学における系譜についてはRaimon(2004)を参照のこと。

(3)　ヘイズ・コードの日本語訳は、加藤(一九九六：一六〇―一七四)を参照。

(4)　例えば、世界へビー級チャンピオンのジャック・ジョンソンの活躍や白人女性との奔放な私生活が、映画の規制強化を訴える契機となったと指摘されている(Courtney 2005: 50–56)。

(5)　戦後、国際連合が一九四八年総会で採択した世界人権宣言では、「成年の男女は、人種、国籍又は宗教によるいかなる制限をも受けることなく、婚姻し、かつ家庭をつくる権利を有する」と謳われていたのである。

参照文献

荒木和華子　二〇〇九「解放民教育「実験」と他者形成――北軍占領地南部でのアボリショニストによる奴隷解放」『歴史評論』三月号。
大森一輝　二〇〇三「「国民の創生」という物語――二〇世紀初頭のアメリカ合衆国における南北戦争の記憶と「和解」」都留文科大学比較文化学科編『記憶の比較文化論――戦争・紛争と国民・ジェンダー・エスニシティ』柏書房。
加藤幹郎　一九九六『映画　視線のポリティクス――古典的ハリウッド映画の戦い』筑摩書房。
兼子歩　二〇〇七「「黒人レイピスト神話」のポリティクス――二〇世紀転換期アメリカにおける人種暴力・ジェンダー・階級」『ジェンダー史学』第三号。
嘉本伊都子　二〇〇一『国際結婚の誕生――〈文明国日本〉への道』新曜社。
貴堂嘉之　二〇〇五「第四章　未完の革命と「アメリカ人」の境界――南北戦争の戦後五〇年論」川島正樹編『アメリカニズムと「人種」』名古屋大学出版会、一一三―一三九頁。
ショハット、エラ　一九九八［1991］「関係としての民族性――アメリカ映画のマルチカルチュラル的な読解に向けて」とちぎあきら訳、岩本憲児・武田潔・斉藤綾子編『「新」映画理論集成1　歴史・人種・ジェンダー』フィルムアート社。
スクラー、ロバート　一九九五『アメリカ映画の文化史』上・下、鈴木主税訳、講談社学術文庫。
中條献　二〇〇四『歴史のなかの人種――アメリカが創り出す差異と多様性』北樹出版。
ノッター、デビッド　二〇〇七『純潔の近代――近代家族と親密性の比較社会学』慶應義塾大学出版会。
松本悠子　二〇〇五「第九章「人種」と結婚――人種混淆をめぐる政治学」川島正樹編『アメリカニズムと「人種」』名古屋大学出版会、二五〇―二七九頁。
宮地尚子編　二〇〇八『性的支配と歴史――植民地主義から民族浄化まで』大月書店。
安冨成良、スタウト・梅津和子　二〇〇五『アメリカに渡った戦争花嫁――日米国際結婚パイオニアの記録』明石書店。
山田史郎　二〇〇六『アメリカ史のなかの人種』山川出版社。
Black, Gregory D. 1994. *Hollywood Censored: Morality Codes, Catholics, and the Movie*, Cambridge: Cambridge University

Press.

Blight, David W. 2001. *Race and Reunion: The Civil War in American Memory*, Cambridge: Harvard University Press.

Cott, Nancy F. 2000. *Public Vows: A History of Marriage and the Nation*, Cambridge: Harvard University Press.

Courtney, Susan. 2005. *Hollywood Fantasies of Miscegenation: Spectacular Narratives of Gender and Race, 1903–1967*, Princeton: Princeton University Press.

Croly, David G.(David Goodman) 1864. *Miscegenation: The Theory of the Blending of the Races, Applied to the American White Man and Negro*, New York: H. Dexter, Hamilton.

Hodes, Martha. 1997. *White Women, Black Men: Illicit Sex in the 19th-Century South*, New Haven: Yale University Press.

Johnson, Kevin R.(ed.) 2003. *Mixed Race America and the Law: A Reader*, New York: New York University Press.

Kennedy, Randall. 2003. *Interracial Intimacies: Sex, Marriage, Identity, and Adoption*, New York: Vintage Books.

Kido, Yoshiyuki. 2006. "Anti-Miscegenation and Asian Americans", *Pacific and American Studies*, Vol. 6.

Myrdal, Gunnar. 1944. *An American Dilemma, Vols. 1 & 2, The Negro Problem and Modern Democracy*, New Brunswick: Transaction Publishers.

Nobles, Melissa. 2000. *Shades of Citizenship: Race and the Census in Modern Politics*, Stanford: Stanford University Press.

Nott, J. C. 1843. "The Mulatto: a Hybrid-probable extermination of the two races if the Whites and Blacks are allowed to intermarry", *American Journal of the Medical Sciences*, Vol. 6, pp. 252–256.

———. 1847. "Statistics of Southern Slave Populations: With Especial Reference to Life Insurance", *The Commercial Review of the South and West*, Vol. 4, no. 3, pp. 275–289.

O'leary, Cecilia Elizabeth. 1999. *To Die For: The Paradox of American Patriotism*, Princeton: Princeton University Press.

Pascoe, Peggy. 1996. "Miscegenation Law, Court Cases, and Ideologies of 'Race' in Twentieth Century America", *Journal of American History*, 83–1, pp. 44–69.

Raimon, Eve Allegra. 2004. *The "Tragic Mulatta" Revisited: Race and Nationalism in Nineteenth-Century Antislavery Fiction*, New Brunswick, N. J.: Rutgers University Press.

Roediger, David. 1991. *The Wages of Whiteness: Race and the Making of American Working Class*, London: Verso.

Romano, Renee C. 2003. *Race Mixing: Black-White Marriage in Postwar America*, Cambridge: Harvard University Press.

U. S. Bureau of the Census. 1918. *Negro Population in the United States, 1790–1915*, Washington D. C.: Government Printing Office.

Vaughn, Stephen. 1990. “Morality and Entertainment: The Origins of the Motion Picture Production Code”, *Journal of American History*, 77, pp. 39–65.

Wexman, Virginia Wright. 1993. *Creating the Couple: Love, Marriage, and Hollywood Performance*, Princeton: Princeton University Press.

第2章　「哀れなカッフィ」とは何者か？
——黒い肌のチャーティスト

小関　隆

はじめに

本章に与えられた課題は、人種主義を階級意識と交錯させ、人種と階級という二つのアイデンティティの枠組がいかなる関係にあったかを考察することである。検討の素材となるのは、労働者階級意識を基盤に、労働者が主たる担い手となって一八三〇―一八五〇年代のイギリスで展開された政治運動であるチャーティズム、そして、いわゆる白人が圧倒的多数を占めたこの運動において、多少とも名の通った指導者のうちではおそらく一人だけ黒い肌をもっていたウィリアム・カッフィという人物である。多くのヨーロッパ諸国が革命の波に揺れた激動の年、一八四八年のロンドンに舞台を設定する。

チャーティズムの要求の眼目は人民《ピープルズ》憲章《チャーター》に集約された六項目（男子普通選挙、議員有給制、議員財産資格の撤廃、議会の毎年改選、秘密投票、平等選挙区）であり、六項目の実施による議会の急進的な改革を通じてさまざまな社会改革を実現することが、運動に身を投じた人々（チャーティスト）の多くが抱く基本的な見通しであった。数のうえでは文句なしに最大多数を成す労働者階級が議会政治から排除されている現状を打破し、国民の多数派の願いが叶えられるような社会の樹立を目指すという意味で、チャーティズムは明らかに階級を軸に展開された運動といえる。そんな運動の中で指導者として活躍した混血児カッフィにはどのような視線が注がれ、黒い肌をもつことは彼の語られ方や評価にとって、さらには彼自身のふるまいにとって、どのような意味をもったのだろうか？　同時代の二つの小説に登場する「哀れなカッフィ」という表象を手がかりに、議論を進めてゆきたい。

一　「哀れなカッフィ」という表象(1)

一八四八年のイギリスで最も有名な日付といえば、四月一〇日だろう。ロンドンのテムズ川南岸ケニントン・コモンにおける大規模な集会、そして、人民憲章の法制化を求める国民請願を提出するための議会への行進をチャーティストが計画していたこの日は、深刻な危惧とともに迎えられた。パリの二月革命を端緒として、ヨーロッパ各地で次々と生起する革命的な情勢に影響されながら、三月六日以降、ロンドンでも暴動が頻発していたことから、四月一〇日にチャーティストがなんらかの暴力的な行動を起こすのではないか、との憂慮が広く共有されたのである。実際のところ、チャーティスト指導部にそのような意図はまったくなかったのだが、事前のパニックが深刻だっただけに、四月一〇日のロンドンでさしたる騒乱が生じなかった事実には重大な意味が付与されることとなった。チャーティストが「大失敗《フィアスコウ》」を喫し、イギリス社会の安定性が証明された日、イギリス史の中で一八四八年四月一〇日が担ってきた意味はこれである(1)。

四月一〇日に関するこうした認識を浸透させるにあたって最も大きな力を発揮したといわれるのが、チャールズ・キングズリのロングセラー小説『オールトン・ロック』、チャーティストからキリスト教社会主義者に転ずる架空の仕立工オールトン・ロックの自伝という形式をとる教養小説である(Saville 1969: 382)。キリスト教の浸透という前提なくして社会がよくなることはありえないと考えるキリスト教社会主義の立場から、信仰の問題を度外視し、あたかも男子普通選挙さえ獲得できれば社会の改良が可能になるかのように説くチャーティストの誤りを批判することは、キングズリが『オールトン・ロック』を執筆した動機の一つであった。そして、四月一〇日は主人公ロックがチャーティズムの無意味さを決定的に痛感する機会となる。

……四月一〇日について多くを語りたいとは思わない。……人民は立ち上がろうとはしなかった。その後は無益さが次々と露呈していった。何十万人も集まるはずだった集会には、おそらく数万にも充たない者しかやってこなかった。しかも、そのうちの恐るべき割合を占めたのは……ならず者たちであった。……警察の総監から疑問のある指示を受けて、オコナー〔ファーガス・オコナー、チャーティストの最高指導者〕は決定的な瞬間になんとか集会を解散させた。（Kingsley 1910[1849]: 309-310）

注目したいのは次の部分、つまり、ケニントン・コモンの集会の解散と予定されていた議会への行進の断念がオコナーによって伝えられた直後の場面である。

哀れなカッフィ、あまり賢くはないかもしれないにせよ、とても誠実な弁士であった彼は、「われわれは皆騙されたのだ、裏切られたのだ」と叫びながら、荷車から飛び降りた。（Kingsley 1910[1849]: 310）

まず、カッフィに冠された「哀れ」という形容が、集会解散後の顚末の描写においても基調になっていることを確認しておこう。「こうして集会は哀れなほどばらばらに解散し、降り注ぐ雨に身も心もびっしょりになって、人々は意気消沈のうちに家路についた。……一方、巨大な請願書は老いぼれた馬が牽く車に載せられて、馬鹿馬鹿しいほどゆっくりと出てゆき、大笑いの中、庶民院のフロアに放り出されることとなった(2)」（Kingsley 1910[1849]: 310）。四月一〇日の「大失敗」との認識を広めるうえで大きな役割を果たしたキングズリは、この日のチャーティストを「哀れ」というイメージ（雨に濡れながらしょんぼりと帰ってゆく、といった）で描いたのであり、その手がかりとしてクローズ・アップされたのが「哀れなカッフィ」に他ならない。カッフィへの言及がチャーティストの「哀れ」さを読者に印象づけ、「大失敗」を主張するための起点になっているのである。

四月一〇日の場面に登場する実在のチャーティストは、最高指導者たるオコナーを除けば、カッフィだけである。ジョージ・ジュリアン・ハーニ（後段を参照）やアーネスト・ジョーンズをはじめ、カッフィより「格上」といってよいチャーティスト指導者がケニントン・コモンには少なからずいたにもかかわらず、である。したがって、彼らを差し置いてカッフィをクローズ・アップしたことには、キングズリなりの狙いが込められていたと考えるべきだろう。そして、その狙いがどのあたりにあったかを推察することはさして難しくない。カッフィという黒い肌の持ち主へと読者の注意を向けさせることがチャーティズムにネガティヴなイメージを付与するにあたって効果的である、キングズリはこう判断したものと思われる。オコナーの指示に「騙された」と憤り、警察の圧力に屈することなく集会をつづけて議会への行進も決行せよ、といわば強硬路線を叫ぶ「あまり賢くはない」混血のチャーティストこそ、四月一〇日の「大失敗」、さらにはチャーティズムそのものの無効性を描こうとする際、最も使いやすいキャラクターだったのであろう。

二　「哀れなカッフィ」という表象(2)

「哀れなカッフィ」が登場する同時代の小説がもう一つある。トマス・マーティン・ホイーラーの『陽光と影』、ホイーラーはケニントン・コモンの集会にも参加した著名なチャーティスト指導者であった。(3)『オールトン・ロック』と同じくチャーティズムに取材した教養小説（架空のチャーティスト、アーサー・モートンの半生を語る）だが、キングズリとは違って、ホイーラーがこの小説で意図したのはチャーティズムの名誉回復であった。

そして、『陽光と影』が最も入念に描き込む実在の人物がカッフィである。チャーティスト指導者が次々と逮捕されてゆく一八四二年夏、運動の暫定執行部に名を連ねるに至った主人公モートンは、執行部の中核を担うカッフィにすっかり魅了される。

この執行部の傑出した活動家だったのがウィリアム・カッフィである。……初めて彼に会ったアーサー・モートンは、蔑まれ傷つけられてきたアフリカの人種の末裔であるこの小柄な人物がもつ知的そうな額と快活そうな容貌を、心からの賛嘆とともに見つめた。……これほど知的なイングランド生まれの有色人種には会ったことがなかった。西インドの奴隷の息子でありアフリカの奴隷の孫であったにもかかわらず、彼は文法的にも正確な正真正銘の英語を話し、その自然さと流暢さはサクソンやノルマンの純粋な血統をひくと自慢する多くの者たちを恥じ入らせるほどのものであった。大半の労働者よりも優れた見識の持ち主である彼は、職場の労働組合の最高位の役職を見事に務めたことがあり、エインシェント・オーダー・オヴ・ドゥルイド〔労働者互助のための友愛協会〕の執行委員会のメンバーにして監査役でもあった。そして……チャーティスト組織の最高位の役職へと上り詰めたのである。仲間たちは、危機の時にあって、ウィリアム・カッフィほど頼りにできる者はいないことを知っていた。秩序を大切にする彼は厳格に規律を守り、かたくなとさえいえるくらい徹底的に自らの責務を遂行した。しかし、社交の場では、誰よりも思いやりがあり、ユーモアに溢れ、感じがよかったため、彼を知る誰もが同席を大いに楽しみ、熱心に望んだ。讃えられ尊敬される人物であった。嗚呼、哀れなカッフィ！　一時の熱情と一瞬の狂気ゆえに、貴方は残された人生を社会の禁圧の下で流刑の身の大罪人として過ごさねばならなくなってしまった。それでも、この大罪人の知己に一度は恵まれたことを、貴方の高貴な情熱を分かちもったことを、……私は誇りとともに認めよう。こんな運命を貴方にもたらしたのは狂気であった。しかし、私が思うに、それは高貴な神のような狂気であった……。（Wheeler 1999［1849–1850］: 150–151）

「哀れなカッフィ」をいわば便利な狂言回しとして使ったキングズリの場合とは違い、ホイーラーが敬意と共感をもってカッフィを描いていることは、小説全体のバランスを崩すほど延々と賛辞を連ねたこの引用から明らかだろう。ここでの「哀れなカッフィ」は、嘲りではなく賛嘆の対象である。しかし、ストーリー展開のうえでは、あえてカッフィを登場させることにはほとんど意味はなく、むしろストーリーの流れを停滞させてしまってさえいる（しかも、視点はいつしか三人称の主人公モートンから一人称の「私」＝ホイーラーへと横滑りしている）。したがって、文学的・芸術的な要請の結果というよりも、おそらくは政治的なメッセージを込めて、ホイーラーはカッフィをとりあげているのであり、この点ではキングズリと同じといってよい。

高潔かつ有能な人物として造形されたカッフィであるが、引用でも触れられていた通り、一八四八年夏にはいわゆる「八月の陰謀」[4]を策したとして逮捕され、トマス・パウエルやジョージ・デイヴィスをはじめとするスパイたちの信憑性に疑問のある証言を根拠に、タスマニアへの流刑に処されることになる。

卑劣なホイッグ党政府は……パウエル、デイヴィス、ティンリ、その他のさもしい手先たち〔スパイ〕をチャーティストの間に潜入させた。彼らの呪わしい術策で火を点けられて地雷は爆発し、そこに多くの勇者が巻き込まれてしまったのである。中でも、ウィリアム・カッフィがこうした運命を辿ったことは、他の誰にも増して悔やまれる。今後長きにわたって、ロンドンの民主主義者たちは彼の助力が得られなくなったことを嘆くだろう。慎重にして冷静、しかし勇敢かつ情熱的だったカッフィであるが、この時期の興奮状態が彼のいつもの的確な判断力を圧倒してしまったため、罠に嵌められ、災いを被った。（Wheeler 1999[1849–1850]: 186）

小説としての完成度や影響力でいえば、『陽光と影』は『オールトン・ロック』とは比べられるべくもない。一九世紀半ば以降のイギリスで認知されてゆくカッフィは、間違いなくキングズリが造形したイメージに沿っていた。それでも、ホイーラーの小説の存在は、同時代におけるカッフィへのまなざしが決して一様ではなかったこと、彼のイメージが揺らぎを孕んでいたこと、別の言い方をするなら、カッフィの表象の複数性と不安定性とを示唆するだろう。二通りの「哀れなカッフィ」がいたことを記憶しておきたい。

三　カッフィの経歴

ここで、「哀れなカッフィ」ことウィリアム・カッフィの経歴を簡単に紹介しよう。カッフィが生まれたのは一七八八年四月、父はセント・キッツ島(5)のアフリカ系奴隷であったが、息子が誕生した時にはすでに解放された身として海軍船のコックを務めており、カッフィ本人は当初から自由民であった。イギリス南東部のケント州チャテムで育ち、一〇代半ばに徒弟修業に出てからは一貫して仕立の仕事に従事した。カッフィはきわめて優秀な仕立工だったという(6)が、一八三四年四月に職場のストライキに参加したために職を失って以降、雇用の確保には苦労しつづける。流刑の際の調書によれば、身長は四フィート一一インチ〔約一五〇センチ〕とかなり低く、肌の色は黒、頭の大きさは普通、黒髪、グレーの口髭、目の色は茶であった。また、足と背には生まれた時から障害があった（したがって、キングズリの引用にあったように、「荷車から飛び降りた」可能性は小さい）。注目されがちな外見であったことは間違いないだろう（七三頁の図1を参照）。読み書き能力を身につけ、宗派的にはイングランド国教会に属した。

「カッフィはいささか不恰好な姿の中に素晴らしい精神を宿した人物であった。私は同じ職種の数千数万の労働者と出会ってきたが、彼くらいすぐに信頼しようと思えた人物を知らない。同じ仕事をした幾多の人々が今に至るまで同様の気持ちを抱いていることを、私は確信する」（*Reynolds's Political Instructor*, 13 April 1850）。このように称賛される人柄ゆえか、周囲からの信望を得て、カッフィは労働組合の要職を担うようになり、やがて労働者は議会選挙権をもつべきであるとの認識に達する。一八三九年に首都仕立工憲章協会の設立に関与するなど、彼はロンドンにおけるチャーティズムの中核的活動家の役割を演じ、一八四二年には全国を統轄する最大のチャーティスト団体、全国憲章協会の執行委員に選出される。著名なチャーティスト指導者として、流刑によってイギリスを離れるまで、彼は急進的な議会改革を求める運動の前線に身を置くことになる。ごく少数とはいえ、カッフィ以外にも、チャーティズムにかかわった有色の労働者はいたが、カッフィが彼らを代表する立場にあったわけではなく、彼を名の通った指導者にまで押しあげた一番の力はあくまでも運動の中で寄せられた信望であったと考えてよかろう。

一八四八年について見ると、四月に開催されたチャーティストの全国代表者会議にロンドン選出代議員の一人として参加し、キングズリが描いたように、四月一〇日のケニントン・コモンでは議会への行進を断念したオコナーの対応を激しい調子で批判した。議会が国民請願を否決するなら、それは人民への宣戦布告に他ならず、運動の側も宣戦布告にしかるべく応えねばならない、とかねてより発言していたことから考えて、国民請願が議会で葬られた後にはロンドンにおけるなんらかの地下活動に身を投じた可能性が大きいが、確かなことは判明していない。カッフィの名が再び取り沙汰されるようになるのは、「八月の陰謀」への関与のかどで八月一六日に逮捕されて以降のことであり、九月三〇日には有罪判決を受ける。流刑地タスマニアのホバートに到着したのは一八四九年一一月、到着からほどなくして仮釈放処分となり、最終的には一八五七年二月に赦免された。イギリスに戻ることはなく、タスマニアで仕立の仕事に就くとともに、労働組合運動や急進主義運動にもかかわり、有能な弁士として人気を得た。病気と老齢で労働が不可能となった末、一八六九年一〇月に救貧施設に入ってからはもっぱら病床にあって、一八七〇年七月、貧窮のうちに死亡した。享年八二歳であった(*Reynolds's Political Instructor*, 13 April 1850; Saville 1982: 77–80; Chase 2007: 309–311)。

これまでのチャーティズム研究において、カッフィはどう扱われてきただろうか？　断片的なそれがほとんどとはいえ、カッフィへの論及を含んだ研究は少なくない。そして、これらの論及は大きく二つに分けられる。一つはカッフィの人柄を高く評価するもので、現在でもチャーティズム研究の決定版の地位を保つトムスンの著作にある以下のような書き方が代表的な例となる。「彼はきわめて細心、頭抜けて誠実かつ信頼できる人物であった。……明らかに親しみやすくバランスのとれたキャラクターの持ち主であり、指導者間の私的な争いにかかわることなどめったになかった。楽器演奏や歌唱に優れ、集会における弁士としてだけでなく、社交的な活動の際にも登場が求められる人物であった」(Thompson 1984: 189–190)。

もう一つは「八月の陰謀」へのカッフィの関与を指摘するもので、チャーティズム研究では「八月の陰謀」は常套的に「カッフィの陰謀」と表記されてきた。八月一六日に予定された「陰謀」を準備する委員会にカッフィが加わったのは八月三日、委員会の書記に就任したのはようやく一三日であるから、彼が首謀者であったかのような書き方は必ずしも正確ではないのだが、「チャーティズムの過激な左派を成したのは、暴力的な反乱の行動を常に策していたウィリアム・カッフィのような者たちである」(Cole 1965[1941]: 355)といった叙述の例は多い(7)。「哀れなカッフィ」の表象が二種類あるのと同じく、研究史にも二通りのカッフィ像が見出されるのである。この点を確認したうえで、次節では、カッフィがいかに言及(自己言及を含め)されたかを詳しく検討することとしよう。

四　一八四八年のカッフィ

黒い肌をしたカッフィは、総じてチャーティズムに敵対的だった同時代のジャーナリズムによって、しばしば嘲りのターゲットとされた。この点について、カッフィを擁護する立場から、急進派の新聞『レノルズ・ポリティカル・インストラクター』は次のように指摘する。「ウィリアム・カッフィは、彼のことを知り、彼の徳をわかる同じ階級の者たちからは愛されたが、彼のことを知りもせず、彼の階級に共感ももっていない新聞からは嘲りを受け、非難された……早くも一八四二年には、彼は『タイムズ』によって反穀物法同盟に対立する者たちを率いる指導者としてわざわざ選び出され、チャーティストは滑稽にも「黒人と彼に従う徒党」と呼ばれた」(*Reynolds's Political Instructor*, 13 April 1850)。馬鹿にするようなトーンでチャーティズムを描こうとする時、カッフィは確かに重宝な存在だったに違いない。以下では、『オールトン・ロック』と『陽光と影』が扱っている二つの時期、すなわち、ケニントン・コモンの集会と全国代表者会議が開催された一八四八年四月、そして、「八月の陰謀」が法廷で裁かれた同年九月に焦点を合わせて、史料を具体的に検討してゆく。

ケニントン・コモンでのカッフィに関して、『イラストレイテッド・ロンドン・ニューズ』には、おそらくはキングズリも読んだであろうと思わせる報道が見られる。

カッフィは強いことばを用いて集会の解散に反対した……自分が確信するところ、全国代表者会議には臆病なペテン師ばかりが集まっており、今後は全国代表者会議とかかわるつもりはない、と。それから、彼は演台の荷車を離れ、群衆の中へ入っていって、演説した。オコナーはあらかじめすべてを知っていたはずだ……われわれは完全に罠に嵌められたのだ、と。(*Illustrated London News*, 15 April 1848)

オコナーが議会への行進の断念を告げた後の様子を、『タイムズ』はこう記す。「全国代表者会議の代議員であるカッフィ氏に支持されながら、スパーという名の人物が、軍隊によって阻まれるまで人民は国民請願書とともに行進すべきである……と主張した。彼はこの提案を実行に移そうといい、一部の聴衆からは激しい拍手が起こった。しかし、彼らほど節度を失っていない代議員が何人か介入し、すぐに彼らの企てをやめさせた」(*Times*, 11 April 1848)。ここで描かれるのは、集会解散と行進断念という最高指導者の方針に従おうとせず、ごく一部の支持しか得ていないにもかかわらず、あえて強硬路線の実践を主張する「節度」なき過激派としてのカッフィである。見境もなく強硬論を叫び、最高指導者にまで悪罵を投げつけるカッフィの抑制を欠いたふるまいは、黒い肌の異人種に関する読者の先入観とうまくマッチしたものと思われる。

『イラストレイテッド・ロンドン・ニューズ』の報道によれば、カッフィは「全国代表者会議とかかわるつもりはない」との意向を表明したということだったが、実際には、四月一〇日以降も彼は全国代表者会議に出席した。そして、四月一五日の全国代表者会議でのカッフィの発言は、ジャーナリズムによるからかいが別の奇妙なからかいに連なったことを伝える。

　私の病気について、そして、私を支えるために妻が洗濯の仕事に出ていることについて、ご親切にも言及してくれた記者たちのおかげで、私は晩餐ないしその種のことへの招待をいくつか受けました。二つだけ読んでみましょう。最初はシブソープ大佐から(爆笑が起こる)。次の通りです。

　……

もしもカッフィご夫妻が政治的問題についてはいささか見解の対立するジェントルマンと食事をともにすることに異存がおありでないのならば、シブソープ大佐は一三日水曜日六時からの自宅での晩餐に喜んでお迎えしたいと思います。……この日の大佐の晩餐に招かれているのは、ディズレイリ氏とフィラデルフィアから来るジェントルマン、そしてその夫人だけです。

　私が受けた招待はこれだけではないのです。……

……貴方が貧困にとても苦しんでおられることを新聞で知って、私は大変に悲しく思いました。奥様に毎週一度洗濯をしていただけたら、嬉しいのですが(大爆笑が起こる)。そして、貴方にも友人の家でなんらかの働き口を見つけてさしあげられます……。(8)(*Times*, 17 April 1848)

ジャーナリズムによる嘲りが浸透した結果、カッフィをからかおうと、悪ふざけをする者たちが出てきたということだろう。

しかし、むしろより注目されるべきは、全国代表者会議の代議員、そしてカッフィ自身のふるまいの方である。「どこかのふざけた輩がもちろんジョークとしてカッフィ氏に送ったこれらの手紙が読みあげられると、大いに喜ばれた」と『タイムズ』が伝えるように、チャーティストたちが能天気とさえいえるくらい無邪気にカッフィへのからかいのエピソードを楽しんでいることは、引用にある「爆笑」「大爆笑」の挿入からも伝わってくる。そして、「今から皆さんにおもしろいものを読んであげましょう」と発言を始めているカッフィ自身も、自分のネタで全国代表者会議の同僚が「爆笑」することを予想し、期待していたものと思われる。「私はある種の人たちが考えているほど馬鹿ではありません」といいつつも、カッフィは自ら進んで道化役を引き受けているのであり、チャーティストたちの間にもそのことへの違和感はさして強くなかったように見える。

道化役を演じようとするカッフィに対する周囲のまなざしに容貌の問題が介在していたことは、四月一三日の全国代表者会議の様子から推察できる。カッフィは以下のように発言した。

私は醜く小さい老人ですので、「オールド・ハウス」〔パブ〕で毎晩出会う中流階級の友人には私を見くだす者もいます。私を見ると、「なんとまあ、カッフィじゃないか！」(笑いが起こる)、お前を撃ち殺してやりたい、という人がいるのです(笑いが起こる)。しかし、彼らが私を撃つより先に、私は政治的な事柄について彼らよりも詳しいことをわからせてしまいます。もう何年も前から、私の保釈保証人になってもよいといってくれる中流階級の友人が二人います(笑いが起こる)。そして、私の人気は急上昇中です。肖像画を描きたいと求めてくる画家がいるくらいですから(爆笑が起こる)。(*Times*, 14 April 1848)

この発言から読みとれるのは、自らの容貌への嘲りに充ちた視線にもめげないカッフィの楽天性だけではない。「醜く小さい老人」(「醜さ」の構成要素にはまず間違いなく黒い肌も含まれているだろう)である自分の容貌への言及が代議員たちの笑いを誘うことを充分に予期したうえで、あえてカッフィがとる自虐的ともいえるポーズも見逃すべきではない。そうしたポーズをとることで全国代表者会議の雰囲気を和ませうる、と彼は考えていたのであろう。そして、カッフィを撃ち殺す、というジョークではあるにせよきわめて不穏当な発言に「笑い」で応えてしまうチャーティストたちに、「醜く小さな老人」と自己言及しなければならないカッフィの屈折や苦渋への思いやりを認めることは難しい。むしろ、カッフィの外見が笑いを誘っても無理はない、無邪気に笑ってしまってかまわない、といった暗黙の了解が、全国代表者会議の場には存在していたと思われる。黒い肌を笑いの対象とするチャーティストたちが、混血児を見くだす人種的な優越感から自由でなかったことは否定できないだろう。

つづいて、九月のカッフィの検討に移ろう。カッフィをはじめ、「八月の陰謀」を企んだとされた者たちの多くは九月下旬に裁かれた。カッフィらにとってきわめて不利な内容を含むスパイの証言は、その信憑性に関する強い疑問の声にもかかわらず、判事や陪審員によって大筋で採用され、有罪判決の根拠に用いられた(小関 一九九三：終章)。そして、スパイの証言にもカッフィへの嘲りが見られ、たとえばチャールズ・ティルデンは次のように陳述している。「私はカッフィのような強い指導者の下に置かれたいと切望しました。カッフィの指令に従っていれば、自分も将軍になれるはずだ、もしかしたら最終的に共和国の大統領にだってなれるかもしれない、と期待していたのです」(*Northern Star*, 30 Sept. 1848)。スパイであったティルデンが「共和国」の樹立を望むはずもなく、「大統領」「将軍」といったことばは明らかにジョークとして使われている。「カッフィのような強い指導者」との表現にしても、彼が強硬論者であることを示唆する意味はあったかもしれないにせよ、およそ「強い指導者」とは見えない小柄な老人の容貌への注目を逆説的に喚起し、嘲りを促す狙いをもって、持ち出されたように思われる。

裁判が結審した直後、『パンチ』は「不幸なカッフィへの手紙」と題する記事を掲載した。

私は、光栄ある共和国で飢えるよりも、むしろ暴君的なニコライの支配下でロースト・ビーフを食べたいと思います。下品で屈辱的な告白でしょうが、これが私の考えるところです。普通選挙は不確かですが、マトンは確かです。仮に普通選挙を得ることがあったとしても、マトンなしには、私は普通選挙をありがたがれないでしょう。

私のカッフィよ、結局のところ選挙権とはなんなのでしょう？……ソクラテスの死は、圧倒的多数の投票によって決せられたのです。私の哀れな年老いたカッフィよ、「オレンジ・トゥリー」〔「八月の陰謀」の司令部が置かれたパブ」やその他の愛国者たちのたまり場で語られたこと、そして、貴方自身が述べたことを読みましたが、貴方や貴方よりも知性に劣る何百万もの者たちにわが国の立法全般を委ねることが私のためになるとは思えませんでした。（*Punch*, vol. 15, 1848: 154–155）

引用した部分以外でも、「勇ましい小さな人」「小さな仕立工」「私の愛する……カッフィ」といった表現が頻出する。全体が嘲りの調子で貫かれていることは明瞭であって、そのようなトーンの中で、「わが国の立法全般を委ねる」に相応しい「知性」をもたない者たちに選挙権を与えようとする普通選挙など不毛だ、というチャーティズムを真っ向から否定する主張が開陳されるのである。からかいのことばを浴びせかける相手として、逮捕された者たちの中で最も適任だったのは疑いもなくカッフィであった。チャーティスト系新聞で最大の発行部数を誇った『ノーザン・スター』は、『パンチ』が「陪審員の目にカッフィが嘲笑されるべき存在、そして不快な存在と映るよう、全力をあげてきた」（*Northern Star*, 7 Oct. 1848）ことを指摘している。(9)

カッフィが混血児であるという事実には、嘲りの喚起とはまた別の利用法もあった。有罪判決が出される前日、九月二九日の『タイムズ』論説は、「陰謀」がなぜ失敗したのかを以下のように論じた。

イングランド人は陰謀を企むようなことはしない。……わが国民は陰謀を忌み嫌う。今回の陰謀の首魁であるカッフィは半分「ニガー」である。他にも若干のアイルランド人がいる。この件にかかわった者全体の中に、はたしてイングランド人が半ダースもいるのかどうか、疑わしい。強く挑発されれば、イングランド人は公然と大勢で決起することはあるだろうが、陰謀を企みはしないし、できない。ほんのわずかでも陰謀の兆候が見えれば、国民的な疑問と怒りの声にさらされるのである。わが国では、陰謀から得られるものなどない。（*Times*, 29 Sept. 1848）

ここでは、カッフィが「半分「ニガー」」であることが、容貌を介してカッフィ個人やチャーティズム全般への嘲りを促そうとする文脈においてではなく（同じ論説には「半ば気が変になった小さなクレオール、カッフィ」との表現も含まれるが）、「イングランド的政治文化」とでも呼ぶべきものと「陰謀」との異質性を指摘し、いわばカッフィの人種的資質が「陰謀」の計画を招来したこと、そして、こうした「非イングランド的」な試みは失敗を運命づけられていることを主張する文脈において利用されている。「陰謀」を嫌忌する「国民」を誇り、「陰謀」など脅威ではありえないイギリス社会の安定性を印象づけるためには、実際には必ずしもそうではなかったにもかかわらず、カッフィを「陰謀の首魁」の座に据えてしまうことが有効であった。「イングランド的政治文化」の優位性を誇示しようと試みる時、黒い肌ゆえ、「イングランド的政治文化」の外にいるというイメージを帯びさせることが容易なカッフィの利用価値は大きかった。また、アイルランド人とイングランド人とを差異化し、前者を劣位に置こうとする論調にも、人種主義が垣間見られる。

もちろん、弁護人や『ノーザン・スター』はカッフィを擁護し彼の無罪を主張する声をあげた。しかし、全国代表者会議の場合と同じく、カッフィの側に立とうとする人々のことばにも、人種主義は微妙に影を落としている。九月二八日に弁護人バランタインが陪審員に向けて行った以下の陳述は、スパイの証言の虚偽性を指摘する趣旨のものであるが、その際、上述したカッフィへのからかいのエピソードが持ち出された。

> 私がここで弁護している収監者の一人〔カッフィ〕についてですが、皆さんは新聞報道で彼に関してきっと聞いたことがあると思います。そして、彼の馬鹿げた演説が新聞に報道されるようなことがなければ、皆さんはカッフィ氏のことなど知らずに済ませただろうとも思います〔笑いが起こる〕。しかし、今ここで問題になっているのは、彼がウェリントン公爵なりシブソープ大佐なり〔シブソープのそれと並んでウェリントンの名も国民請願への虚偽の署名に含まれていた。注(2)および注(8)を参照〕から晩餐をともにしようと招待されたかどうか、あるいは、彼の政治的見解ゆえに妻が洗濯かなにかの仕事を失ってしまったかどうか、ではありません。皆さんが意見を表明しなければならないのはこれらの問題に関してではなく、収監者が女王に対して戦争を仕掛ける陰謀を企んだと納得させるだけの証言が示されたかどうか、に関してです。(*Northern Star*, 30 Sept. 1848)

シブソープからの招待などというエピソードに言及することに、弁護のうえで重要な意味があったとは考えにくい。推察できるのは、カッフィが馬鹿にされた話を持ち出すことによって陪審員から「笑い」をとり、あわよくば彼らの姿勢を和らげよう、というバランタインの意図である。そして、こうした狙いのためには、彼はカッフィにとって愉快であったはずのない悪ふざけを利用することを躊躇しない。カッフィへのからかいは利用してもよいネタなのである。また、カッフィの演説に「馬鹿げた」という形容を与えている点にも注目したい。カッフィをあえて貶めるがごときポーズをことあるごとにとってみせるのが、バランタインによる弁護の基本方針だったかのようである。

バランタインの陳述からもわかる通り、法廷で最大の争点となったのはスパイの証言の信憑性であった。「八月の陰謀」は実際にはスパイの扇動の産物であって、カッフィらは罠に嵌められた犠牲者にすぎない、こうした認識は『ノーザン・スター』紙上で繰り返し語られた(10)。しかし、カッフィを犠牲者として描きつつ、『ノーザン・スター』がより重要な課題としたのは、「八月の陰謀」とチャーティズムとを切り離すことであった。

「陰謀」はあったかもしれない。しかし、それはチャーティストの陰謀ではなかった。この件に関して告発を受けている名の通ったチャーティストはカッフィだけである。

さて、カッフィについての証言を受け入れるとしても――実際には、証言が疑わしい情報源に由来することに鑑み、われわれは受け入れようとは思わないのだが――一人の人間の愚行をチャーティスト党全体に対する仕返しにふけるための口実にするのは、あまりにも不当である。

……

「陰謀」があったということを否定はできない。しかし、陰謀を企てた者たちは全員裁判にかけられるのだろうか？ そんなことはない！ 最悪の連中は逃げるだろう。プレス・ギャング〔強制徴募隊を指すことばだが、ここでは非道なジャーナリズムという程度の意味〕は労働諸階級のことを歪めて報道し、彼らの掲げる原則への偏見を煽ることを企んできた。プレス・ギャングの企みが成功した結果、絶望にかられ、暴力を用いてでも悲惨な状態から脱出するための手がかりを求めようとする人々が出てしまったのである。(*Northern Star*, 26 Aug. 1848)

スパイの証言の無効性にも触れてはいるが、ここでの趣旨が「チャーティストの陰謀」というレッテルを否定することの方にあるのは間違いない。そして、この議論の中では、「最悪の連中」＝スパイや「プレス・ギャング」の操作の結果とはいえ、カッフィが「陰謀」に走ったこと自体は実質的に認定される。重要なのは、カッフィの関与を否定することよりも、カッフィという「一人の人間の愚行」と「チャーティスト党全体」とを切り離すことなのであって、結果的に、疑いもなく「名の通ったチャーティスト」であったカッフィは、あたかもチャーティズムから逸脱してしまった者であるかのように描かれることになる。「八月の陰謀」に関与したチャーティストはカッフィただ一人だったわけではないにもかかわらず、「名の通ったチャーティストはカッフィだけ」などとあえてカッフィを焦点化し、「チャーティスト党全体」への批判をかわそうとするのである。容貌においても出自においてもアウトサイダーの雰囲気を濃厚にもつカッフィは、こうした時、いかにも使い勝手のよい存在であった。厳しい言い方をすれば、カッフィという人種的アウトサイダーを見捨ててでも運動を防衛しようとしている、という印象が残るが、よく似た議論は『ノーザン・スター』の論説に再三登場した。「カッフィを除けば、パウエルの犠牲になった人々の名は逮捕される以前にはわれわれの知るものではまったくなかった。彼らの中にはチャーティストもいるのかもしれないが、彼らは、ホイッグ党やトーリ党を代表していないのと同じく、チャーティスト党を代表してもいない」(*Northern Star*, 30 Sept., 7 Oct. 1848)。カッフィはスケイプゴートにされている、と見なすこともできよう。

法廷におけるカッフィの「男らしい」ふるまいを称揚したのは、運動の初期から左派の指導者として活躍してきたジョージ・ジュリアン・ハーニである。

裁判の期間中、カッフィのふるまいは男らしいものであった。どこか風変わりな容貌、ある種のエクセントリックな作法、そして不規則発言をする癖が、「マグまで飲み尽くす」記者や無原則な編集者、新聞の下品な道化者に、彼を嘲りの対象とする機会を与えた。新聞の「やり手たち」は、……辛辣なウィットの重圧と口汚い酷評の汚物の下に犠牲者を押し込めるべく全力をあげた。彼らはパウエルが広げる網へとカッフィを追い込むことに成功した。その通り、カッフィが破滅するうえで重大な役割を果たしたのはプレス・ギャングなのである。しかし、法廷での彼の男らしく称賛に値するふるまいは、あざ笑ったり悪罵を投げつけたりする機会を敵に与えなかった。……階級的な敵意や党派的な憎悪に駆り立てられた陪審員によって裁かれるという欺瞞に対する彼の抗議は、最初から最後まで、法務長官や法廷の判事たちよりも、彼の方がはるかに「国制」への敬意をもっていることを知らしめた。(*Northern Star*, 7 Oct. 1848)

カッフィを称えようとするこの文章においてさえ、「どこか風変わりな容貌」や「ある種のエクセントリックな作法」への言及が見られることの意味は小さくない。同じく運動の左派に位置し、カッフィとは相対的に近かったはずのハーニにとっても、カッフィはやはりどこか特異だったのである。スケイプゴート化を志向するかのごとき『ノーザン・スター』の論調と合わせて考えるなら、指導者として信望を集める一方で、カッフィが結局のところ運動の中の異端児と見なされたこと、そして、そこでは容貌やエクセントリシティといった混血の出自に結びつく要因が大きな力を行使していたことを推察しても許されるだろう。時期はやや後になるが、『レノルズ・ポリティカル・インストラクター』に掲載されたカッフィの略伝は、「貧困の中の高潔」「誘惑の中の名誉」を賛美したうえで、「アフリカの抑圧された人種の末裔ウィリアム・カッフィの名は久しく忘却を免れるだろう」と結ばれる(*Reynolds's Political Instructor*, 13 April 1850)。人種に引きつけてカッフィを語ろうとする発想は、彼を賛美する者たちにもまとわりついたのである。

図1

視覚表象も一瞥しておきたい(図1)。最も有名な、おそらく唯一のカッフィの肖像画は、『レノルズ・ポリティカル・インストラクター』に略伝とともに掲載されたものであり、カッフィと同じく「八月の陰謀」への関与で有罪判決を受けたウィリアム・ダウリングの筆による(流刑前にニューゲイト監獄で)。手を懐に入れたポーズから同時代において想起されたのは、ナポレオンであろう。カッフィの流刑とナポレオンのそれとが重ねられていることはまず間違いない。肖像画で最も強調されるのは額の広さであるが、ホイーラーが「知的そうな額」と述べる通り、この点はカッフィの知性を伝えていると思われる。総じて、カッフィはナポレオンにも比せられるほど堂々とし、しかも知的な人物として表象されたといえる。同時に、縮れた髪や髭のような「混血らしい」特徴も明確に描き込まれ、結果的に、「知的な混血児」という同時代には珍しかったはずの像が造形されるのである。もう一つ注目されるべきは、形容しがたいほど微妙な笑みを浮かべる口元とある種の警戒心を湛える目だろう。周囲から好奇と嘲りの視線を向けられやすく、時に道化役まで演じながら生きてきた中で蓄積された屈折感のようなものが、ここでのカッフィに苦労人の雰囲気を帯びさせていると思われる。(11) 好意的に描かれたこの肖像画にも、順風満帆とはいいがたい混血児の人生の痕跡は確かに刻み込まれている。

おわりに

本章で見てきたところを総括しよう。キングズリが登場させた「哀れなカッフィ」が同時代のジャーナリズムで支配的だった人種主義に同調するものであり、カッフィをなによりも嘲りの対象としたこと、そして、カッフィへの嘲りを起点としてチャーティズムを周縁化する議論が一八四八年以降のイギリスで力を発揮したこと、これらの点については多言は無用だろう。カッフィの黒い肌が、チャーティズムを言説によって抑え込むうえで、大いに活用されたのは間違いないと思われる。

よりデリケイトな扱いが求められるのはもう一つ、ホイーラー流の「哀れなカッフィ」の方である。チャーティストたちの間では、カッフィの人柄や能力への高い評価が広く共有された。混血の活動家が要職を担うことへの反発はほとんど見られず、彼がスパイの罠に嵌められた際には同情と抗議の声が寄せられた。このことは、奴隷制廃止運動と急進主義運動の歴史的な結びつきを通じてチャーティズムに流れ込んでいた反奴隷制的な伝統によって（たとえば、人民憲章の起草者の一人ウィリアム・ラヴェットは反奴隷制同盟の評議員であった）、あるいは、人種にかかわりなく、「賃金奴隷」たる労働者を奴隷と通底する階級的な被抑圧者の立場に置く、人種よりも階級を前面に出す思考法によって（代表的な議論を例示するなら、「ロシアの農奴や……サウス・キャロライナの奴隷と自由民との間にある唯一の違いは選挙権をもっているかどうかである」、「〔イギリスの労働者は〕あたかも黒人奴隷であるかのように、雇用主のいいなりである」)、ある程度は説明できるだろう。カッフィ自身、労働者への演説ではしばしば「わが仲間の奴隷たちよ」と呼びかけていたし、『陽光と影』の主人公モートンは、バルバドス島のプランテイションを訪問して解放奴隷の様子を観察した結果、「公正なチャンスさえ与えられるなら、彼らの勤勉な習性や気候への適応力、そして、密接に相互協力する慣習をもってすれば、彼らが長らく奴隷として耕作した島々をすぐにでも所有できるであろうこと、新世界の黒人共和国がおそらく白人共和国と同じくらい素晴らしいものになるであろうこと」を確信する(Chase 2007: 306–307; Wheeler 1999[1849–1850]: 115)。カッフィのような人物を指導者に戴くだけの素地が間違いなくチャーティズムには備わっていたのであり、こうした一面において、チャーティストたちが確かに人種主義を乗りこえていたことは特筆されるべきだろう。(12)

しかし同時に、カッフィの容貌や受難を無邪気に笑ってしまう雰囲気がチャーティストたちの間に漂っていたことも否定できない。排除はされなかったにせよ、彼はやはり特異な存在と見なされたのである。そして、カッフィ自身も、道化役を演じてみせることで、異端児としての自らの位置を受け入れ、それを強化さえしていた。黒い肌に生まれた者なりの処世術の一環だったのかもしれない。おそらく、運動の平時においては、こうした異端視と人柄や能力への高い評価とはさしたる無理もなく共存可能だった。カッフィの黒い肌に好奇の目を向けつつ、同時に彼を信頼し愛するチャーティストは少なくなく、ホイーラーの表現を借りるなら、「蔑まれ傷つけられてきたアフリカの人種の末裔」と「サクソンやノルマンの純粋な血統をひくと自慢する多くの者たち」の間には、階級的境遇を同じくすることに基づく友情や連帯感が成立しえた。ところが、「八月の陰謀」から裁判といった事態の緊迫がいったん出来すると、平時における愛すべき異端児は比較的容易にスケイプゴートにされてしまう。カッフィはチャーティズムのいわば「本流」とは差異化されやすい存在だったからである。カッフィという人物を特徴づける数多くの要素の一つであったにすぎない混血の出自が運動の危機にあたって一気に前景化され、混血児であることがカッフィを理解しようとする際の一番のポイントであるかのごとき議論が噴出してくるのであって、カッフィの表象は明らかに人種主義的な方向へと力点を移したと考えられる。『陽光と影』でも、「一時の熱情と一瞬の狂気」にかられて「八月の陰謀」にコミットしてしまうという意味で、やはりカッフィはチャーティズムの「本流」から逸脱した存在として描かれている。いかに高潔にして有能であろうとも、黒い肌のチャーティストを結局のところ「本流」には定着できない者と見なす人種主義的な把握が、むきだしの差別は回避されたものの、確実にチャーティストたちの胸中に息づいていたといえよう。

大陸諸国で革命が勃発した一方、イギリスではそれに比するほどの体制の動揺がなかった一八四八年の経験は、イギリス人の間で自らの優位性と他者との相違に関する認識を強める作用を及ぼし、自他の優劣の認識はしばしば人種的なタームで、すなわち、アングロ・サクソンが有する優れた人種的資質の帰結として了解された。そして、人種というアイデンティティの枠組が人々の思考を拘束するこうした時代状況は、チャーティズムとも無縁ではなかった。チャーティズムの基盤であった労働者階級意識が人種主義を排除することはなく、むしろチャーティストの要求を支える根拠の一つとして、人種的優秀性の認識が動員された。自分たちは人民憲章に集約された改革を求めるに相応しい優秀な人種なのだ、といった調子で。(13)

女性の選挙権を人民憲章に盛り込まなかったチャーティズムがジェンダー的排他性を内包していたことは、これまでも指摘されてきた。人種の視点を導入する本章の検討を通じて浮かびあがってきたのは、チャーティズムに体現された同時代の労働者階級意識が、ジェンダー的なそれと並んで、あからさまなものではないとはいえ、人種的な排他性を胚胎していたことである。人種的に均質な労働者階級などいつの時代であっても想像上の存在でしかないのだろうが、移民労働者のプレゼンスがいよいよ増している今日、労働者階級(むしろ労働諸階級)は複数性・雑多性の相においてこそ把握されるべきなのであり、人種の視点から労働者階級意識を捉え直すことはアクチュアルな課題になっているといってよい。本章が行ったのは、こうした今日的課題に取り組むためのささやかな準備作業でもある。

本章を閉じるにあたって、カッフィの二つの発言に耳を傾けておきたい。まず、一八四八年九月三〇日、法廷で有罪の評決が出された時の発言である。

貴方たちには私を有罪にする権利はない、といいたいと思います。この裁判は長期にわたってつづきましたが、公正な裁判ではありませんでした。公正な裁判を受けたい、同じ階級の者によって裁かれたい、という私の要求〔陪審員は労働者から選ばれるべきだ、という要求〕は容れられませんでした。私に対する偏見を喚起するため、あらゆる手が尽くされました。この国の新聞は……私を嘲りで絞め殺そうと全力をあげました。……しかし、哀れみなど無用です。いいえ、むしろ私はこのような下劣な手段を用いてまで私を有罪にしようとする政府を……哀れみます。私は完全に無罪です。……私は殉教者になることなど望みません。しかし、……今の私はどんな処罰にでも、死刑にでも誇らしく耐えられるように感じています。……私たちの自由を縛るための措置は、遠からぬうちに廃棄されるでしょう。私にはもうこれ以上申し述べることはありません。(Gammage 1969[1854]: 340)

全国代表者会議の場であえて道化役を買って出るがごとくふるまっていたカッフィは、もはやここにはいない。「哀れなカッフィ」と名指されることをあたかも予期するかのように、彼は自らへの「哀れみ」を拒絶し、返す刀で、暴力的な権力を発動しようとする政府に向けて「哀れみ」を投げかけている。この発言が政府への批判をなにより念頭に置いてなされたことは間違いないだろうが、同時に、敵対的な論調に充ちたジャーナリズム、さらには、彼がスパイの罠にかかったことを嘆きつつも、彼を異端視しようとする同僚のチャーティストにさえ向けられていたかもしれない。人生の決定的な岐路に立って、政府やジャーナリズムに敢然と挑戦するとともに、カッフィは「哀れみ」とも通じる感情とともに特異な存在として自分を見る同僚のまなざしをも拒否したように思われる。つまり、ジャーナリズムの論調を踏襲するキングズリのそれはもちろん、私的に親しく、ともに運動を支える仲間であったホイーラーが描く「哀れなカッフィ」にも、いわば事前にノーを突きつけ、自らの矜恃を保ったのである。彼は自分に貼りついてくる人種的な表象へのスタンスを変えた、と言い換えてもよい。さきに見たハーニの文章は、「哀れみなど無用です」のくだりをとりあげ、「人民の宝とされるべき」(*Northern Star*, 7 Oct. 1848) と評する。カッフィの思いをハーニがどこまで理解していたのか、疑問の余地は大きいが。

道化役を演じようとした四月のカッフィから、「哀れみ」をきっぱりと拒む九月のカッフィへ、一八四八年を通じて彼の姿勢には明らかな変化が認められる。そして、流刑地タスマニアで晩年の日々を過ごすカッフィにとっては、周囲の環境の違いもあって、自らの黒い肌はむしろ積極的な意味を帯びるようになっていったのかもしれない。この点を詳述することはできないが、彼が演壇に立ったおそらく生涯最後の場面、ホバートのシアター・ロイアルにおける一八六六年の演説は紹介に値するだろう。「わが仲間の奴隷たちよ」と聴衆に呼びかけたうえで、彼はこう言明した。「私は年老いており、貧しく、仕事もなく、借金を抱えています。だからこそ、私には物申す理由があるのです」(Saville 1982: 79–80)。

注

(1)　一八四八年四月一〇日を論じた文献は枚挙にいとまがないが、さしあたり次を参照。Saville (1987: chap. 4); Thompson (1984: 320–327); 小関(一九九三:第二・三章)。

(2)　引用の最後の部分は、議会の調査の結果、五七〇万と豪語されていた国民請願への署名数が実は一九七万にすぎず、しかも、虚偽の署名も少なからず含まれていたことが明らかとなって、国民請願がその面目を完全に失った事実を指す。

(3)　『陽光と影』は、一八四九年三月三一日から五〇年一月五日まで、チャーティスト系の新聞としては最大の発行部数を誇った『ノーザン・スター』に連載された。

(4)　地下活動に従事する一部のチャーティストとアイルランド・ナショナリストは、一八四八年八月一六日にロンドンの各地で一斉に決起する反乱の計画を進めていたが、トマス・パウエルやジョージ・デイヴィスをはじめとするスパイの潜入のためもあって、計画は事前に治安当局の知るところとなり、指導者たちは逮捕された。

(5)　マイアミの南東二一〇〇キロ、カリブ海に浮かぶ面積一六八平方キロの島。

(6)　政治的な理由による雇用確保の難しさは、カッフィ自身だけでなく彼の妻にもつきまとった。一八四八年四月一二日、カッフィは妻の受難について語っている。「このところ失業しているため、私は妻を洗濯の仕事に出しました。いつも働いている家の一つで、彼女は全国代表者会議のカッフィの妻であるかどうかを尋ねられました。そうだと答えると、もう今後は仕事をしてくれなくて結構だと通告されたのです」(*Times*, 13 April 1848)。

(7)　Goodway (1982: 94). ロンドン近郊のクロイドンを拠点として活動していたチャーティスト、トマス・フロストによれば、カッフィは「穏やかで物静かな様子の年老いた混血児」であり、「革命的な陰謀の指導者であるとはロンドンでも明らかに最も思われにくい者の一人」であった(Frost 1880: 150)。他にも、たとえば、Schoyen (1958: 175)。

(8) ここに登場するシブソープは、チャーティズムへの激しい敵対で知られた保守党議員であり、彼の名は上述した虚偽の署名の中にもあった(Roberts and Thompson 1998: 97)。

(9) 次も参照のこと。*Punch*, vol. 14, 1848: 175; Taylor (2003: 113).

(10) 一例をあげておこう。「……パウエルが自身の企んだ陰謀を裏切った事実こそが、カッフィやその他の人々を、もっとじっくりと熟考すれば踏みとどまったであろう絶望的な企てへと追い込んだ、という以外の結論に至る者などいるだろうか?」(*Northern Star*, 30 Sept. 1848)。

(11) 肖像画の解釈については、京都大学人文科学研究所の高階絵里加氏からの教示によるところが大きい。謝意を表しておきたい。

(12) 主たる例外となるのが全国憲章協会の初代書記だったアイルランド人、ジョン・キャンベルであり、アメリカに渡った後の一八五一年に刊行した『ニグロ・マニア――さまざまな人種に関して誤って想定されている平等の検討』では、同時代の水準に照らしてもきわめて頑迷な人種差別の議論が説かれている(Chase 2007: 306)。

(13) 次も参照のこと。Mandler (2000: 229–230); Horsman (1976: 408–410).

参照文献

古賀秀男 一九九四 『チャーティスト運動の構造』ミネルヴァ書房。

小関隆 一九九三 『一八四八年――チャーティズムとアイルランド・ナショナリズム』未来社。

Belchem, John. 1980. "The Spy-System in 1848: Chartists and Informers — an Australian Connection", *Labour History*, no. 39, November.

Charlton, John. 1997. *The Chartists: The First National Workers' Movement*, London.

Chase, Malcolm. 2007. *Chartism: A New History*, Manchester.

Cole, G. D. H. 1965[1941]. *Chartist Portraits*, London.（古賀秀男・岡本充弘・増島宏訳『チャーティストたちの肖像』法政大学出版局、一九九四年）

Frost, Thomas. 1880. *Forty Years' Recollections: Literary and Political*, London.

Gammage, R. G. 1969[1854]. *The History of the Chartist Movement, From Its Commencement Down to the Present Time*, London.

Godfrey, Christopher. 1987. *Chartist Lives: The Anatomy of a Working-Class Movement*, New York.

Goodway, David. 1982. *London Chartism, 1838–1848*, Cambridge.

Horsman, Reginald. 1976. "Origins of Racial Anglo-Saxonism in Great Britain before 1850", *Journal of the History of Ideas*, vol. XXXVII, no. 3.

Kingsley, Charles. 1910[1849]. *Alton Locke, Tailor and Poet: An Autobiography*, London.

Mandler, Peter. 2000. "'Race' and 'nation' in mid-Victorian thought", in Stefan Collini, Richard Whatmore and Brian Young (eds.), *History, Religion, and Culture: British Intellectual History, 1750–1950*, Cambridge.

Mather, F. C. 1959. *Public Order in the Age of the Chartists*, Manchester.

Mather, F. C. (ed.) 1980. *Chartism and Society: An Anthology of Documents*, London.

Roberts, Stephen and Dorothy Thompson. 1998. *Images of Chartism*, Woodbridge.

Royle, Edward. 1980. *Chartism*, Harlow.

Saville, John. 1969. "Introduction", to R. G. Gammage, *The History of the Chartist Movement, From Its Commencement Down to the Present Time*, London.

———. 1982. "Cuffay, William", in Joyce M. Bellamy and John Saville (eds.), *Dictionary of Labour Biography*, vol. VI, London & Basingstoke.

———. 1987. *1848: The British State and the Chartist Movement*, Cambridge.

Schoyen, A. R. 1958. *The Chartist Challenge: A Portrait of George Julian Harney*, London.

Taylor, Miles. 2003. *Ernest Jones, Chartism, and the Romance of Politics, 1819–1869*, Oxford.

Thomis, Malcolm I. and Peter Holt. 1977. *Threat of Revolution in Britain, 1789–1848*, London.

Thompson, Dorothy. 1984. *The Chartists: Popular Politics in the Industrial Revolution*, New York.（古賀秀男・岡本充弘訳『チャーティスト――産業革命期の民衆政治運動』日本評論社、一九八八年）

Weisser, Henry. 1983. *April 10: Challenge and Response in England in 1848*, Lanham.

Wheeler, Martin Thomas. 1999[1849–1850]. “Sunshine and Shadow”, *Northern Star*, 31 March 1849 to 5 Jan. 1850, rpt. in Ian Haywood(ed.), *Chartist Fiction*, Aldershot.

第3章　もうひとつの「ネルソンの死」

――黒人と女性はなぜ描き加えられたのか？

井野瀬久美惠

はじめに――リヴァプール、ウォーカー美術館の二枚の絵画

リヴァプール、ライム・ストリート駅近くにあるウォーカー美術館。一代で財を成した地元の名士で芸術のパトロン、奴隷反対運動を推進した博愛主義者として知られたウィリアム・ロスコー(一七五三―一八三一)のコレクションを母体に、ヴィクトリア朝時代(一八三七―一九〇一)、リヴァプール市の尽力を得て中身と「器」を広げたこの美術館は、革新的芸術集団として名をはせたラファエル前派はじめ、充実した同時代の絵画コレクションで今なお圧倒的な存在感を誇っている。

この美術館の二階、第七展示室に、同じタイトルを掲げる二枚の絵画が通路を挟んで並ぶように展示されている。タイトルは《ネルソンの死》。フランス革命後の英仏戦として名高いトラファルガーの戦い(一八〇五)を指揮し、戦闘のさなか、銃弾に倒れた海軍提督ホレイショ・ネルソン(一七五八―一八〇五)を描いたものである。彼の死は当時の芸術家たちのインスピレーションを大いに刺激し、その亡骸を乗せた軍艦ヴィクトリー号がイギリスに帰還する前後から、画家たちは同じタイトルのもと、この「英雄の死」の描写を競いあったといわれる(1)。

ウォーカー美術館が所蔵する二枚の《ネルソンの死》のうち、一枚は、まさしくこの熱狂のなかで描かれ、一八〇六

年に公開されて絶大な支持を集めた(図1)。この絵を手がけたベンジャミン・ウェストは、後述するように、「英雄の死」の構図を創造、確立したことでも知られる。もう一枚は、ウェストの絵から半世紀余り後の一八六二年、ダニエル・マクリーズというアイルランドの画家が描いた作品(図2)であり、本章ではこの作品を主にとりあげることになる。

二枚の絵画は、構図も受ける印象もまったく異なっている。この差は、トラファルガーの海戦の「記憶」の差――戦いの同時代とその五〇年余り後という、二枚の絵画の間に流れた時間の成せるわざであるとともに、この「国民的な戦い」に何を見るかの差でもあろう。それは、この絵のタイトルに照らせば、「英雄とは何か／誰か」に対する画家の見解の相違といえるかもしれない。マクリーズの立場からすれば、この差は、ウェストらによって創造され、確立された「英雄の死」の伝統に対する異議申し立て、と見ることもできよう。それが、二枚の《ネルソンの死》を併置したウォーカー美術館がつきつける課題でもある。

図1　ベンジャミン・ウェスト《ネルソンの死》(1806)

二枚の絵画を照射させつつ、本章が特に注目するのは、「英雄の死」というテーマと向き合ったマクリーズがカンバスに加えた二つの存在――黒人と女性である(2)。ベンジャミン・ウェストの《ネルソンの死》に、そしてウェストと同じ系譜に属する同名の作品群にもまったく出てこないこの二つを、マクリーズは、それぞれ二人ずつ、トラファルガー海戦の現場に加えた。その意図はどこにあるのか。黒人と女性、つまり人種とジェンダーという二つのカテゴリーは、絵のなかでどのように絡み合い、そこにどんな意味を生み出したのだろうか。

こうしたことを意識しながら、本章では、人種とジェンダーの重なりのなかに、画家マクリーズが崩したい《ネルソンの死》の構図とその意味を読み

解いてみたいと思う。

一　ベンジャミン・ウェストの《ネルソンの死》

マクリーズが崩すことになる《ネルソンの死》の構図とはどのようなものなのか。まずはベンジャミン・ウェストの作品を見ておくことにしよう。

歴史画、肖像画を得意とするウェストは、一七三八年、アメリカ、ペンシルヴァニアに生まれ、独学で学んだ画才が地元名望家の目に留まり、イタリアに遊学した後、一七六三年にイギリスに移り住んだ。ベンジャミン・フランクリンとの親しい交流でも知られる。その後ジョージ三世お抱えの王室肖像画家としてイギリス画壇で活躍した彼は、一七六八年のロイヤル・アカデミーの創設にも加わり、やがて第二代会長(一七九二―一八〇五)を務めた。彼の名声を一気に高めたのは、七年戦争(一七五六―六三)時代のカナダ、ケベックにおけるフランスとの戦闘を描いた《ウルフ将軍の死》(一七七〇、図3・表紙カバー)だ。一七七一年、ロイヤル・アカデミーに展示されたこの作品は、同時代の出来事に同時代の衣装をまとわせることで、ギリシア・ローマ時代の衣装で描かれてきた従来の歴史画概念を大きく変え、一九世紀に受け継がれる「英雄の死」ブームの火付け役と

図2　ダニエル・マクリーズ《ネルソンの死》(1862)

もなった。[3] トラファルガーの海戦直後に描かれた《ネルソンの死》はまさしくこの系譜に属する。ウェストがネルソンを徹底的に「英雄」として、すなわちその死を「特別のもの」として描き出そうと強く意識していたことは、彼が友人の画家に宛てた次の書簡からも読みとれよう。

〔観る者を〕感動させるには、精神を高ぶらせ、熱を帯びた光景が必要である。ふつうの死に方をするネルソンの姿を思い浮かべる少年など誰もいない。ふつうではない、偉大なる情景によって、少年の感情は高揚し、精神が奮い立たされなくてはならないのだ。単なる事実ではこうした効果をあげることなどぜったいにできない。[4]

実際、この絵画の構図そのものが、彼の英雄観を如実に反映している。

絵のちょうど真ん中に瀕死のネルソンがいる。今にも息絶えそうな彼を支える海軍士官や船医、その様子を周囲で見守る水夫や兵士ら、描き込まれた人々の目線は、ただ一点、カンバス中央に横たわる提督その人に注がれている。そこには、この英雄の死と比肩しうる負傷者も死者も存在しない。それだけではない。絵画を観る側の目もまた、絵のなかの人々の目線や士官らの嘆きのしぐさに導かれるかのごとく、さらには画面左上から差し込む一条の光に誘われるように、ネルソンただひとりに

図３　ベンジャミン・ウェスト《ウルフ将軍の死》（1770）

集まるようになっている。絵画には実に多くの人物が描かれているが、全体として（たとえば一六世紀のブリューゲルのような）群衆画にはなっていない。それどころか、絵画全体にわたって、観る者の視線がネルソン以外に拡散することを阻止しようとする強い意志さえ感じられる。この構図が何より、ネルソンの英雄性を担保しているといえるだろう。また、美術批評家の多くが、この構図に「キリストの死」を重ねた論評を寄せているが、ウェストのみならず、同時代の「ネルソンの死」の多くがキリストの殉教を連想させる構図をとっており、そのように語られた。とりわけ、ネルソン初の伝記となるロバート・サウジー著『ネルソンの生涯』（一八一三）の挿絵として描かれたベンジャミン・ウェストの《不朽のネルソン》（図４）では、このイメージがより強調されている。

瀕死のネルソンをすべての中心に配置し、それを複合的に補強すべく慎重に構成されたウェストの絵画のなかで、「英雄」と「英雄の死」のありようは、ネルソンその人に凝縮されていた。それが、ウェストと並び称されるアーサー・W・デイヴィスの《ネルソンの死》（一八〇七）はじめ、ウェストとほぼ同時期に発表された「ネルソンの死」の多くに共通して見られる構図である。

それに比べて、ウォーカー美術館が所蔵するもう一枚の《ネルソンの死》——ダニエル・マクリーズの構図は、一見してまったく異なる印象を与える。両者の相違はどのような性格のものなのか。その差は何に由来しているのか。こうした点に留意しながら、マクリーズの《ネルソンの死》を見ていくことにしよう。

二　議会復興プロジェクトと「ネルソンの死」

奇しくもウェストが《ネルソンの死》を発表した一八〇六年、アイルランド南部の都市コークに生まれ、地元の美術学校で学んだマクリーズは、一九歳の時、作家サー・ウォルター・スコットの肖像画を手がけた縁で肖像画家として頭角を現し、ロンドンの中央画壇への足がかりをつかんだ。二八年、ロイヤル・アカデミースクールに入った彼は、一八三〇年代から四〇年代にかけて、まずはオランダ、フランドル絵画の群衆画に、ついで(イギリスでも広く流布した)ゲーテの『ファウスト』のエッチングで知られるF・A・モリッツ・レッチュらドイツの画家に影響を受けつつ、ロンドンで広く雑誌の挿絵や肖像画を手がけるようになった。作家チャールズ・ディケンズとの交友でも知られる。(5)

彼が《ネルソンの死》を手がけた一八六一―六五年は、トラファルガーの海戦(そしてそこでのネルソンの死)から半世紀余りの歳月を経ていた。ウェストの同名の絵画とまったく違う印象を与える大きな原因が、この戦争との物理的・精神的な距離感にあることは間違いない。だからこそ、問題は、なぜ半世紀以上たった一八六〇年代前半に「ネルソンの死」だったのか、であろう。

図4　ベンジャミン・ウェスト《不朽のネルソン》(1809)

実は、「ネルソンの死」というテーマ自体は、マクリーズ自身が選んだものではない。イギリス政府が任命した議会内部の装飾を考える委員会がマクリーズに依頼した課題、なのである。

連合王国の議会を抱えるウェストミンスタ宮(Palace of Westminster)は、一八三四年一〇月一六日、失火により、ウェストミンスタ・ホールなどわずかな部分を除いてほぼ全焼した。議会自体はサー・チャールズ・バリーの設計で再建が進み、一八四四年に一部開館、七〇年には今の姿が完成したが、建物内部を彩る装飾については、一八四一年、ヴィクトリア女王の夫君アルバート公を委員長とする芸術復興特別委

員会(Fine Art Commission)が設置され、その管轄下に置かれることになった。(6)

「イギリス国民の誇りを表現する」を目標に掲げて動きはじめた同委員会はまず、この巨大な建物のパートごとに、詳細かつ具体的なテーマを設定した。たとえば、君主の式服着替え室(Royal Robing Room 議会開会の儀式に臨む国王が公式の礼服と王冠を身につけるための部屋)はアーサー王伝説に、「君主の間(Prince's Chamber)」はテューダー朝の出来事に、それぞれ素材を求めるように指定されている。他にも、委員会の報告書には、「イギリス史、ないしはスペンサー、シェイクスピア、ミルトンの文学作品から選ぶこと」、「上院の壁画は、宗教、正義、騎士道精神という三つの抽象概念を擬人化すること」といった素材に関わることから、「公募する画家はイギリス臣民(British subject)に限るが、一〇年もしくはそれ以上連合王国に暮らす外国人も含む」といった応募者規定に至る詳細が並んでおり、(7)議会復興プロジェクトが国民的イベントとして意識されていたことが知れる。

注目すべきは、このプロジェクトが、単に議会の内部装飾を考えるにとどまらず、国家が同時代の芸術活動を大々的に支援する絶好の機会ともなったことだろう。画家たちがこのプロジェクトに多大なる関心と期待を寄せたのはこのためである。一方で「政府の芸術干渉」との批判を受けながらも、プロジェクト自体は、芸術界にとってきわめて重要なイベントとして受けとめられた。

当時ロンドンで活躍していたマクリーズも例外ではない。議会復興と関連するいくつかのコンペに応募した彼は、上院の北に続く回廊用に制作した《騎士道精神》や《慈悲の精神》といった作品で、専門家の間で高い評価を得つつあった。そんなマクリーズに対して、芸術復興特別委員会は、ロイヤル・ギャラリーを飾る二枚の大きな壁画を依頼する。

ロイヤル・ギャラリーとは、議会二階最南端に位置する君主の式服着替え室と両院議会との間に位置し、議会の開会を宣言する君主が、壮麗な衣装に身を包んで通過する空間である。それゆえに、ある種の劇場性を帯びた空間だといっていい。委員会はこの空間のコンセプトとして、「君主と君主が治める大英帝国の威光を示す」(8)ことを指定した。それを受けて、ここには、一八世紀初頭に即位したジョージ一世以降の、イギリス近代史を飾る君主の肖像画と、鎧に身を包んだ君主の金メッキ像が壁のあちこちに配置されることになった。それらとの調和を考えて、委員会は、壁面を飾る二枚の大きな壁画のテーマに、「帝国の威光を示すイギリスの戦い」を選んだ。それこそ、《ウェリントン公とブリュッヒャーの邂逅》と《ネルソンの死》――すなわち、ワーテルローの戦いとトラファルガーの戦いに他ならない。そして、この二枚の壁画ゆえに、ダニエル・マクリーズの名はイギリス美術史上にしっかりと刻まれ、記憶されることになるのである。

最初にマクリーズが着手したのは前者、《ウェリントン公とブリュッヒャーの邂逅》であった。ヨーロッパにおいてイギリスの覇権を確立し、「イギリス国民の創造」とも深く関わって記憶されているこの戦いは、一九世紀を通じて、絵画はもとより、パノラマやジオラマといった大衆娯楽の世界でも高い人気を集めた。(9)この戦いを、マクリーズは、馬上の二人の指揮官(イギリス陸軍元帥ウェリントン公と同盟国であるプロシアの陸軍元帥ブリュッヒャー)との邂逅という形で描き出した。生存者に聞き取り調査をおこない、イギリスとプロシア両軍の視覚的な相違がはっきりとわかるように、細部にわたって正確さを期した実物大の下絵は、わずか一年余りで完成している。この仕事ぶりと出来ばえは美術専門家の間で「国民の誇りを強くかき立てた」と絶賛され、それが彼にもう一枚の「イギリス国民の戦い」――トラファルガーの戦い――を引き寄せることになった。(10)

《ネルソンの死》の制作依頼にあたり、委員会は、習作として実物大の油彩画をマクリーズに求めた。それが、冒頭で紹介したウォーカー美術館所蔵の《ネルソンの死》である。(11)記録によれば、油彩画は一八六二年に、議会の壁画は三年後の一八六五年一二月に、それぞれ完成している。その間、マクリーズが、心身ともに消耗しつつも壁画の制作に全力投球していたと、数冊の伝記、ならびに《ネルソンの死を描くダニエル・マクリーズ》(一八六五)と題するジョン・バランタインの絵画は物語る。

マクリーズは、「ロイヤル・ギャラリーの壁」という空間、とりわけ四六フィート(約一四メートル)という水平方向の長さを意識して構図を練り上げた。そのために、彼の描いた《ネルソンの死》がウェスト(そしてデイヴィスら)と異なる構図にならざるをえなかったことは容易に想像できる。しかしながら、それでは、なぜ彼がこの戦いの現場に黒人と女性を付け加えたかの説明にはならない。両者の構図の違いは、それぞれが収まる空間の差だけではなさそうだ。

以下、マクリーズの「ネルソンの死」の構図を詳細に見ながら、「英雄の死」というテーマとその構図のなかで黒人および女性がどのような意味を構成したかについて思考を深めていこう。

三　拡散する視線——「英雄」から「英雄たち」へ

マクリーズの《ネルソンの死》は、ベンジャミン・ウェストの同名の構図同様、中央に瀕死のネルソンが描かれている。場所もまた、ウェスト同様、ネルソンが実際に亡くなった甲板下の船倉ではなく、彼が銃弾に倒れた上甲板に設定されている。絵画にはトラファルガーの海戦をネルソンと共に戦った海軍の士官や兵士、水夫らが六〇—七〇人ほど描かれており、この点ではウェストやデイヴィスの絵画と大きな差は認められない。倒れたネルソンを抱えるハーディ副官やビーティ軍医といった海軍士官も、立ちすくむ水夫や兵士の姿もまた、一見、半世紀前に一世を風靡した「ネルソンの死」を想わせる。

しかしながら、それ以上に観る者の目に明らかなのは両者の相違であろう。マクリーズの絵画には、それまでの「ネルソンの死」には描かれなかった存在——すなわち、瀕死のネルソンと比肩しうる無数の負傷者や死者が、所狭しとちりばめられているのである。だからであろう、この絵を観るわれわれの焦点は、「英雄」であるはずのネルソンその人にうまくとり結ぶことができない。観れば観るほど視線がネルソンに収斂していくウェストの絵画とは異なり、マクリーズの絵画では、観る者の視線は、あまりにもたやすくネルソン以外の人物に向かって拡散してしまうのである。いや、マクリーズが描く《ネルソンの死》は、観る者の目線を攪乱し、どこか一点に焦点が定まることを拒むようにすらみえる。それによって、観る者のまなざしは中央のネルソンに集中することが微妙に妨げられ、別の死者（あるいは負傷者）へと目移りしてしまうのである。

ウェストらが「殉教者ネルソン」を際だたせるために用いたスポットライトのような光も、マクリーズの絵画にはない。それが、瀕死のネルソンと他の死傷者とを同じ目線で捉えることを後押しする。

時間もまた、止まってはいない。瀕死のネルソンの両側で続く戦闘のなかでは、たくさんのドラマが進行中である。たとえば、画面の向かって右側、大砲近くで弾を持つ負けん気たっぷりの顔をした少年。大砲に弾薬を詰める作業を担う彼は、混乱の船上を巧みに動き回っているようだ。その左側では、負傷して気を失った若者を二人の水夫が支えようとしている。その背後の階段上では、ヴィクトリー号へのこれ以上の延焼を防ごうと、男たちがバケツリレーをしている。ネルソンが倒れても戦いはまだ終わらない。それどころか、彼らの多くは、ネルソンが銃弾に倒れたことすら気づいていないようだ。「画家は調停者ではなく、士官たちに戦いの続行を鼓舞する」[12]存在なのである。

一方、瀕死のネルソンの（向かって）左側前方には、水夫たちがさまざまなポーズで横たわり、付近の甲板にはロープや雑多なモノが散在している。絵を観る者の目は、被弾したネルソンの下にある血だまり、その近くに置かれた（おそらくはネルソンの）帽子から、画面向かって左前方に散らばるさまざまなモノたちへと移動してしまい、さらにはその左で、頭や胸、腹を血で染め、不気味な銃弾跡を上半身の白い裸体にさらして苦悶する水夫たちへと進むだろう。死者は放置され、負傷者は甲板下の船倉へと運ばれて治療の順番を待つ……。

甲板に残されたのは、主を失ったさまざまなモノたちだ。たとえばたばこ箱。それはこの絵のどの男の持ち物なのだろう。その蓋に記された「ポリー（Polly）」という文字は、彼の恋人か、それとも妻か。仰向けに倒れた男の腕には、「スー（Sue）」という文字と王冠の入れ墨が見える。その後ろで負傷者を介護する男の右腕にも、「ナンシー（Nancy）」という文字と十字架の入れ墨がある。船乗りと入れ墨という取り合わせは、負傷した水夫たちのリアリティでもあろう。彼らの背後では、凶弾に倒れたネルソンの姿に動揺する水夫の表情が妙に目をひく。

このように、マクリーズの《ネルソンの死》は、トラファルガーの海戦がおこなわれた一八〇五年一〇月二一日、この場に在ったひとりひとりの物語を描き込んだ絵巻物として「読む」ことができる。もっといえば、マクリーズは、ベンジャミン・ウェストはじめ、半世紀前の画家たちが強くこだわった「英雄であるがゆえの特別の死」に背を向け、むしろネルソンを後景に退かせることによって、別の「何か」を主張しようとしているように思えるのである。それは、トラファルガーの戦いはイコール「ネルソンの死」ではないという異議申し立てに他ならない。

マクリーズにとって、トラファルガーの戦いとは、指揮官ネルソンひとりに収斂させられるものではなかった。この日この戦艦に乗り組んだ人の数だけ「トラファルガーの戦いの物語」がある――これが、ウェストにはじまる「英雄の死」の伝統的な構図を崩そうとするマクリーズの主張であろう。この彼の主張（異議申し立て）と、従来の「ネルソンの死」には存在しない黒人と女性を彼が描いたこととは無関係ではあるまい。しかも、黒人と女性は、微妙に絡み合う形で画面に織り込まれているのである。つぎにそれを見ていくことにしよう。

四　仇討ちする黒人

マクリーズは《ネルソンの死》に二人の黒人を登場させている。このこと自体に、トラファルガーの海戦に関して忘却されてきた重要な事実がある。それは、フランス海軍と戦ったネルソン率いるヴィクトリー号の乗組員が、「イギリス人」のみならず、実に多様な地域の出身者によって構成されていたことである。記録によれば、戦い当日の乗組員の内訳は表1の通りであり、三分の一近くを、ヨーロッパ諸国はじめ、連合王国以外の出身者が占めていたことに驚かされる。とりわけ、西インド諸島の出身者が九名、少数ながらインドやアフリカの出身者が含まれていたことは興味深い（敵であるはずのフランス出身の義勇兵が混じっていたことは、船上の世界が陸上の線引きとは異なる価値観で動いていたことを示すものとして、別の意味で注目されるだろう）。それはおそらく、トラファルガー沖での海戦に至る直前のヴィクトリー号がフランス船隊を追ってカリブ海域に達しており、そこで新たな船員補充をおこなったためだと思われる。(13)そのなかに、ネルソンらが「解放」したフランス海軍所有の元奴隷も含まれており、彼らが二一名を数えた「アメリカ出身者（Americans）」に含まれていた可能性はきわめて高い。海上での過酷な労働や生活状況を考えれば、けっして魅力的な職場とはいえない水夫という職業には解放奴隷の入る余地があった、ということだろう。実際、海軍（あるいは商船）において、黒人たちは下位の乗組員として調理や船の雑用などを引き受けていた。一九世紀末にもなると、商船水夫の四分の一ほどを占めるようになった黒人は、ロンドンやリヴァプールといった港町のありふれた光景となっていく。
マクリーズが、ネルソンが亡くなった一八〇五年一〇月二一日のイギリス海軍の実態を、詳細かつ綿密に調査、研究したことは前述した。実際、彼は、ヴィクトリー号船内の詳細はもちろん、ネルソンや彼を抱き上げた腹心の副官ハーディや軍医ビーティはじめ、瀕死のネルソンを取り巻く主要人物の肖像画を入念にチェックし、当時ネルソンが身につけていた制服やメダルを海軍から借り出して模写するなど、戦いからすでに半世紀が過ぎた当時にあって、入手しうるかぎりの「事実」を絵画に写しとろうとしている。(14) 絵画の随所にうかがえる「可能なかぎり史実に忠実に」というマクリーズの方針を、同時代の専門家たちは何よりも高く評価していた。(15) その意味でいえば、描かれた二人の黒人はまさしく、当時のイギリス海軍のリアリティであった。

問題は、黒人を描いたこと以上に、二人の黒人が配された位置にある。まずは絵画中央部、瀕死のネルソンのすぐ近く、斜め左上に居場所を与えられている黒人水夫（図2部分図a）から考えていこう。

この黒人の存在を際だたせているのは、その視線、ならびに何かを指さすポーズである。彼は血の気を失って横たわるネルソンのすぐ近くにいるにもかかわらず、しかも、ネルソン周辺の士官や水夫らの視線がいっせいにネルソンその人に注がれているのに、ネルソンの方を見ていない。彼の視線は、「英雄」とはまったく逆の方向、彼の左横で銃を構えて立つ赤い軍服姿の白人（服装からするとおそらく士官）の方を向いている。彼の右腕はこの士官の胸に伸び、左腕は画面右上の「何か」を強く指さす。彼が白人士官に左人差し指の先にある標的を撃つよう、合図を送っていることは明白だろう。では、この黒人の人差し指の先にあるものとは何か。

マクリーズは、それもしっかり画面に描き込んでいる。銃撃戦の煙や、戦いの渦中で発生した火災の向こう、フランス軍艦の第三マスト付近に、たった今ネル

表1　ヴィクトリー号乗組員の出身地

イングランド	441
アイルランド	63
スコットランド	64
ウェールズ	18
シェットランド	3
チャネル諸島	2
マン島	1
アメリカ	21
オランダ	6
スウェーデン	6
イタリア	4
マルタ島	4
ノルウェー	3
ドイツ	2
スイス	2
ポルトガル	2
デンマーク	2
ロシア	1
インド	2
ブラジル	1
アフリカ	1
西インド諸島	9
フランス	3

Malcolm Godfrey の調査より（注(13)参照）.

図2部分図a

ソンを射殺したとおぼしき狙撃兵が、依然銃を構えたまま、銃口をイギリス側(画面前方)、船尾楼にいる二人の兵士に向けている。黒人水夫の人差し指を挟んでにらみあうイギリス軍兵士の銃口とフランス軍狙撃兵の銃口――この三者が作るトライアングルを、マクリーズは鮮やかに写しとっている。

くり返すようだが、マクリーズは、従来の「ネルソンの死」の構図に登場しない黒人をただ単に付け加えただけではなかった。黒人にネルソンの仇討ち(正確には仇討ちの補助)という、きわめて重要な役割を割りふったうえで、画面中央という「特等席」を与えたのである。この絵画をとりあげた『美術雑誌《アートジャーナル》』(一八六四年一〇月一日)は、「ネルソンの死の直後の反応」としてこの報復行為に注目しつつも、奇妙なことに、狙撃兵を指さす黒人には「[ネルソンに]致命的な一発を放った男を指さす」としか触れていない。なぜなのか。黒人の存在に対する「沈黙」に何か意味があるのだろうか。

1　よみがえる軍士官候補生ポラードの記憶

ネルソンを狙撃したフランス海軍のスナイパーを指さして英雄の仇討ちを助ける黒人水夫――これは史実ではなく、マクリーズの創作なのだが、この「仇討ちの構図」自体がまったくの虚構というわけではない。それは、一八六〇年前後の時代、「ネルソンの死」の制作準備のためにマクリーズがおこなった、トラファルガー海戦の生存者に対するインタビューのなかで「再発見」されたある事実――インタビュー当時、グリニッジの海軍退役軍人施設で年金生活を送っていたポラードなる元海軍大尉の話と深く関わっている。ポラードとは「ネルソンを倒したスナイパーを射殺した」人物であり、この絵を評した『美術雑誌』(一八六四年一〇月一日)にも「下絵の変更理由」としてその名が見える。前年には『タイムズ』の投稿記事でも紹介されており、ポラードの記憶はゆっくりと、半世紀後のイギリス社会によみがえりつつあったと思われる。その二つの投稿内容を簡単に見ておこう[16]。

ひとつは、「イングランドは皆が任務をまっとうすることを期待する(England Expects Every Man Will Do His Duty)」氏からの投書(一八六三年五月七日)だが、これがトラファルガーの戦いに際してネルソンが語ったとされる有名な通信文をもじったことは明らかだろう(ちなみに、マクリーズは、《ネルソンの死》の画面中央から向かって少し右下にあるプレートに、この言葉をはっきりと刻みつけている)。この投稿記事は、先述したロバート・サウジー作『ネルソンの生涯』(第九章)に依拠しつつ、当時一六歳の海軍通信士官候補生であったポラードを「ネルソンを射殺したフランス軍スナイパーを射殺した人物」として紹介している。イギリス側に多くの死傷者が出るなか、船尾楼にいたポラードは、フランス戦艦の鐘楼にかがむ兵士たち――「つばを上に曲げた三角帽をかぶり、光沢のある白いフロックコート姿の二人の狙撃兵」――がこちらに銃口を向けていることに気づき、すぐさまマスケット銃に手を伸ばした。その銃に弾を込めたのは年老いた操舵下士官(quarter-master)であった。発射された銃弾は、(サウジーの記述によれば)「マストの下に逃げようとした」狙撃兵ひとりを倒した。さらに銃弾は、ネルソンのスナイパーとおぼしきもうひとりにも命中したが、銃撃戦が終わってみれば、生き残ったのはポラードひとりだけだったという。このときの手柄も手伝って、ポラードは翌年大尉に昇格している。

この話を、チェルシーのチャールズ・R・ハイアット氏の投稿(一八六三年五月一二日)が補足する。彼は、ポラードの狙撃を助けたコリングウッドなる士官候補生の記憶をよみがえらせ、二人いたフランス軍狙撃兵のうち、ネルソンを狙撃したフランス兵を仕留めたのは彼、コリングウッドだったと証言する(コリングウッド自身はその直後に射殺された)。投稿は、「ポラードとともに、コリングウッドもネルソン仇討ちの功労者として記憶されるべきだ」と結ばれている。これにサウジーの『ネルソンの生涯』から付け加えるならば、ネルソンの狙撃者を特定したのは、二人の銃に弾を込めた操舵下士官だったが、彼もこのときの銃撃戦で死亡している。

二通の投稿が『タイムズ』に掲載された一八六三年五月には、マクリーズはすでに壁画の習作(すなわちウォーカー美術館所蔵の《ネルソンの死》)にポラードの勇姿を描き込んでいた。瀕死のネルソンの左上方で銃口を構えた白人将校がそうである。その右横(向かって左)にもうひとり、銃を手にした白人将校の姿が見えるが、これがコリングウッドであろう。こうした「形」こそ、マクリーズにとっての「トラファルガーの戦いの記憶」であったと思われる。言うなれば、現実の海戦から五〇年余りを経た当時、戦いの記憶は、参戦者の「その後」を追って「個人化」しつつあった。

こうした「記憶の個人化」を刺激したのは、五〇年という記憶の節目を意識しつつ、一八三〇年代半ば以来進められてきたトラファルガー広場の整備、ならびにこの広場に設置されたネルソン記念柱(およびその台座のデザインなど)と絡む議論であろう。個人化する記憶のなかでひときわ注目された物語のひとつが、ポラードによるネルソンの仇討ちだったといえる。その意味でも、一八六〇年前後の時代、トラファルガーの戦いの記憶は「ネルソンの死」だけで語ることができなくなりつつあった。

換言すればこうなろう。マクリーズにとって、トラファルガーの海戦とは、「英雄ネルソンの死」という物語に代弁され、特化されるものではなかった。それは、イギリス政府や海軍を主役とする「大きな物語」が忘却した、ポラードのような無名の兵士や水夫の活躍によって、いうなればこの日この場にいた人々それぞれが経験した「小さな物語」によって彩られる物語、なのである。もっといえば、この戦いは、ネルソンという「国民的英雄」の戦いではなく、その「英雄」をさまざまなかたちで支えた無名の水夫や兵士の戦いでもあった。マクリーズは、議会復興委員会から与えられた「ネルソンの死」というテーマのなかに、「英雄ネルソンの物語」によって消されてしまった存在を詳細に描き込むことで、この戦いに新たな解釈を試みたといえるだろう。

ではなぜ「通信士官候補生ポラードの仇討ちの記憶」が黒人(水夫)と結びついたのか。

2　重なるもう一枚の「英雄の死」

サウジーの『ネルソンの生涯』第九章によれば、ネルソンのスナイパーを指さし、二人の士官候補生にその存在を教えたのは、先述したように年老いた〔白人の〕操舵下士官であった。サウジーはこう書いている。

ポラードに撃たれたフランス人のうちのひとりが、船尾楼に倒れた。しかしながら、年老いた操舵下士官は、「あいつだ、あいつだ」と叫びながら、再び前に進み出て撃とうとしていたもうひとり〔のフランス兵〕を指さしたが、口に一発被弾し、倒れて亡くなった。そのとき、ふたりの士官候補生が同時に銃を発射した。[17]

すなわち、マクリーズは、「あいつだ」とネルソンのスナイパーを特定した白人操舵下士官を黒人水夫に変えて、トラファルガー海戦のこの日を再構成したことになる。仇討ちにとって決定的に重要なこの役割がなぜ黒人だったのか。

「英雄」を射殺した敵を指さす者と、その敵に向けて銃口を構える者。しかも、黒人と白人という組み合わせ。ここから、有名な一枚の歴史画を想起することはさほど難しい話ではない。ジョン・シングルトン・コプリの《一七八一年一月六日、ピアソン少佐の死》(図5)である。

時はアメリカ独立戦争中の一七八一年一月六日深夜、場所はイギリス海峡のチャネル諸島に浮かぶ英王領植民地ジャージー島。農業と漁業を生業とするこの小さな島は、歴史上たびたび英仏の領土獲得合戦の舞台となってきた。アメリカ独立を支持するフランス軍が、この島の中心、セントヘリアの町の広場に近づく。捕虜となったイギリス人副総督が出す降伏命令を拒否した島のイギリス軍は、弱冠二四歳のフランシス・ピアソン少佐の指揮の下、フランス軍を制圧した。だが、その勝利の瞬間、フランス軍側から発砲された一発の銃弾に、ピアソン少佐は崩れ落ちた……。

図5　ジョン・シングルトン・コプリ《1781年1月6日，ピアソン少佐の死》(1784)

彼の身体を支える士官たち、激しい戦闘の模様を示す後方の煙、揺れるユニオンジャック、画面前方に描かれた死傷者たち、逃げまどう民間人——そのなかでひときわ鮮烈な印象を放つのは、カンバス中央に翻るひときわ大きなユニオンジャックとその近くで展開される仇討ち劇だろう。画面中央、向かって少し左寄りに、ピアソン少佐を撃ったスナイパーを銃で狙う少佐の黒人使用人がいる。彼の左隣で「あいつだ！」と言わんばかりにスナイパーを指さすのは、赤い軍服を着たイギリス陸軍の白人将校だ。銃を構える者と標的を指さす者——それぞれの役割を担う人種が、マクリーズの《ネルソンの死》では入れ替わる。

このコプリの絵画は、一七八四年五月二二日、ロンドンの中心部、ヘイマーケットの画廊に展示されると同時に、爆発的な人気を博した。その前日、バッキンガム宮殿で披露されたこの絵を、時の国王ジョージ三世は、三時間もの間、飽きずにながめていたと伝えられる(18)。その後、複製画が広範に流布したことで、コプリのこの「英雄の死」の構図は、黒人使用人による仇討ち劇と重なりながら、広くイギリス人に知られるようになっていった。いや、ピアソン少佐というアメリカ独立戦争中の「英雄の死」は、黒人使用人による仇討ち劇と重ねられることで、より鮮明に記憶されたといえる。これこそ、歴史画に新境地を開いたベンジャミン・ウェストの《ウルフ将軍の死》が採った手法——瀕死の英雄へのオマージュを、実際にその場にはいなかった非白人の姿に絡めて描く——にほかならない。

複製で広く流布したこの構図を意識しながら、マクリーズは、ネルソンのスナイパーを指さす黒人水夫をこの位置に配したと考えられる。ただし、黒人に直接的な仇討ち役を担わせたコプリとは異なり、マクリーズは黒人にスナイパーを指さす役割を与えた。それは、《ネルソンの死》が制作された一八六〇年代前半、アメリカ南北戦争の現実に鑑みて、黒人が武器を手にすることが懸念されたからであろう。これについては後に補足しよう。

五　女たちが誘う連想

さて、マクリーズの《ネルソンの死》には、もうひとり黒人が登場する。その黒人もまた、瀕死のネルソンとは無関係に展開されるあるドラマのなかに配されている。画面向かって左下部分に注目されたい（図2部分図b）。料理人とおぼしき赤いバンダナを頭に巻いた黒人がいる。彼のそばには二人の女性がいる。二人は、額から血を流してしゃがみ込んだ上半身裸の男性（服装からしておそらく水夫だろう）の看護にあたっている。男の肩を抱きかかえた黒髪の女性の右手には、血まみれの海綿のようなものが握られている。彼女の右手が置かれたたらいは血の色に染まっている。きわめてリアルな戦争の形である。彼女の横でそのたらいを両手で支えているのは、茶色いショールを頭からすっぽりとかぶったもうひとりの女性だ。彼女たちの傍らに立つ黒人は、気付け薬としてブランデーを片手に持って男性を介抱する二人の女性を見守っている。

図2部分図b

このように、ここには、黒人と女性、すなわち人種とジェンダーが絡みあう形で、この戦いに命を捧げた無名の人々の物語が「負傷者の介抱劇」として描き込まれているのである。

興味深いことに、この人種とジェンダーの交錯に関して、当時の『美術雑誌』の論評は決定的なミスを犯している。論評では二人の女性について特筆しつつ、気付けのブランデーを手にしているのは女性（たらいを抱えている女性）だと解説しているのである。[19]しかしながら、絵を見れば一目瞭然、彼女の両手はたらいでふさがっており、グラスを持つことなどできるはずもない。美術専門家によるこのミスは、グラスを手にする黒人の姿がこの美術評論者に見えていなかったことを示している。これはどういうことなのだろう。

先述した黒人水夫とは異なり、当時のヴィクトリー号に女性がいたという記録はない。しかしながら、海戦当時の関係者らにインタビューを試みたマクリーズは、この船に「性格のいい」女たちが（時に）乗船し、負傷者の看護や銃に使用するフランネル製弾薬筒の準備といった作業をしていた、という情報を得たという。[20]もっとも海軍当局はそれを否定し、マクリーズが女性を描いたことを苦々しく思っていた[21]。軍艦は「男の居場所」ということなのだろう。また正確さを期するという点からしても、この日の戦いに女性を加えることはリスクがともなう作業だったにちがいない。そんな危険を冒してなぜマクリーズは彼女たちを描いたのか。

問題はその構図にある。額から血を流した瀕死の男性、彼を介抱する女性、それを見守る女性と黒人――ここからは、キリスト教世界になじみ深い伝統的な構図が浮かんでくる。「死せるキリストへの哀悼」――聖母マリアやマグダラのマリアらが十字架から降ろされたキリストの遺体を囲んで嘆き悲しみ、涙する構図である。この絵の場合、額から血を流している瀕死の男性が十字架から降ろされたキリストを、彼を抱えた女性が聖母マリアを暗示していることになろう。彼女が手にした血まみれの海綿は、十字架にかけられたキリストにつきものの道具立てだ。彼ら二人の姿からは、ピエタ――十字架から降ろされたキリストを抱く聖母マリアの彫刻や絵画が想起されるかもしれない[22]。

画家マクリーズの目的もここに、すなわち、「死せるキリストへの哀悼」の構図を浮かびあがらせることにあったのではないか。

すでに述べたように、ベンジャミン・ウェストの（あるいはウェストの同時代人による）《ネルソンの死》は、キリストの殉教をモチーフとして、ネルソンの死をキリストの死のイメージと重ねて描いていた。これに対して、マクリーズは、女性を配することで、ネルソン以外の一般水夫にもキリストの殉教イメージを顕在化させ、それを通して、「この戦いの英雄はネルソンだけか」という異議申し立てを試みたのではないだろうか。「英雄」はネルソンだけではない。この戦いに参加し、命を失い、負傷した人たちすべてが「殉教者」であり、「英雄」である――それこそ、従来の構図には見られない女性と黒人、ジェンダーと人種が交錯するこの空間が発するメッセージだと思われる。

もうひとつ、この絵画が制作された一八六〇年前後という時代を加味すれば、「戦いの場で負傷者を介抱する女性」という構図が、当時のイギリス人にある女性の姿を喚起したであろうことは想像に難くない。フロレンス・ナイティンゲールである。マクリーズに《ネルソンの死》の制作依頼がなされる数年前、一八五四年にイギリスが参戦したロシアとの戦争、クリミア戦争（一八五三―五六）で彼女が率いた看護活動は、初の従軍記者である『タイムズ』のウィリアム・ラッセルの記事を通じて、当時よく知られていた。ある意味、クリミア戦争は「ナイティンゲールの戦争」でもあった。この「ランプを持つレディ」の存在を通じて、クリミア戦争の記憶が依然生々しく残るイギリス社会において、戦いの現場に看護の女性がいることはけっして珍しいことではなくなっていた。実際、クリミア戦争の教訓から、戦場での看護システムの構築をはじめ、平時の衛生改革を推進するナイティンゲールの活動は、一八六〇年代の新聞をたえずにぎわせている。こうした画家マクリーズの同時代的状況が、《ネルソンの死》に「看護する女性」の登場を発想させたのではないだろうか（そういえば、瀕死の水夫を抱きかかえた女性の髪型はナイティンゲールにどこか似ている、といえば深読みし過ぎだろうか）。

いずれにしても、実際の戦闘から五〇年余り後、トラファルガーの戦いを詳細に調査して絵画制作に臨んだマクリーズにとって、議会を飾るにふさわしい構図は、そのタイトルとは裏腹に、「英雄の死」の伝統に従うものではなかった。この伝統に逆らいながら、無名の兵士や水夫の死を描き、「ネルソンの死」という与えられた課題を脱構築する——描き加えられた黒人と女性は、それを顕在化させる役割を見事に果たしたといえるだろう。

六　黒人が語られる文脈

すでに指摘したように、マクリーズの《ネルソンの死》を論評した『美術雑誌』は、仇討ちする二人の士官候補生、ならびに甲板上で負傷者を介抱する二人の女性をとりあげてはいるものの、そのいずれにも登場する黒人表象については、不思議なことにほとんど何も語っていない。なぜ黒人の存在が無視されたのか。この問いは、「なぜマクリーズは二人の黒人を描いたのか」という問題と表裏一体の関係にあるとともに、マクリーズがこの壁画を構想した一八六〇年前後のイギリス社会で「黒人を描く（語る）こと」がどういう意味を持っていたのかという問題とも関わっているだろう。最後にこの問題を考えておきたい。

そもそも、当時のイギリス社会は黒人をどのようなコンテクストで語っていたのだろうか。ここで想起されるのが、一九世紀後半に強まった「奴隷を解放する自由主義、博愛主義の帝国」というイギリスのプレゼンスである。

大英帝国内部に関して、一八〇七年には奴隷貿易を、その後三三年には奴隷制度を廃止する法案が議会で可決された後、イギリス社会の関心はもっぱら労働・貧困などの国内社会問題へと移行し、奴隷制度自体への関心は急速に失われていったと説明されることが多い。しかしながら、一八三四年から五年間の経過措置を経て実施された帝国内部の「奴隷解放」によって、イギリス国内の奴隷制廃止運動が終焉したわけではなかった。一七八七年の設立以来、一貫して活動をリードしてきた「奴隷制度反対協会」(今の Anti-Slavery International の前身)が、「奴隷解放」直後の一八三九年、「イギリスならびに国外における奴隷制度反対協会(British and Foreign Anti-Slavery Society (ＢＦＡＳＳ))」と改称、再編されて、解放後の黒人に対する実質的な支援とともに、活動領域をカリブ海の英領砂糖植民地から北米や南米ブラジルなどに移したことはそれをはっきりと物語る。(23)

と同時に、一八四〇年代の奴隷制廃止運動は、労働者の闘争であるチャーティスト運動と連動して「階級対立」をその語彙に加えることで、それまでのミドルクラス的博愛主義の性格をしだいに変質させていった、とも語られる。(24)

しかしながら、こうした見取り図は、ジェンダーの視点を加えればまったく違ってくる。近年の調査によれば、チャーティスト運動の時代に奴隷制度に対する関心を低下させたのは、もっぱらそれまで活動の中心に在った男性たちであり、女性たちの奴隷反対の姿勢と関心は、むしろ一八四〇年代以降に強まり、それが一九世紀半ば以後の運動を牽引したと分析されている。(25) すなわち、カリブ海域の多くの英領で奴隷制度が廃止された一八三八年以降、男性活動家の間で奴隷反対という大義名分が相対化され、周縁化されるにしたがって、運動自体は「女性化」されるとともに、「脱中央集権化」していったのである。

そのプロセスで起きたのが、アメリカにおける奴隷制廃止運動の高揚であった。その大きなはずみとなったのは、ハリエット・ビーチャー・ストウ夫人の『アンクル・トムの小屋』(一八五二年四月イギリスで初版)の爆発的な人気であったが、小説出版の翌一八五三年にストウ夫人をイギリスに招き、奴隷反対ツアーを企画、成功させたのは、グラスゴーの奴隷廃止女性協会の女性たちであった。以後、一八五六、五九年と合計三度に及んだストウ夫人の渡英は、同時期にアメリカで盛りあがった奴隷制廃止運動と相まって、文字通り、英米の女性の連携を強めた[26]。大西洋を挟んで女性たちが団結するなか、イギリスにおける奴隷制廃止運動も息を吹き返す。そしてアメリカ南北戦争（一八六一—六五）の勃発……。

まさにこの時——奴隷制廃止をめぐって英米の連携が深まりつつあったこの時期、マクリーズの《ネルソンの死》が制作されたのである。このタイミングについてはもっと注目されていいだろう。この時代的なコンテクストが、黒人を依然、奴隷制度との関わりでまなざすことを可能にしていた。このリアリティゆえに、マクリーズ自身、先のコプリの構図にモチーフをとりつつも、黒人に銃を持たせることをためらったのではなかったか。

もっとも、マクリーズがこの構図に奴隷反対の意図を込めたかといえば、どうもそうではないようだ。『美術雑誌』の批評が指摘するように、また彼の伝記作家がこぞって主張するように、彼が《ネルソンの死》に黒人を登場させた最大の理由は、「史実に忠実に」という自身の信念に従ってのことであった。かといって、黒人を描くことで、マクリーズが、「奴隷を解放する自由主義、博愛主義の帝国」というイギリスのプレゼンスに荷担しようとしたわけでもないだろう。それをはっきりと示す絵画もまた、『美術雑誌』の批評家に「誤解」されていたことは実に皮肉である。

図６　ダニエル・マクリーズ《正義の精神》(1849)

その絵は、《ネルソンの死》の制作依頼が舞い込む一〇年ほど前、やはり議会再建プロジェクトの一環として彼が手がけた《正義の精神（The Spirit of Justice）》（一八四九）である（図６はその習作の油絵）。この絵画の前面右下に黒人が描かれている。それをマクリーズ自身は次のように説明している。

「手前では、新たに束縛から解放された黒人が正義《ジャスティス》の女神の前にひざまずく。自由身分の市民が、その隣でひざまずき、自由の憲章を紐解く[27]」。

ところが、この二人について、『美術雑誌』(一八五〇年一月)は、大英帝国における奴隷貿易、ならびに奴隷制度の廃止と重ねたからであろう、つぎのように誤読するのである。「黒人奴隷と、そしてもうひとり、自らの解放を嘆願する者がいる。奴隷貿易の停止を実行に移したこの国が継続的におこなってきた努力に対する賛辞である」[28](傍点引用者)。

この誤読は、ひとえにマクリーズの黒人の描き方のせいだろう。顔を伏せた黒人の姿からは、マクリーズ自身のいう解放の喜びは感じられない。ましてや、この黒人が自由身分だと想像することは容易ではないだろう。しかも、この黒人が身にまとっているのはユニオンジャックである。言い換えれば、この黒人は、「奴隷を解放する帝国」であるはずのイギリスが依然奴隷として所有している者——一八四〇年代末のイギリスになお残る奴隷制度の残滓、なのである。マクリーズがここで暗示しようとしたもの——それは、彼の故郷、アイルランドの農民だと思われる。「黒人が黒人でないならば、アイルランド人が黒人だろう[29]」から……。

《正義の精神》は、アイルランドの大飢饉の記憶が生々しく残る一八四九年に発表された。マクリーズは、一三世紀以来語り継がれてきた「奴隷のようなアイルランド農民」という言説を[30](解放されたはずの)黒人にまとわせて、アイルランド人の苦悩を描いたのである。帝国の中枢、イギリス議会の壁を彩るフレスコ画にこの構図を選んだこと自体が、帝国に対するマクリーズの異議申し立てなのであろう。それを「奴隷を解放する帝国への賛辞」と見た美術批評家の誤読は、黒人を語る当時のコンテクスト——自由主義と博愛主義の大英帝国——を端的に示すとともに、マクリーズの黒人表象の持つ複数性をも物語っているのである。

むすびにかえて——マクリーズ以後

完成したマクリーズの《ネルソンの死》を同時代人はどう見たのだろうか。紙幅の関係上、ひとつだけ指摘しておきたいのは、『タイムズ』はじめ、この壁画に触れた新聞評の多くが、構図自体ではなく、「イギリスの気候風土に合わないフレスコ画の技術」を問題にしていたことである。[31] 先に示した美術専門雑誌の黒人への言及の欠如や誤読と合わせて考えると、ヴィクトリア朝の人々は、マクリーズのこの構図にもウェストらと同じ伝統的な「英雄の死」の構図を重ねていた、それゆえに、マクリーズの黒人表象も黒人に仮託したメッセージも彼らには届かなかった、といわねばならないだろう。

その一方で、《ネルソンの死》の壁画完成と時を同じくして、イギリス社会のなかで黒人を語る、あるいは黒人をまなざす意味を大きく変える出来事が続けざまに起こったことも看過できない。一八六五年のジャマイカ、モラント湾の黒人反乱とそれを弾圧したイギリス総督に対する批判と擁護、南北戦争の終結とそれに続く北部による南部再編の失敗――これらの出来事を、イギリスの世論はいずれも、「解放後の黒人が自由な労働力として有益／有能であると証明できなかった事件」と理解し、黒人を自立させる難しさを白人に認識させる出来事とみなした。[32] 同じころから、アイルランドの秘密結社フェニアンによる対イギリス陰謀事件が活発化しはじめ、とりわけ、一八六七年一一月のロンドン、クラーケンウェル監獄の爆破テロ以降、イギリス国内におけるアイルランド人への憎悪と反感は急速に深まっていった。そのなかで、マクリーズが試みた抵抗の手法、黒人に仮託したアイルランド人イメージもまた、変化を余儀なくされていく。[33]

さらにもうひとつ、マクリーズの《ネルソンの死》完成後、南北戦争中の奴隷制廃止運動を通じて強まった英米の協力関係が、戦争終結後、もっぱら「アングロ・サクソンの絆」と表現されるようになっていくことにも留意されたい。[34] そこには、ウェールズやスコットランド、わけてもアイルランドのケルト系の人々を「他者」として新しいイギリスの自己イメージが創られていくさまがうかがえるだろう。と同時に、英米連携の意味と意義が「アングロ・サクソンの絆」という言葉で強く意識され、叫ばれるなか、解放された黒人への失望をともなって、イギリス人が黒人を語る文脈も言説も奴隷制廃止から離れていった、といえるかもしれない。

その先に、アフリカへの本格的な介入と植民地主義のコンテクストが見えてくる一八八〇年代以降、「奴隷解放」という大義を失った「帝国の時代」の新しい人種概念が登場することになるのだが、それはマクリーズの《ネルソンの死》とはまた別の物語である。

注

(1) リンダ・コリー『イギリス国民の誕生』川北稔監訳、名古屋大学出版会、二〇〇〇年、一八五―二〇一頁。

(2) マクリーズの《ネルソンの死》に描かれたものの、(後述するように)当時の美術批評家らに無視された黒人は、近年のポストコロニアル研究の流れのなかでようやく注目されるようになってきた。大きな契機は、一九九六年のテイト・ギャラリーにおける「黒人性の表象(Representing Blackness)」展、さらには二〇〇五―〇六年にマンチェスタとバーミンガムの市立美術館でおこなわれた「黒いヴィクトリア朝人(Black Victorians)」展であったと思われる。Jan March (ed.), *Black Victorians: Black People in British Art, 1800–1900*, Lund Humphries, 2005 参照。

(3) この観点からの《ウルフ将軍の死》に対する分析については、たとえば Ann Uhry Abrams, *The Valiant Hero: Benjamin West and Grand-Style History Painting*, Washington DC: Smithsonian Institution Press, 1985; Vivien Green Fryd, "Rereading the Indian in Benjamin West's Death of General Wolfe", *American Art*, spring 1995, pp. 72-85 などを参照。

(4) 友人 John Farrington 宛のこの手紙(一八一〇年六月)の引用は Nancy Weston, *Daniel Maclise*, Dublin: Four Courts Press, 2001, p. 247. ウェストが、実際にネルソンが息をひきとった甲板下の船室ではなく、負傷した甲板上にこの絵の舞台を設定したのも、ネルソンの「英雄性」をより印象づけるためであったことは、「英雄とは、穴のような牢獄に入れられた病人のように、薄暗い船倉で命を落とすように描かれてはならない」(quoted from A. Graves, *The Royal Academy Exhibitors*, vol. VIII, 1906, pp. 218–219)という彼の言葉が裏付けている。

(5) 肖像画家としてマクリーズがロンドンの中央画壇への足がかりをつかんだことについては、Gillian Hughes, "A Celebrity Sketch by Daniel Maclise", *Yale University Library Gazette*, October 2002, pp. 86–90; Weston, *op. cit.*, pp. 54-66 参照。Richard Ormond and John Turpin, *Daniel Maclise, 1806–1870: National Portrait Gallery* (*Exhibition Catalogue*), London: Art Council of Great Britain, 1972(一九七二年三月三日―四月一六日におこなわれた特別展のカタログ)にも彼の生涯が詳しい。

(6) 議会再建と関わる装飾関係の公募コンペについては、T. S. R. Boase, "The Decoration of the New Palace of Westmin-

ster, 1841–63", *Journal of the Warburg and Courtauld Institutes*, vol. 17, No. 3/4, 1954, pp. 319–358 を参照している。

(7) Weston, *op. cit.*, pp. 176–180.

(8) *Ibid.*, p. 242.

(9) 一八五二年九月のウェリントン将軍の死も、ワーテルローの戦いの再記憶化に拍車をかけ、一九世紀半ば以降、この戦いを扱ったパノラマやジオラマは爆発的な人気を博した。マクリーズもディケンズとともにそのいくつかを訪れている。*Ibid.*, p. 229.

(10) *Ibid.*, pp. 228–229 に掲載された委員会第七報告書(一八四七)参照。

(11) 一八九二年、リヴァプール海軍博覧会のためにロンドンの美術協会からリヴァプール市が購入して、ウォーカー美術館所蔵となった。

(12) "Maclise's 'Death of Nelson'", *Art Journal*, 1 Oct. 1864, p. 302.

(13) 海軍退役軍人であるMalcolm Godfrey の調査はじめ、トラファルガー海戦二〇〇周年を祝う特別企画(二〇〇五)では、九人の西インド諸島出身者のなかにジャマイカ出身の「ジョン・トマス」という二三歳の水夫がいたこと、トラファルガー広場にあるネルソン記念柱台座南面に刻まれた黒人水夫のイメージなど、当時の海軍における黒人の存在とその役割が大きな注目を集めた。"The Black heroes of Trafalgar", *The Independent*, 19 Oct. 2005 の記事を参照されたい。なお、表1については民族分類とその根拠があいまいである点には注意を促したい。

(14) マクリーズの努力についてはWeston, *op. cit.*, pp. 242–255.

(15) *Art Journal*, 1 Oct. 1864, p. 302.

(16) マクリーズは友人の美術評論家F・G・スティーヴンに宛てた手紙(一八六三年五月一三日)のなかで、ポラードの証言を得て絵画の構図を変更したことと共に、二つの『タイムズ』の記事に触れながら次のように書いている。「君も『タイムズ』に掲載された手紙のやりとりを見ただろう。僕は、その人物の言っていることを何人かの有力者に話したことがある。でも僕は、君が『アシニアム』に一、二言書いた方が、彼らに対する関心をもっと高め、彼〔ポラード〕の行い(歴史的な行為)を知ってもらえるのではないかと思う。それこそ、五八年間無視されてきた彼に対する償いではないだろうか」(quoted from Weston, *op. cit.*, p. 245)。マクリーズがこの復讐劇を描いた理由の一端がうかがえて興味深い。

(17) Robert Southey, *The Life of Nelson* (with an Introduction by Alan Palmer), 2005(1813), Grange Book, p. 356.

（18）この絵画に対する分析は、Richard H. Saunders, "Genius and Glory: John Singleton Copley's *The Death of Major Pierson*", *The American Art Journal*, vol. XXII, No. 3, autumn 1990, pp. 4-39. なお、「ピアソン少佐の死」には習作が一七枚もあり、この絵画にかける画家のこだわりが感じられよう。

（19）*Art Journal*, 1 Oct. 1864, p. 302.

（20）Weston, *op. cit.*, p. 259.

（21）*Art Journal*, 1 Oct. 1864, p. 302.

（22）キリスト教美術の基本でもある「死せるキリストへの哀悼」や「ピエタ」については、Peter and Linda Murray (eds.), *A Dictionary of Christian Art* (Oxford Paperback Reference), Oxford U. P., 2004; Heidi J. Hornik and Mileal Carl Parsons, *Interpreting Christian Art: Reflections on Christian Art*, Mercer U. P., 2003; 柳宗玄・中森義宗編『キリスト教美術図典』吉川弘文館、一九九〇年などを参照。

（23）従来の通説とそれに対する批判、ならびに大英帝国内部で奴隷制度が廃止された一八三四年以降のイギリスにおける奴隷制廃止運動については、Reginald Coupland, *The British Anti-Slavery Movement*, London: Frank Cass, 1964; Edith F. Hurwitz, *Politics and the Public Conscience: Slave Emancipation and the Abolitionist Movement in Britain*, London: George Allen & Unwin, 1973; Howard Temperley, *British Antislavery, 1833-1870*, Columbia: Univ. of South Carolina Press, 1972 などを参照。

（24）奴隷制廃止運動とチャーティスト運動との関連については、David Turley, *The Culture of British Anti-Slavery, 1780-1860*, London: Routledge, 1991, pp. 150-189; Kelly J. Mays, "Slaves in Heaven, Laborers in Hell: Chartist Poets' Ambivalent Identification with the (Black) Slave Victorian Poetry", *Project Muse*, vol. 39, No. 2, Summer 2001, pp. 137-163 などを参照。なお、チャーティストの一部が合流することによって、奴隷制廃止運動はより幅広い人権を求める大衆運動として評価される場合もあれば、労働者の参加がミドルクラスの恐怖を誘ったと批判される側面もあり、奴隷制廃止運動とチャーティスト運動の結びつきは一様ではなかった。

（25）Clare Midgley, *Women Against Slavery: The British Campaigns, 1780-1870*, London: Routledge, 1995 (1992), pp. 121-155. たとえば、一八五〇年までに、ＢＦＡＳＳの女性会員数は、男性会員の急激な落ち込みとは対照的にその数を増やし、男女比を逆転させている。

（26）*Ibid.*, pp. 145–149.

（27）Weston, *op. cit.*, p. 200.

（28）*Art Journal*, No. 12, Jan. 1850, p. 16.

（29）アメリカ、ロードアイランドに黒人奴隷を所有したアイルランドの哲学者で聖職者のジョージ・バークリ（一六八五―一七五三）の言葉である。John Ranelagh, *Ireland: an Illustrated History*, London: Collins, 1981, pp. 120, 137.

（30）中世、ノルマン人の支配下に置かれたアイルランドで、彼らの習慣や性格を意味する "Hibernicus" という言葉が、しだいに「奴隷（slave）」を意味するようになっていったことについては、Roy Foster, *Modern Ireland, 1600–1972*, London: Allen Lane, 1988, pp. 176–177; Peter and Fiona Somerset Fry, *A History of Ireland*, New York: Routledge, 1988, p. 91.

（31）*Times*, 9 Aug. 1864, 16 Jan. 1875, 20 Jan. 1875 などを参照。マクリーズは復興委員会委員長だったアルバート殿下の庇護の下、フレスコ画よりもイギリスの気候風土に適したステレオクローム画法技術をドイツで学び、それをイギリスに初めて導入したことでも知られる。Weston, *op. cit.*, pp. 260–262.

（32）ジャマイカ反乱を鎮圧したエドワード・ジョン・エア総督をめぐる激論については、Catherine Hall, "The nation within and without", *Defining the Victorian Nation: Class, Race, Gender and the Reform Act of 1867* (eds. by C. Hall, Keith McClelland and Jane Rendall), Cambridge U. P., 2000, pp. 179–233; Christine Bolt, *Victorian Attitudes to Race*, London: Routledge & Kegan Paul, 1971; E・ウィリアムズ『帝国主義と知識人――イギリスの歴史家たちと西インド』田中浩訳、岩波書店、一九七九年、一二六―一三八頁を、南北戦争終結後のアメリカに関する議論は、Christine Bolt, *The Anti-Slavery Movement and Reconstruction: A Study in Anglo-American Co-operation, 1833–77*, London: Oxford U. P., 1969 を参照。

（33）フェニアンが関わった一八六六年から女王即位五〇周年（一八八七）に至る一連の動きについては、Christy Campbell, *Fenian Fire*, Harper Collins, 2002 を、一八六七年以降のマクリーズがアイルランド人としてのアイデンティティを強めたと思われることについては、Weston, *op. cit.*, pp. 263–266 を参照。

（34）Paul B. Rich, *Race and Empire in British Politics*, Cambridge U. P., 1986, pp. 1–26.

Ⅱ　「見えない人種」の表象

第4章　虚ろな表情の「北方人」

――「血と土」の画家たちによせて

藤原辰史

はじめに

血と土。

人種と土地、遺伝と自然、反ユダヤと反都市、戦争と占領――さまざまなイメージを喚起するこの対概念こそ、国民社会主義《ナチズム》の根幹にある思想にほかならない[1]。このおどろおどろしさから最も縁遠いと思われがちな芸術の分野でも、それは変わらない。キュビズム、表現主義、ダダイズム、新即物主義《ノイエザハリヒカイト》などの芸術潮流がナチスに「退廃芸術」と呼ばれたことは知られている。だが、それらが「アスファルト芸術」と罵られ、それに対抗する芸術が「血と土の芸術」と称揚されていたことの意味はどれほど考えられてきただろうか[2]。

そもそも、「退廃した(entartet)」という表現は「種(Art)」、つまり「血」の劣化を、アスファルトという表現は都市憎悪、逆にいえば「土」への愛着を意味する。ナチ時代の芸術が人種主義に深く根ざしていたことは、これまで幾度も指摘されているが、この「血」は、どこまで「土」との関わりで考えられてきただろうか。ナチス公認の芸術の呼称は「血の芸術」でも「土の芸術」でもなく、「血と土の芸術」だった。感覚ではとらえにくい「血」も、生活に根ざした「土」と手を結ぶことで、政治および芸術のスローガンになり得たのである。

この「血と土」の歴史的意義を「血と土の芸術」から検討することがここでの課題である。そのなかでもとくに農民画や農村画を扱いたい。それらが「血と土」の理想を最も体現しているからである。もちろん、ルネサンス期フランドルのピーター・ブリューゲル、一七世紀フランスのル・ナン兄弟、一九世紀フランスのジャン＝フランソワ・ミレー、一九世紀後半ドイツのヴィルヘルム・ライブルといった画家を挙げるまでもなく、農民画には長い歴史があり、ナチ時代特有のジャンルではない。だが、コンスタンティン・ゲルハルディンガー、フランツ・アイヒホルスト、ヘルマン・ティーベルト、ユリウス・パウル・ユングハンス、オスカー・マルティン＝アーモルバハ、ヴェルナー・パイナー、アードルフ・ヴィッセル、ゲオルク・ギュンター、ゼップ・ヒルツなど、農民画を専門とするこれだけの画家が、しかも官許のもとで活躍できたのは、この時代に特異な現象であった。軍国主義的ヒロイズムが跋扈する国で戦争画が好まれたのは理解しやすいが、牧歌的な農民画も盛んであったという事実は、もっと注目されるべきであろう。

だが、重要なのはそればかりではない。実は、農民画家たちの多くが、しかも代表的な画家であればあるほど、「生命力溢れるドイツ人」「美しいドイツの風景」というナチスの理想とは全く逆に、単調な風景や虚ろな農民を描いたことである。(3) 以下では、このなかでもナチスの農民画家の代表とされながらまだよく知られていないアードルフ・ヴィッセルの作品とそれをめぐる言説を中心に、その先行研究(Bloth 1994)を参考にしつつ、「血と土の芸術」の空虚さ、そして「血と土」の歴史的意義について考えていきたい。

一　「血と土」とは何か

「血と土」とは、人種主義《ラシスムス》と農業ロマン主義《アグラロマンティーク》の合体である。

「人種主義」は、ポーランドやロシアからの労働者の流入、ユトレヒト半島のデンマーク王国領やアルザス・ロレーヌなどの獲得と自民族意識の高揚、さらには社会ダーウィニズムの浸透を背景に、人種《ラッセ》という概念を基盤にして社会を排外的に再編成しようとするイデオロギーである。一方で、「農業ロマン主義」は、急速な工業化・都市化に対抗すべく、生産や国防の基軸に農民を据えた社会の建設を目指す。では、それぞれ、ナチズムにおいてどのように関係を取り結んでいたのか。歴史を振り返りつつ整理しておこう。

ナチスの理想的人種像である金髪・碧眼・白肌の「北方人《ノルトレンダー》」は、都市よりも農村に多く存在するとされた。都市では「異人種」との混血が進んだが、農村には「純血」の「北方人」が都市文明に汚されぬまま残存している、というのがその理由である。

では、なぜ「北方」なのか。(4) 北方人とは、一九世紀のロマン主義を発端とし、ビスマルクのドイツ帝国建設を経て、ニーチェで完成する、いわば「ドイツの自画像」である。一八世紀まではドイツ人の祖先に関する史料がタキトゥスの『ゲルマーニア』に限られていたが、一八世紀にスカンディナヴィア半島でローマに匹敵する古代の史料が発見されると(北欧ルネサンス)、一部の知識人たちはドイツの出自神話の根拠とするためにスカンディナヴィア人をゲルマン人の一派と読みかえた。一九世紀になると、北欧世界をゲルマン主義に吸収する動きが強くなり、「北方人」「北方的」「北方」という概念が確立、ニーチェを経て反ローマ主義も強化される。また、「アーリア人」という概念も一九世紀の発明品である。そもそも、アーリアとはサンスクリット語で「高貴な」という意味であり、インドに移住し、先住民を支配した民族は自らをアーリアと呼んでいた。しかし、もともとは人種的ニュアンスが含まれていなかったこの言葉を、インド＝ヨーロッパ語を話す各民族の総称として、一八世紀末にイギリスの言語学者が提唱する。ドイツでは一八五六年に人類学者マックス・ミュラーがこの概念を導入、インド＝ゲルマン研究の興隆をもたらす。とはいえ、主流はあくまで「北方イデオロギー」であった。「アーリア人学説」は、これを証明する考古学的発掘がなされていないゆえに、大きな影響力を持つことはなかった。

だが、ナチスを代表する哲学者、アルフレート・ローゼンベルクは、ナチスの聖典と呼ばれた『二〇世紀の神話』(Rosenberg 1930)で、北方人種とはアーリア人種であり、アーリア人種は東方より移動してきたゲルマン人で、そのゲルマン人とは元来農耕民族だとし、多様な自画像を強引に統一、それにユダヤ人の「根無し草的性格」を対置させた。また、農業ロマン主義者のリヒャルト・ヴァルター・ダレーも、『北方人種の生命の源泉としての農民精神』(Darré 1929)や『血と土から生まれる新貴族』(Darré 1930)で、アーリア人と北方人を同一視する一方、農民的な北方人と放牧民的なユダヤ人を区別し、北方人に刻まれた農民精神こそが将来のドイツを担う「新貴族」に最も必要な素質だと主張した。なお、ローゼンベルクは、党機関誌『フェルキッシャー・ベオーバハター(民族の監視兵)』の主筆で、一九二七年八月に「ドイツ文化闘争同盟」を結成し、「退廃芸術」への攻撃の先鋒となった人物、ダレーは、党の農業部門である農政局を任され農民票獲得の原動力として働き、のちに食糧農業大臣になる人物である。ヴァイマル時代からナチズムの屋台骨であったこの二人こそ、もともと科学的根拠が薄弱なアーリア人主義、すなわち「血」を補うかたちで、農民思想、つまり「土」を接合させた最大の貢献者である。

しかも、ナチスは、これを理想にとどめようとはしなかった。一九三六年一〇月、ムッソリーニのファシスト・イタリアと同盟を結ぶにおよび、ドイツ人もイタリア人も包含する「アーリア人」という概念が再浮上し、同年一一月の日独防共協定調印の前後には、日本人もアーリア人だという人種学者ハンス・F・K・ギュンターの説も取り沙汰された(彼はローゼンベルクとダレーにも多大な影響を与えている)。そればかりでなく、婚姻や出産をコントロールして、農民的性格の濃いアーリア人の創造を企てる。一九三三年一〇月公布の世襲農場法と、一九三五年九月公布のいわゆるニュルンベルク法は、一八〇〇年にまでさかのぼり、アーリア人以外の人種との混交がない家系しか「農民」や「市民」として認めないことを法定化したうえ、「国民の税金を使って」施設で生活する「生きるに値しない」心身障害者たちを抹殺する根拠となった。ユダヤ人や障害者への「憎悪」というネガだけでなく、農民的北方人というポジもまた、こうした行為を正当化したのである。

もちろん、当時のドイツは、クルップ(鉄鋼業)、ダイムラー・ベンツ(自動車工業)やＩＧファルベン(化学工業)にみられるように、すでに世界最高水準の工業国であった。だが、農村の住民もまだ人口の三分の一を占めていた。ダレーたちが農民は国家の主役だと宣伝し、恐慌に苦しむ農民たちの救済を訴え、多くの農民票を獲得しなければ、ヒトラーは首相になれなかったのである。「第三帝国は農民帝国《バウエルンライヒ》か、しからずんば死か」というヒトラーの言葉が幾度も引用され、一九世紀後半から保守主義者たちが唱えてきた農業保護が訴えられる。農村の土着性と健全性を称揚する一方で、都市の流動性と退廃を批判し、食糧を軸に据えた社会建設が喧伝される。第一次世界大戦敗北の原因の一つは、食糧生産の減退とそれによる大量の餓死者の発生だったからである。将来の戦争に備え、自給自足経済を目指すナチスは、生産戦という食糧増産運動も展開する。しかもその理想は、ヒトラーだけではなく、彼に絶対服従を誓った無数の官僚や党員によって全国に隈なく伝えられた。

こうして「血と土」が、ナチ運動の、そしてその運動が建設した第三帝国の最高原理に据えられる。「民族の純潔性」と「自然との結びつき」をセットで謳うスローガンは、農業政策だけでなく、政策全般に用いられ、略称で「ブルーボ(Blubo)」と呼ばれた。ナチスが理想とする芸術を「血と土の芸術」と呼んだ背景は、以上のとおりである。

こうして、芸術もまた農民帝国にふさわしいものへの変革を求められることになる。

二 「退廃芸術展」と「大ドイツ芸術展」

一九三七年七月一九日、ミュンヒェン大学附属考古学研究所の収納庫で退廃芸術展が開催された。出品されたのは、キュビズム、表現主義、新即物主義、ダダイズムなどの絵画や彫刻である。エルンスト・ルートヴィヒ・キルヒナーやオットー・ミュラーなど「ブリュッケ(橋)」のグループ、フランツ・マルク、ヴァシリー・カンディンスキー、パウル・クレーなどの「ブラウエ・ライター(青騎士)」のグループのほかに、ゲオルゲ・グロス、オットー・ディックス、マルク・シャガール、ケーテ・コルヴィッツ、エルンスト・バルラハなど、一九世紀後半から一九三〇年代初期まで新しい芸術を担った表現者たちの作品が隙間なく配置された。絵の解説は壁やカンバスに直接書かれたり、絵から額が外されたりした。いくつかの「退廃芸術作品」は外国の美術商を集めた競売会で高額で売られて戦争資金に充てられたり、印象派の作品は芸術愛好家のゲーリングの別荘に飾られたりしたという。こうして、農民帝国にふさわしくない芸術は、国家の文化政策によって追放された。これは、逆にいえば、農民帝国に残る選択をした芸術家たちの今後の活動範囲が制限されることを意味した。追放されるような絵画を描けなくなったのである。

この一日前に、完成したばかりの「ドイツ芸術の家」で開催されたのが、大ドイツ芸術展であった。一九三七年から一九四四年まで毎年ドイツ全国各地で開催されたこの展覧会に出品されたのは、血と土を体現する絵画、版画、彫刻などである。題材は、戦争画と農村画、描かれる人物も、兵士、労働者、裸婦、そして農民が多かった。大ドイツ芸術が血と土の芸術、退廃芸術がアスファルト芸術と呼ばれたのは、すでに述べたとおりである。

展覧会の開催にあたり、ヒトラーはこう述べている。「キュビズム、ダダイズム、未来派、印象主義などは、われわれドイツ民族と何の関係もない。というのは、これらすべての概念は古くも近代的でもなく、真に芸術的な才能の恩恵を神に拒まれ、代わりにおしゃべりと詐欺の才能を与えられた人間どもの気取った吃りに過ぎないからだ」(Hinz 1974: 165)。こうした「有史以前の芸術家」は、「奇形の身体不自由者とクレチン病患者[5]、嫌悪の念しか呼びおこさない女たち、人間よりも動物に近い男たち、そういう生活をするならまさしく神の呪いと感じられるに違いないような子どもたち」を描きだしてきた。これらの芸術家とは異なり、本当の芸術家の任務は、「新しい人間のタイプ」を創造することである、とヒトラーは言う。とてつもない努力が生活のさまざまな面にもたらされることで、人間は「より健康に、より力強く、より美しくなる」。「この力から、この美から、新しい生命の感覚、新しい生命の喜びが怒濤のごとく流れ出すのだ」(Hinz 1974: 166)。

「人間」と「動物」、「男」と「女」、「奇形」と「正常」、そして「芸術」という一見自明の概念を疑い、それを破壊あるいは再構成したのが「退廃芸術」という烙印を押された表現者たちであった。キルヒナーは風にそよぐ葦のような紳士や淑女たちを、マルクは青や黄を帯びた馬を、ディックスは手足を失った傷痍軍人たちを描く。ギリシア・ローマ的な身体の均整美を崩したり、人間を野獣のように描いたりすることで、既成概念を揺さぶろうとする作品を、ヒトラーたちは芸術と認めず、「自然」、すなわち「土」に反することだと罵った。しかも、これは人種学の教養とも共鳴する。ナチスを代表する芸術評論家で退廃芸術の「掃討戦争」を指導したパウル・シュルツェ＝ナウムブルクは、その著作のなかで、表現主義の作品のなかのゆがんだ形をした人物像と障害児や異人種の写真を並べて、絵画の退廃とは人種の退廃だ、と主張したのである(Schultze-Naumburg 1928)。

画家志望であった青年ヒトラーの絵のように、対象をありのままにうつしとるだけにとどまりがちな「大ドイツ芸術」は、「退廃芸術」の称揚とは対極的に、同時代から現在にいたるまでいわば御用芸術としてさまざまな批判にさらされてきた。だが、それよりも重要なのは、ナチス自身の目指した理想からもほど遠い作品であったことである。当時、古典主義への回帰ともいわれ、ヒトラー自身もギリシア・ローマの文化を高く評価していたにもかかわらず、絵画には、生命感のある人間がほとんど描かれなかった。こうした退屈な芸術展よりも、これで見納めとなるかもしれぬ「退廃芸術展」に多くの人々が訪れたのも当然だろう。開催から四カ月半の入場者数は、大ドイツ芸術展が約四〇万人であるのに対し、退廃芸術展は五倍の約二〇〇万人であった。

三 空虚な農民表象——新即物主義と《カーレンベルクの農民家族》

一見すると、大ドイツ芸術展の相対的な不人気は「血と土」が民衆に対して大きな影響力を持たなかったことを意味しているようにみえる。だが、「血と土」の内実には、当時ないし現在の「退廃芸術」に対する高い評価に安住していては迫ることは不可能だろう。「血と土の芸術」自体に踏み込まねばならない。

ナチ時代の農民画の最も代表的なものは、アードルフ・ヴィッセルの《カーレンベルクの農民家族》(一九三九、図1・表紙カバー)である。[6] ヴィッセルは一八九四年四月一九日、ニーダーザクセンの州都ハノーヴァー近郊にあるヴェルバーという農村で生まれる。このあたりは平坦な農地が広がっており、プロイセンの大経営地帯と対照的に中小農が多いが、保守的なバイエルンとも異なって進取創造の気風に富む農業先進地域だ。営農家ハインリヒ・ヴィッセルの三男で、ハノーヴァーの工芸学校での勉強を中断し、一九一六年から一九一八年まで世界大戦に従軍、復員後、カッセルの芸術アカデミーで絵画を学び、一九二二年の秋頃から画家として生活をはじめた。一九三三年四月一日にナチ党に入党。《カーレンベルクの農民家族》が制作されたのは一九三七年秋から一九三九年春にかけてである。

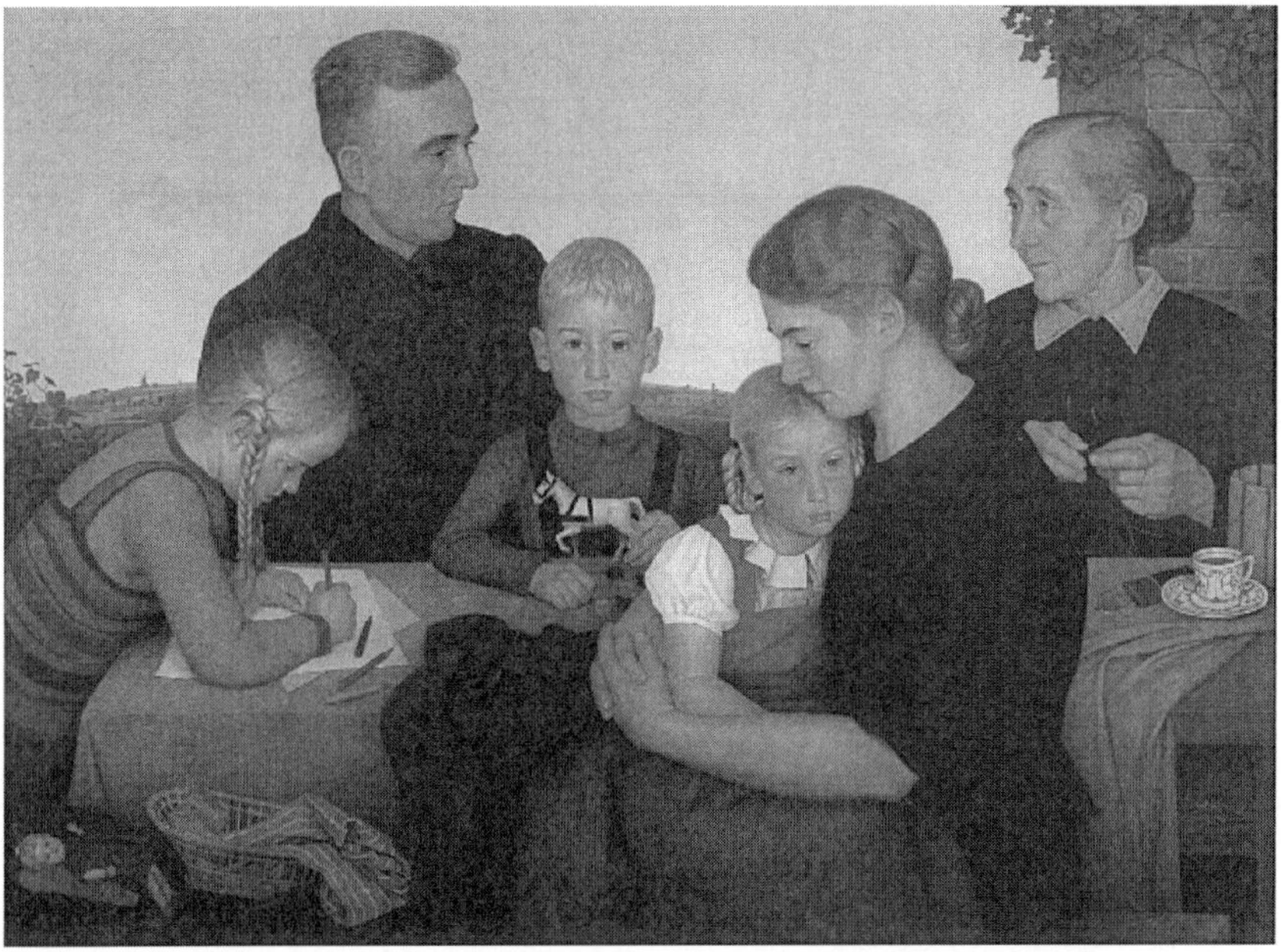

図1　アードルフ・ヴィッセル《カーレンベルクの農民家族》(1939)

ここにいるのは六人のドイツ人である。少女が二人、中央に馬の玩具をもった少年が一人、その両親、そして裁縫仕事をする祖母がテーブルを囲む。一見、農家の出生率の高さを賞賛し、人種の純潔な世代間の継承を謳った「血と土」の反映のようにもみえる。だが、左端の少女をのぞけば、みなの目線が虚空を泳ぐ。見つめ合ってもいないし、すれちがっているわけでもない。テーマが家族であることはそのタイトルから明らかだが、それを称揚するにしてはあまりにも生気がない。たとえば、ル・ナン兄弟の農民家族画は静寂につつまれているが、そこにある農民生活の苦楽、顔の表情、室内のほこりっぽさなどをこの絵から感じ取ることは不可能に近いだろう[7]。題名がなければ、農民画だとは分からないほど農民的雰囲気のない絵画が、ナチスでは農民画の代表作なのである。

《カーレンベルクの農民家族》が鑑賞者の目をひくとすれば、それは細部の綿密な描写であろう。テーブルに置かれた玩具や老婆の手元のティーカップは模様にいたるまで精細に写生されている。絵を描く少女の腰元に横たえられている人形の表情は、周囲

表1　展覧会「父，母，子」参加者の《カーレンベルクの農民家族》に対する評価

グループ(生年)	合計	ポジティヴ	ネガティヴ	わからない
1(−1920)	6	6	0	0
2(1920–1932)	14	5	7	2
3(1933–1945)	52	16	27	9
4(1946–1958)	79	17	55	7
5(1959–1971)	69	17	43	9
6(1972–1984)	24	13	7	4
合計	244	74	139	31

出典：Bloth(1994: 205).

の人間の表情とほとんど変わらない。老婆の手元にある老眼鏡とそのケースや、個々の服の素材感も相対的に浮き上がってくる。また、老婆の背後にあるレンガとそこを這うツタも絵画というよりは図鑑のようなタッチで、人間の直接触れる衣類や道具、人間が暮らす周囲の物体の精細さが、生活の雰囲気を醸し出すよりはむしろ、人間を生活から切り離している。顔の表情よりもその骨格が目立ち、そこに「血のつながり」も強調されている。わずかにみえるニーダーザクセンの風景も単調だ(Bloth 1994: 101)。細部への過剰な情熱が全体を支配する奇妙な絵画である。

　同時代の一般の人々がこの絵をどう評価したかについての史料は管見のおよぶかぎりほとんどないが、参考までに戦後のアンケートをみておこう。ヴィッセルの研究者インゲボルク・ブロートは、一九八八年一月二三日にミュンヒェンの市立美術館で開催された展覧会「父、母、子」に出展されたこの《カーレンベルクの農民家族》の印象を見学者二四九名に尋ねた。有効回答数は二四四である。これを生年ごとに分け、グループ1(一九二〇年以前＝二・五%)、グループ2(一九二〇年から一九三二年＝五・七%)、グループ3(一九三三年から一九四五年＝二一・三%)、グループ4(一九四六年から一九五八年＝三二・五%)、グループ5(一九五九年から一九七一年＝二八・二%)、グループ6(一九七二年から一九八四年＝九・八%)にわけ、統計を取ると、以下のような結果が得られた、という(表1)。

　ナチ時代を成人として生きた人々全員が良い評価を下していること、一方で大学紛争世代はネガティヴな評価を下していること、それよりも若い子どもたちになると、ナチ時代を代表する絵画だという先入観がないので、ポジティヴな回答が増えること、などなど、興味が尽きない。また、判断の理由も興味深い。ポジティヴの評価を下した人には、「共同体・平和・安心」「調和的にみえる」「自分に守ってもらっていると感じている子どものために、母親がこ

こにいる」（グループ1）、「すべてが秩序だってみえる」（グループ2）、「もはや存在しない神聖な世界」（グループ3）、「色づかいが綺麗」（グループ6）という理由があった。また、ネガティヴな評価を下した理由としては、「あまりにも調和がとれている。偽の幸福」（グループ2）、「血と土の記憶を思い起こさせる」（グループ3）といったもの、そして重要なのは、「感情の欠如」「非人間的な硬直」「コミュニケーションの貧しさ」といったイメージを抱く人が多かったことである。サンプル数の少なさからこのデータを普遍化することはできないが、この硬直した絵が一方で安定・安全・調和といったイメージを喚起するという二面性を、これまでの本章の議論に補っておこう。

こうした硬直、真空、単調、という言葉で形容できる農民画・農村画の例は多い。一八八六年生まれのゲオルク・ギュンターの《収穫の間の休憩》（一九三八、図2）の農民たちにも生気が欠けている。

図2　ゲオルク・ギュンター《収穫の間の休憩》(1938)

ここに描かれる一人の女性と三人の男性はみな金髪碧眼、典型的な「アーリア人種」だ。女性は食事を準備しているが、残りの二人は右端に横たわるパイプをふかした男の話を聞いているようにみえる。だが、農民たちの表情は固い。ただ、周りに道具が配置されているだけである。右後方には犂があり、左端に立つ老人の右手には大鎌と思われる農具が握られ、農民たちの背後には収穫したばかりの麦がほぼ左右対称に置いてある。どれもが描写ではなく配置であり、作為的だ。

また、ナチ時代の画家たちは農夫が働く風景を好んで描いた。一九三〇年代後半から、農村の労働力が軍需工業に流れ、雇用が困難になったため、農婦も肉体労働をせざるをえなかった状況にもかかわらず、絵画のなかでは、農作業をするのは筋肉隆々の男が多かった。一八九七年生まれのオスカー・マルティン＝アーモルバハの《種まく人》（一九三七、図3）のように、人物は筋骨たくましい「血と土」を体現した

図3　オスカー・マルティン＝アーモルバハ《種まく人》(1937)

農夫にみえるが、身体全体に過剰な力みがみられ、風景は幾何学的に整備されており、ヒトラーたちが称揚した「自然」らしさはまったく感じられない。

また、一八八七年生まれのヴェルナー・パイナーの《ドイツの土》(一九三三、図4)も、まさに「土」をテーマとしているにもかかわらず、その畝間の単調さが目立ちすぎていて、土壌に「表情」が乏しい。掘り起こした土壌の湿った具合や土質などが分からない。二頭の馬に馬鍬《まぐわ》を牽かせ、土を砕いている農夫の両腕は大地と並行にまっすぐに伸ばされ、馬も整然と任務を果たしている。《カーレンベルクの農民家族》や《種まく人》と同様に、大ドイツ芸術の絵画のおよそ四〇%を占める風景画のうち多くのものの色彩は、輪郭ははっきりしているのだが、メリハリがなく単調である。

なぜ、このような絵が多く、また、高く評価されたのか。この最も有力な答えは、すでに先行研究によって提示されている。すなわち、新即物主義である。ヴィッセルにせよ、マルティン＝アーモルバハにせよ、パイナーにせよ、ナチ公認の農民画の描き手は新即物主義の影響を受けていることが多い、とミュラー＝メーリスは『第三帝国の芸術』(Müller-Mehlis 1976: 183)で確認している。新即物主義とは、第一次世界大戦に敗北したドイツで表現主義の運動が力を持ちえなくなった時代に登場した文芸潮流で、生命力に溢れエネルギッシュで自己主張の強い表現主義の作品とは異なり、みずからの感情や主張を抑制し、文学および美術では客観的で冷静で静態的な創作態度、建築や工芸では合目的性や実用性を重視するものである。ヴァイマル共和国時代の機械文明の進展や大衆消費文化の浸透がこの土壌にあった。

ヴァイマル時代の新即物主義の絵画といっても、クリスティアン・シャート、パイケ・コッホ、カール・グロスベルク、フランツ・ラジウィル、アントン・レーダーシャイト、ゲオルゲ・グロスからオットー・ディックスまで含まれることが多いが、ナチ時代の農民画の様式に近いものとしてゲオルク・シュリンプフを挙げるのは不自然ではないだろう[8](たとえば、図5)。表情に乏しく、生気もなく、血も通っていない、真空状態で窒息したような人物たち。絵の具の隆起を削り、塗り残しをなくす。こうした新即物主義の潮流は、たとえば、ヴィッセルの活躍したハノーヴァーでも(ここでは牧歌的な絵画が多いが)隆盛を築いており、ヴィッセル自身は新即物主義であると自己規定しなかったが、強い影響を受けているのは自明であった。ヴィッセルは、描いた絵の表面の隆起を安全カミソリの刃で削りとり、何層にもニスを塗って光沢を出すという手法を生涯捨てなかった。それればかりではなく、対象を写真にとり、それを見ながら輪郭をぼかさずに丹念に写し取るという徹底ぶりである(Bloth 1994: 36)。それは、目をそらしがちな現実を飾ることなく提示するのとはまったく逆の効果、すなわち描く対象の空虚さを細部への拘泥と表面の光沢で惑わす効果をもたらす。一九七四年に開催されたフランクフルトの「第三帝国における芸術」展を訪れたウンベルト・エーコも、ここに展示された絵画のうち「エクセレントな画法が目立つ少数のうちの一つ」と《カーレンベルクの農民家族》の画法の綿密さを認めているが[9]、この「エクセレントな画法」が、新即物主義の写真について書かれたつぎのような「姿勢」に陥っているのである。

図4　ヴェルナー・パイナー《ドイツの土》(1933)

ヴァルター・ベンヤミンは、一九三一年九月から一〇月にかけて文芸雑誌『リテラーリッシェ・ヴェルト(文学世界)』に発表した『写真小史』で、新即物主義の写真家アルベルト・レンガー゠パッチュの写真集のタイトル「世界は美しい」には「ある種の写真のもっている姿勢が露呈している。すなわち、どんな缶詰でも宇宙の中にモンタージュすることができるが、缶詰が登場してくる人間的な脈絡をひとつも把握することができない写真、したがって最も夢想的な主題を扱うときでも、それを認識するさきがけとなるよりも、それを商品化するさきがけと

図５　ゲオルク・シュリンプフ《鳥と過ごす女と子ども》(1922)

なる写真の姿勢が」と述べている（ベンヤミン 一九九八[1931]：四九—五〇）。いいかえれば、このあと引用される「単純なやり方での〈現実の再現〉が、現実について何も語らなくなってきている」というベルトルト・ブレヒトの言葉が語っている態度、対象を忠実に再現することが「対象の人間的な脈絡」を切断し、覆ってしまう写真の陥穽は、まさに、ヴィッセルをはじめとする農民画家たちの制作態度そのものだった。もちろん、ナチスにとって新即物主義は「退廃芸術」、つまり「アスファルト芸術」である。だが、ヴィッセルの政治に対する無関心は、その即物主義的な作風と呼応し、ナチスを撃つ表現よりはそれに追随する表現へと自分自身を向かわせたのである。

こうした作風は、ナチスの産物ではなく、第一次世界大戦敗戦後の空虚感と諦念やヴァイマル共和国の物質文化の産物であった。だが、《カーレンベルクの農民家族》に「空虚さ」を与えているものは、画家の新即物主義の影響という従来の説明だけではまだ充分ではない。ヴィッセルは、シュリンプフも含め多くの新即物主義の画家がナチスに拒否されたのとは異なり、一九三三年にナチ党に入党しているが、この共生の基盤はどこにあるのか、まだ説明されていないからである。そのためにまず、ナチスの画家の環境について考えなくてはならない。というのも、ナチ党員のヴィッセルでさえ、自分の自由な表現の発露が体制によって制限を受けていることを感じずにはいられなかったのである。

《カーレンベルクの農民家族》は、ローゼンベルクの事務局（Amt Rosenberg）が主催する「家族の肖像コンテスト」のために依頼を受けて描かれたものだった。ただし、条件がついていた。芸術家は「人種意識《ラッセンベヴストザイン》」の欠落と家族の軽視がはびこる社会のなかでナチスの世界観を確立すべく政治に奉仕せよ、と。それゆえ、人口政策的観点から「父親と母親以外に三人から四人の子どもを描くこと」(Bloth 1994: 190) が求められたのだ。結局、ヴィッセルは、時間切れになり未完成のまま提出したにもかかわらず、入選が確定した。事務的な問題が発生したため展覧会は開催されなかったが、その後、描き足したものが一九三九年七月一七日の大ドイツ芸術展に出品され、一万二〇〇〇ライヒスマルクで首相官邸によって購入され、第三帝国の代表的絵画の地位に上り詰めた。だが、未完成で提出するヴィッセルの態度にみられるように、人種イデオロギーを体現せよという圧力もまた、この絵画の空虚さや単調さをいっそう強めたに違いない。コンテストの応募者たちは、この「血と土の芸術」を担う喜びというよりは圧力を感じつつ仕事をせざるをえなかった。ブロートは、一九三〇年頃よりも一九四〇年頃の絵画のほうが、ヴィッセルの作品のイデオロギー色が強くなったと指摘している (Bloth 1994: 186)。だが、このコンテストのような直接的な圧力と、「退廃芸術」の追放という間接的な圧力によって強まったのはイデオロギー色ではなく、イデオロギーと自分の作品とのあいだにある距離感であった。この距離感に耐える力こそが、ナチズムを支えたのである。

ヴィッセルたちの即物主義的空虚さがナチ時代の空気に融合していく理由は、しかし、これでもまだ充分ではない。さらに注目すべきなのは、ヴィッセルたちが北方人の存在の危うさを覆い隠すように、「附随物」の描写、つまり、「農民的なるもの」や「農村的なるもの」の配置に重きをおいた点である。これらの描写に過剰なエネルギーを注ぎ、対象を有機的な連関のなかに置こうとするのだが、かえって切断された対象の空虚さが浮き出てくる。不自然に配置される農具や収穫物も、農民の存在の虚ろさを引き立てるシンボルにすぎない。ちなみに、当時すでに多くの農業機械が、英米ほどではないにせよ使用されていた。一九三三年のドイツ全土では、肥料散布機が一五万四〇〇五台、刈り取り機が九五万四七一一台、動力付脱穀機が九七万九五三九台、電気モーターが一〇一万四二七四台も普及していた (Das Statistische Reichsamt 1937: 81)。にもかかわらず、農業機械が「血と土の絵画」に描かれないのは、古い伝統を重視するナチズムの浸透というよりは、シンボルを配置することでしか画布上の農民に存在感を与えられなかったことの証左であろう。

四　農　婦——母親イデオロギーと裸婦へのまなざし

農民家族、犂牽き、農村の風景とならんで好まれた題材は、農婦である。

ヴィッセルも農婦を描いた。《若い農婦たち》(一九三七)、兄の娘を描いた《肖像(ルイーゼ)》(一九三六)、妻の母を描いた《農婦》(一九三八、図6)、故郷ヴェルバーの老いた日雇い労働者を描いた《農婦》(一九四三)、などがその代表である。左右対称的な構図、細部への拘泥、色彩の単調さ、対象に均質にあてられる光など、これまでのヴィッセルの絵とほとんど変わらない。だが、一九三八年の《農婦》は、彼の即物主義的な姿勢が、ナチ体制のなかで活きた珍しい例である。

図6　アードルフ・ヴィッセル《農婦》(1938)

一九三八年の《農婦》にヴィッセルは強い思い入れがあり、ヒトラーから売却の打診が来たとき手放すのを嫌がった、という(Bloth 1994: 157)。当時のメディアでは、「質素な農婦の労働を最も美しく生き生きと体現している！　朝から晩まで彼女があなたのために働いている。彼女の手は力強く、重く、顔には労働の気品が漂っている。そしてヴィッセルは、ほかの人を幸せにするために己を無にして忠実にみずからの義務を果たす人間だけが持つことのできるような善と美で、その顔を輝かせている」と絶賛された。このコメントには当時の決まり文句が連ねられているが、一つだけ興味深い点がある。それは、当時の農婦の労働時間をその「手」から読み取っていることである。とくに中小経営の農婦は、当時、最も忙しい職種の一つであり、食事、育児などの家事はもちろん、牛の乳搾り、衣服の補修から野良仕事までなんでもこなした。一九三五年三月の再軍備宣言後、軍需工業が活発化すると、農村労働者は都市へと流出し、それに追い打ちをかけるように夫や兄弟が徴兵され、ますます負担が増える[10]。農婦たちは「体力と精神力の限界まで」働かざるをえない(Münkel 1998: 157)。ヴィッセルは、こうした環境のなかで生きるしかない農婦の手の皺

やごつごつした指の関節を描くことに力を注いだのである。(11)

だが、労働の厳しさが刻印された農婦の絵画は、「血と土の絵画」のなかではむしろ例外的であった。多いのは、子どもを抱く農婦と裸体の農婦である。前者が、キリスト教の聖母子像の伝統に影響を受けていることは自明である。ナチ画家の母子像には、幾何学的な風景、妙な力み、細部への逃避、虚ろな表情、そのどれもほとんどみられない。(12)ナチスは、毎年五月の第二日曜日を「母の日」と名づけ国民の祝日とし、子沢山の母親に、未来の兵士あるいは未来の兵士の母親を生んだとして勲章を与えたのだが、こうした世界観を伝統的な構図を借りて表現しているのである。しかし、女性全般が、ナチスのイデオロギーに忠実に描かれたわけではない。母でなければ、画布上の女性たちはほとんどの場合、裸体であったが、それらにはナチスのイデオロギーとは別のものが強く投影されているのである。

一九〇六年北バイエルンに生まれたゼップ・ヒルツの《農村のヴィーナス》(一九三九、図7)の柔和で繊細な体つきは、日々一五時間ともいわれた厳しい仕事を毎日こなす農婦の身体では、おそらくない。これが「農村の絵画」であるのは、タイトルと周囲にある衣服や靴下、家具や家の造りからかろうじて確認できるにすぎない。生活から切り離された「ヴィーナス」が背景から浮き出ていて、ちぐはぐな印象を与える。田舎風の靴下を履かせているのも作為的である。たしかに、均整の取れた身体は、生物学的に「優秀な」人種を体現しているかもしれない。だが、こうした人種イデオロギーよりも目立つのは、むしろ、「田舎娘が裸体をさらしている」という物象化された性的なまなざしの投影である。

図7　ゼップ・ヒルツ《農村のヴィーナス》(1939)

また、すでに触れたマルティン＝アーモルバハの《農民優美女神》(一九四〇、図8)も同様に、農婦を描

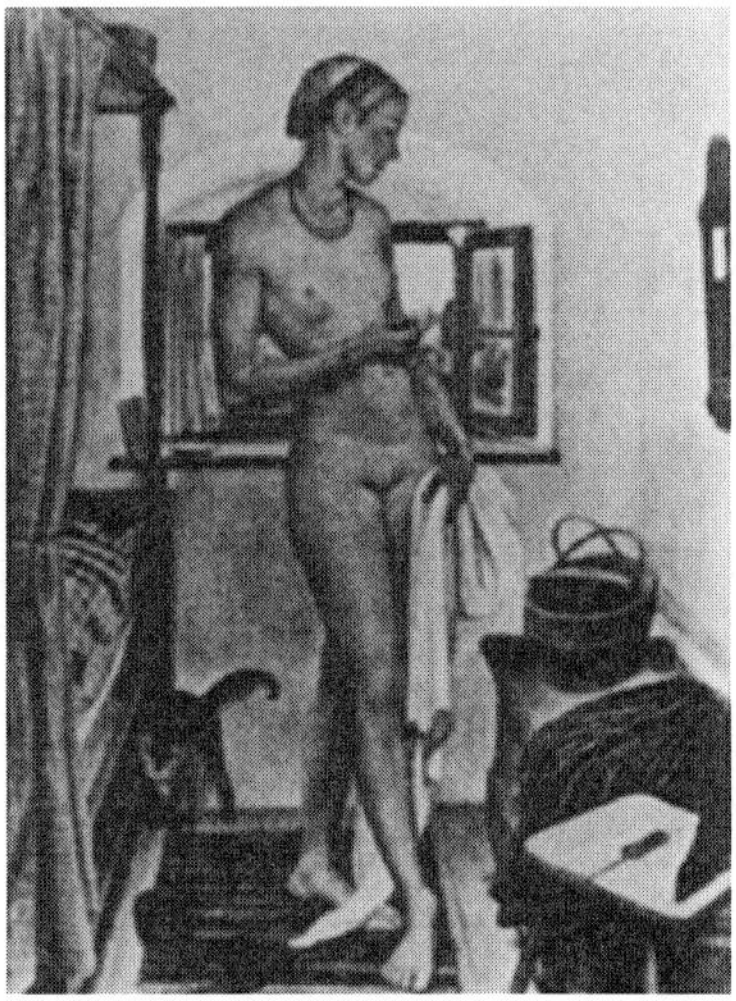

図8　オスカー・マルティン＝アーモルバハ《農民優美女神》(1940)

くのではなく農婦を利用している。ここにはただ、農村生活から切り離された女性の身体が孤立している。帽子・麦藁・トラクターなど農村をイメージさせる記号のなかに裸のモデルを置く現在のポルノグラフィーのように、これもまた描写というよりは、配置にすぎない。

こうした印象は、北方人を生産する母として、あるいはそれとやや矛盾するかたちではあるが男性の代わりの労働力としてナチ国家を支えた農婦が、いくつかの母子像やヴィッセルの《農婦》を例外とすれば、浅薄な性欲を煽る記号でしかなかったことの反映である。しかもその性欲は、女性に多数の北方人を産ませるというナチスの生物学的期待へと容易には結びつかない。生物ではなく静物のような女性を欲情的に眺める疎外された関係性が、これらの絵画から垣間見えるのである。戦時中、農村労働力が欠乏すると、畑で働く農村女性の写真が雑誌の表紙を飾りはじめるとはいえ、こうした構図は、絵画というジャンルではほとんど現れなかった。

このような裸婦像は、農婦だけではなかった。すでに先行研究が幾度も取り上げてきたヒトラーお気に入りの画家アードルフ・ツィーグラーの《四元素》(一九三六―三七)には、火、水、土、空気を象徴する四人の裸体の女性が描かれている(ミュンヒェンの「総統の家」の部屋に飾られた)。その当時から「縮れた恥毛の巨匠」と罵られた画家のこの代表作も、《カーレンベルクの農民家族》と同様に、細部に至る描写が際だつ絵画である。ちなみに、退廃芸術を全国から探しだし、退廃芸術か否かを決定した責任者として、「狂気、厚顔無恥、無能の産物をご覧ください」(神奈川県立近代美術館他　一九九五：二三)と、退廃芸術展の開幕の言葉を述べたのが、まさしくこのツィーグラーであった。彼は、文化政策の中枢である帝国文化院(総裁はゲッベルス)の下部組織として一九三三年一一月に発足した帝国造形芸術院の第二代総裁であり、その職務として「退廃芸術」の撲滅と「血と土の芸術」の均質化を押し進めたのである。[13]

ソ連の社会主義リアリズムのなかではほとんど存在しなかった裸体画は、ナチスでは「名誉ある地位」を占めていた（ゴロムシトク 二〇〇七［1994］：四八〇）。この相違点を指摘した美術史家のイーゴリ・ゴロムシトクは、しかし、ナチスの裸体画も「北方的人種タイプとアーリア的な美の理想」という「イデオロギーのしるし」を負っており、このイデオロギー性こそが全体主義芸術の特徴であると論じている（ゴロムシトク 二〇〇七［1994］：四八一）。だが、すでにみてきたとおり、表向きは「美しいアーリア人種の女性」のはずが、実は、記号化された性的欲望の投影になっていて、農民画の中心が結局虚ろな表情のドイツ人であったのと同様、「血と土」のイデオロギーはそれほど体現されなかったのである。

おわりに――自画像の空洞を埋めたもの

当時の画家たちは、細部に拘泥したり、道具を不自然に配置したりすることでしか北方人たる自画像を描くことができなかった。「ニーベルングの指輪」の金髪碧眼の英雄、ジークフリートのようなドイツ人を、最も才能のあった画家たちでさえ、血の通った人間として描けなかった。理論的には存在証明できないはずの北方人という空洞をモノで囲み、過剰に均質で清潔な環境のなかに埋めたのである。

空虚であったのは絵画の対象だけではない。作品をめぐる環境もまた同様であった。一九三六年一一月にゲッベルスによって発令された「芸術批評に関する命令」以降、ドイツでは芸術批判が禁じられ、その代わりに「芸術レポート」、「つまり芸術作品についての紹介と正当な評価のみがなされねばならないことになった」（池田 二〇〇四：二一九。傍点は著者）。この「レポート」は、紋切り型の空虚な表現で画一化された。たとえば、ニーダーザクセンの雑誌『ヴェーザーベルクラント・ニーダーザクセン』（一九三九）に掲載された《カーレンベルクの農民家族》を含むヴィッセルの作品の「レポート」である。ここにある「故郷に根ざしていること」「農民の出身であること」「対象に対する冷静な

図９　映画『ユダヤ人ジュス』の広告ポスター(1940年頃)

見方」「職人のような綿密さ」などの言葉は、この画家に対するコメントの定番である。それが「ヴィッセルの肖像画家としての才能は、彼をデューラーやとりわけホルバインへと引っ張っていく」(Fresow 1939)とか、「ヴィッセルのしかるべき成果は、「天才は勤勉である」という言葉が部分的に正しいことを証明している。ただこの勤勉さは、たんなる熱心さや成果を求める活動力とは全く異なるのであり、ニーダーザクセンの本質的特性のなかにのみならず、とりわけ、故郷がその特徴を刻印しているどんな小さなものに対しても抱かれる恭しく大きな愛のなかに宿っているのである」(Habicht 1938)というような、仰々しい表現へと連なっていく。

では、道具や風景、あるいは「レポート」でさえも埋まらない、それどころか、ますます増していく空虚さや単調さを補ったものは何か？　これが異人種の表象にほかならない。たとえば、映画『ユダヤ人ジュス』のポスター(図9)、《敵の勢力の背後にユダヤ人がいる！》というプロパガンダポスター(図10)のユダヤ人は、まさにステレオタイプそのものである。こうした顔は、人種学の教義に描かれたばかりでなく、ニュルンベルク裁判で死刑判決を受けた狂信的な反ユダヤ主義者ユーリウス・シュトライヒャーが編纂していた『シュトルマー』という雑誌にもたびたびカリカチュア化され掲載されたものである。ダビデの星、「鎌と鎚」、貨幣など図像に配置されるさまざまな「小道具」もお決まりのパターンでしかない。しかも、絵画よりも大衆の目に触れやすい複製品であるポスターにしか、ユダヤ人を登場させなかったのである。

しかしながら、それがどれほど偏見に満ちたものであり、型にはめられた表現であるにしても、すくなくとも農民画家が描く北方人よりは、顔の表情や身体の動きに起伏があり、色彩も豊かで、強烈なインパクトをもっている。《カーレンベルクの農民家族》や《農村のヴィーナス》のように周囲の附随物に頼るのではなく、《ドイツの土》のように風景の幾何学模様に埋没させるのでもない。《敵の勢力の背後にユダヤ人がいる！》の、英米ソの国旗とダビデの星の配置はたしかに作為的だが、描写された人物は個性的である。どちらも単独でその存在感を醸し出している。もしも、ドイツ人がユダヤ人よりも生気がみなぎっているのであれば、ユダヤ人の表情こそ単調な色彩で、虚ろな目を描くこともできようが、そうではなかった。「敵」の表象と「自己」の表象は不可分の関係にあるのだ。

それでは、ナチスの理想としての「生命力溢れるドイツ人」を「血と土の絵画」はなぜ裏切ったのか？　描写対象の周囲を構成する道具や風景への執着、お決まりの言葉を用いた「芸術レポート」、恐怖感を煽るユダヤ人の表象は、何を意味するのか？

これはつまり、「血と土の絵画」の空虚さは、「血と土」自体の空虚さの表出であり反映であった、ということである。「血と土」は、アーリア主義の根拠の薄弱さを農業ロマン主義で補うばかりでなく、ドイツ農村の実態が改善しない現実を人種イデオロギーで補う、というように、内実の乏しさを隠し互いにもたれあって成り立つものだった。一九三三年から一九三八年まで食糧自給率は数％上昇して八二％になったが、目標の一〇〇％には遠く及ばなかった。

図 10　宣伝ポスター《敵の勢力の背後にユダヤ人がいる！》(制作年不明)

農民たちは、一九三四年の干魃《かんばつ》や価格統制の失敗、さらには食糧不足を補うため警察を動員して行われた収穫物の強制徴発などで苦しめられていた。だがもちろん、「血と土」が空虚であることは、「血と土」のもとで繰り広げられたナチスの行為が空虚であったことを意味しない。ヴァイマル末期の経済恐慌の時代からナチスの時代にいたるまで農政に失望しつづけた農民たちにとって「血と土」が有効であったとするなら、その理由は「あなたはこれから国家にとって重要になる」のではなく「あなたはすでに国家にとって重要である」と一方的に承認する、その即物的なニュアンスである。つまり、血も土も、時間をかけ努力して獲得するものではなく、生得のものを意味する。植民地、つまり「土」がなくても、電撃戦、つまり兵士に「血」を流させて掠奪する。(14) この速度に依存した解決方法を、あたかも内実があるかのようにみせる「血と土」の表象の力が、「血と土の絵画」に反映されている。「血と土の絵画」は、「血と土」の空虚さのみならず、はからずも「血と土」の本質まで露呈していたのである。

これを可能にしたのは、画家たちの義務に対する比類なき忠実さ、いやむしろ、義務の内実が無意味なものであっても、それに対する忠実さを少しも失わない愚鈍さであった。「ほかの人を幸せにするために己を無にして忠実にみずからの義務を果たす人間」と当時評されたヴィッセル自身がまさしく、ヒトラーが芸術家に要請した「新しい人間のタイプ」にほかならなかった。たしかに、ヴィッセルたちは、時代を超えて残る作品を一つも描くことができなかったにせよ、「自画像のない」人間を理想として示すという途方もないことをなし遂げたのだった。「君は無、君の民族こそすべて」という有名なスローガンに体現されているように、判断を指導者にゆだね即行動を基本とするナチズムの運動は、まさしくこうした個のたぐいまれな空虚さを歯車にして躍進したのである。

注

(1) 「血と土」に関して包括的な説明は、資料集 Corni and Gies (1994) の解説と、「ダレーと国民社会主義的農民イデオロギー」(S. 67–81) の章を参照。

(2) ナチ時代の芸術の概観については、Hinz (1974); Frankfurter Kulturverein (Hg.) (1974); Müller-Mehlis (1976); Adam (1995); 関(一九九二); 神奈川県立近代美術館他(一九九五)。とくに、Frankfurter Kulturverein (Hg.) では、農民絵画のために一章割かれているが、ナチ時代の現実と絵画のテーマの比較(あるいは乖離)が主であり、なぜ「血と土の芸術」と呼ばれたか、どのような歴史的意義があるのかについての考察は不充分である。ほかの先行研究も、「血と土」がナチスの重要なスローガンであるゆえに、「血と土の芸術」という名称は自明だと判断されている。当時のナチスの絵画については、それぞれの著書の図版、ベルリン歴史博物館に所蔵されている絵画、そして、当時の主要な絵画をほぼ網羅している、Davidson (1991) の絵画編(第一巻および第二巻)の図版一六三九点を参照した。図版の引用はシュリンプフを除いてすべてこれらによる。
(3) ナチ時代の絵画に「生気のない」絵画が目立つという判断は、私の独断ではない。すでに、Müller-Mehlis(1976)や、関(一九九二)：種村(一九八八)などによって繰り返し指摘されている。だが、基本的に新即物主義との関連という説明にとどまっている。
(4) 以下、「ドイツの出自神話」に関しては、佐々木(一九九二)を参照した。
(5) クレチン病とは、先天的甲状腺機能低下症のこと。未対処のままだと、身体と知能の発育が遅れる乳児の生まれつきの病気。
(6) ベルリンの歴史博物館所蔵。ナチスのコーナーに展示されている。なお、カーレンベルクは、ハノーヴァーの西部から南部にかけての地域をさす。
(7) ル・ナン兄弟の農民画やのちに述べる裸体画や母子像の歴史に関しては、高階絵里加さんにご教示いただいた。
(8) シュリンプフとヴィッセルの類似性については、種村(一九八八：一四七)が示唆している。「今日とここの「片隅の幸福」に耽溺する小市民的遠近法に支えられたモティーフとフォルムは、基本的にはドイツ・ファシズムの小市民階級の卑俗なキッチュ嗜好に結びついていたからである。そのゆきつくところ、たとえばアドルフ・ヴィッセルの『農民家族』〔正しくは『カーレンベルクの農民家族』〕(一九三九)のような、通俗臭ぷんぷんたる誠実な家族団欒の「血と大地」神話描写と化していく」。なお、シュリンプフの絵は、Graf(1923)より引用した。
(9) Umbert Eco, *Über Spiegel und andere Phänomene*, München, 1990, S. 83–89(ドイツ語訳は、ブルクハルト・クレーバー Burkhart Kroeber)。ブロスの研究書(Bloth 1994: 13)から再引用した。
(10) こうした中小規模経営の農婦の状況は、ナチ時代以前からのツケでもある。農婦は「健康への害も甚大である。四〇年以上農業に従事してきた農婦のうち五〇%は、もうこれ以上充分に働くことはできない、と医者に診察された」(Münkel 1998: 159)。
(11) また、日雇い農婦を描いた《農婦》(一九四三)も、土地持ち農民を称揚していたナチ時代では珍しい。ここでも主役は農具の柄の先に乗せられた節くれ立った手である。女性というよりは労働力の一部としてしかヒトラー体制を生きることのできなかった労働者の存在を、ヴィッセルは、意図的ではないとしても作品そのものの力で伝えている。もっとも、銃後を守れという戦時の要請からもはみ出るものではなかったけれども。

(12)　たとえば、フランツ・アイヒホルストの《母と子》、アルフレート・キツィッヒの《ティロル地方の農婦とその子》、フリッツ・マッケンセンの《赤ん坊》など（いずれも制作年不明）。

(13)　ナチスの文化政策の思想と実践に関しては、池田（二〇〇四）の第二部「文化政策の夢と悪夢」（一五七―二四四頁）で詳しく論じられている。

(14)　血は遺伝、土は自然を意味することをかんがみれば、「血」と「土」は、ナチ時代の学のトップに位置づけられた生物学（生態学も含む）によっても結びつけられる、と考えることもできよう。「血と土」と科学の関係性については今後の課題としたい。

参照文献

池田浩士　二〇〇四『虚構のナチズム――「第三帝国」と表現文化』人文書院。
神奈川県立近代美術館他編　一九九五『芸術の危機　ヒトラーと退廃美術』アイメックス・ファインアート。
ゴロムシトク、イーゴリ　二〇〇七［1994］『全体主義芸術』水声社。
佐々木博光　一九九二「出自神話でみるドイツ史」『人文学報』第七一号、一一八―一二八頁。
関楠生　一九九二『ヒトラーと退廃芸術――〈退廃芸術展〉と〈大ドイツ芸術展〉』河出書房新社。
種村季弘　一九八八『魔術的リアリズム――メランコリーの芸術』ＰＡＲＣＯ出版局。
ベンヤミン、ヴァルター　一九九八［1931］『写真小史』筑摩書房。
Adam, Peter. 1995. *Art of the Third Reich*, New York.
Bloth, Ingeborg. 1994. *Adolf Wissel: Malerei und Kunstpolitik im Nationalsozialismus*, Berlin.
Corni, Gustavo and Horst Gies. 1994. *Blut und Boden: Rassenideologie und Agrarpolitik im Staat Hitlers*, Idstein.
Darré, Richard Walther. 1929. *Das Bauerntum als Lebensquell der Nordischen Rasse*, München.
———. 1930. *Neuadel aus Blut und Boden*, München.
Das Statistische Reichsamt. 1937. *Statistisches Jahresbuch*, Berlin.
Davidson, Mortimer G. 1991. *Kunst in Deutschland 1933 bis 1945*, Bd. 1–2, Tübingen.
Frankfurter Kulturverein.（Hg.）1974. *Kunst im 3. Reich: Dokumente der Unterwerfung*, Frankfurt am Main.

Fresow. 1939. Adolf Wissel: Ein Maler der Heimat, *Weserbergland Niedersachsen*, Nr. 10, Hannover.
Graf, Osker Maria. 1923. *Georg Schrimpf*, Leipzig.
Habicht, V. 1938. Adolf Wissel, ein niederdeutscher Maler, *Deutscher Hausschatz*, 65 Jg., Bielefeld.
Hinz, Berthold. 1974. *Die Malerei im deutschen Faschismus: Kunst und Konterrevolution*, München.
Müller-Mehlis, Reinhard. 1976. *Die Kunst im Dritten Reich*, München.
Münkel, Daniela. 1998. »Du, Deutsche Landfrau bist verantwortlich!«: Bauer und Bäuerin in Nationalsozialismus, *Archiv für Sozialgeschichte*, Nr. 38, 1998.
Rosenberg, Alfred. 1930. *Der Mythus des 20. Jahrhunderts*, München.
Schultze-Naumburg, Paul. 1928. *Kunst und Rasse*, München.

第5章 「顔が変る」

――朝鮮植民地支配と民族識別

李 昇 燁

はじめに

朝鮮総督在任時「皇民化」政策を主導した張本人の南次郎が、後日朝鮮・台湾に対する参政権付与や内外地行政一元化政策の審議に際しては、朝鮮人は「思想、人情、風俗、習慣、言語等ヲ異ニスル異民族」であり、それに相応する特別統治の体制を維持しなければならないとの意見を披瀝していたことはよく知られている事実である(岡本 一九九六:六四:水野 一九九七:九〇)。「同化」を掲げながらも、支配戦略としての、また支配の前提としての「差異」は植民地統治の根幹をなしている要素であった(水野 二〇〇八:二三一)。植民地統治の権力関係の下で、かかる「差異」は人種主義的認識・言説を形成し、日常や生活の中の植民地主義として顕現したのである。

本章では、日本の朝鮮植民地支配と人種主義の問題を、「顔」というキーワードで照明してみたい。ここでいう「顔」とは、民族的特徴を表す「顔」そのものを意味すると共に、また「差異」を表す(と信じられる)さまざまな標識を意味するレトリックでもある。その「同一性」と「差異」を「科学的」に証明するために、人類学や医学から、言語学、心理学に至るまで、近代日本の植民学を構成した学問各分野で夥しい努力が傾注されたことはいうまでもない(坂西 二〇〇五:坂野 二〇〇五)。

しかし、そのような「科学的」学知そのものを取り上げるのは本章の課題ではない。ここでは、植民地統治下の支配と差別、抵抗と順応という、権力関係が生み出した磁場の中で、「顔」という表象がどのようにリアリティを獲得し、どのようにリアルな力として機能していったのかについて探っていきたい。

一　「見分け」の植民地支配

一九一三年一〇月、内務省警保局長から各府県長官宛に「朝鮮人識別資料ニ関スル件」と題した一通の秘密文書が発送された。同文書は「近時短髪和洋装ノ鮮人増加ニ伴ヒ形貌漸次内地人ニ酷似シ来リ殆ンド其甄別《けんべつ》ニ苦ムモノ有之」と言い、識別のための資料を送付したのであった。つまり、「内地」の警察は治安上の必要から在日朝鮮人の取締りを必要としており、そういう取締りの第一歩は朝鮮人を見分けることからはじまるものであった。同「識別資料」は、「骨格及相貌」「言語」「礼式及飲食」「風俗」「習慣」の項目に分けて、朝鮮人の見分け基準として提示している。たとえば、「骨格及相貌」上の特徴として次のようなものを挙げている（朴　一九七五：二八）。

一、身長内地人ト差異ナキモ、姿勢直シク腰ノ跼《せくぐ》ムモノ及猫背少ナシ
一、顔貌内地人ト異ナラザルモ、毛髪軟ニシテ且少ナク髪ハ下向ニ生ズルモノ多シ、顔面ニ毛少ナク俗ニ「ノッペリ」顔多シ、髭鬚髯ハ一体ニ薄シ
一、目瞼ハ濁リテ鋭カラズ
一、頭部ハ結髪ノ為……頭骨ニ変形ヲ来セル八巻ノ痕形ヲ止ムルモノアリ、……前頭部ハ左右ニ真中ヨリ分クルヲ以テ、熟視セバ痕跡ヲ止ムルモノ多キヲ見ル、尚後頭部ハ木枕ヲ用フル為概ネ平タシ
一、歯ハ幼児ヨリ生塩ヲ以テ磨クガ為白クシテ能ク揃ヒ齲歯《むしば》等少ナシ
一、足ハ足袋及靴ヲ穿《うが》ツニ堅ク緊《しま》リ用フル為細クシテ小ナリ、……下流労働者ハ草鞋《わらじ》ヲ用フル為踵《かかと》ニ瘤《こぶ》ヲ生ジ居レリ

一、常ニ外面ヲ装フノ癖アリ、殊ニ頭部ノ装飾ニ最モ重キヲ置キ従テ装飾品ハ華美ニシテ光沢アルモノヲ用フ
一、中流以上及儒生ハ支那人ト同ジク小指ノ爪ヲ長クスル習慣アリ

その他、濁音やラ行の発音が困難であるとの言語上の特徴を始め、挨拶・敬礼の時の作法、食事の時に箸よりは匙を使う習慣や、一気飲みの飲酒習慣、正座に堪えず胡座《あぐら》をかく習慣などに至るまで、四六項目の識別要領を提示している。

韓国併合後間もない時期に「内地」に渡航してきた朝鮮人、とりわけ「下級」の労働者を対象にして日本人と異なる特徴を当時の警察が如何に把握していたのかが窺える。まず、警察自らが「内地人ニ酷似」して区別が困難であると自認している通り、身体的特徴による識別は非常に根拠薄弱なものであった。「姿勢が正しい」、「毛が薄い」ということでは、とうてい有効な識別の基準にはなりがたい。また、その身体的特徴とされた内容も、おおむね風俗・習慣上の差異に起因するものであり、「人種」として差異を持つものではなかった。結局、この「識別法」はその大部分を文化や生活習慣、風俗上のものに依存したものであった。

一方、かかる「差異」の「識別」に関する言説は、「文明」の観点から朝鮮人の愚劣性を語るものでもあった。特に風俗習慣上の特徴として挙げたものの中には、「口論其ノ他高声ヲ発スルトキハ唾液ヲ飛スコトアリ」、「鼻汁ヲ取ルニ紙ヲ用ヒズ」、「痰ヲ吐クハ随時随処ニ於テス」、「上厠後手水ヲ用ヒズ」など、「不潔」や「野蛮」のイメージとして把握したものが少なくない。身体上の特徴を説明しながら、伝統的な衣服や生活習慣が身体上の変形をもたらしたという解釈からも、同じく「文明」の視角が窺える。

これは同時に、文化・風習上の差異が縮まれば縮まるほど、日本人と朝鮮人を区別できる特徴はますます薄まっていくということを意味してもいた。まだ日本による統治の日が浅く、統治者側が標榜した「文明化」や「同化」が充分に進んでいなかった時期であったことを考えれば、朝鮮人の伝統的な風俗習慣を基準としている「識別法」は、いずれその意味を失わざるを得ないものであった。この点については、かつて韓国警務局長として、朝鮮植民地化過程における警察機構の頂点に立っていた松井茂も指摘したことがあった(松井 一九一三:八六五—八六六)。当時、このよ

うな「識別資料」が、どれだけ朝鮮人の識別に役だつものだったのかは甚だ疑問が残る。

日本内地における「朝鮮人識別」が最も現実的な力として現れた事例といえば、関東大震災(一九二三)の際に行われた朝鮮人虐殺事件であろう。「十五円五十銭」や「座布団」「ザジズゼゾ」「ガギグゲゴ」など、朝鮮人には苦手な発音をさせて識別したという話はよく知られている。その他、容貌上の特徴から、たとえば「後頭部は絶壁だ」(歴史教科書教材研究会 二〇〇一：五八五)、「色白く丈高く一見鮮人に見違はれ易い」ため(姜・琴 一九六三：一九九)、珍しい長髪に洋装姿であるといって(長倉 一九七五：一八七)、または「ただ長い髭を生やしているからというだけで、朝鮮人だろう」と誤認されることもあった(黒澤 二〇〇一：九五)。自警団だけではなく、「鮮人」を「保護」した警察側も日本人を誤認して拘禁する場合がしばしばあったという(姜・琴 一九六三：二〇五)。

しかし、警察の中にも朝鮮人識別のスペシャリストが存在していたようである。朝鮮人の「内地」渡航を取り締まる釜山の水上警察署刑事の事例からその一面が窺える。一九一九年以後、朝鮮人の「漫然渡航」による本国における経済・社会上の問題を防止するため、渡航阻止政策が施された。数回にわたる制度上の変化はあったものの、基本的には釜山の水上警察署が関釜連絡船の朝鮮人乗客の渡航資格や渡航許可(たとえば、一九二八年以後は居住地の警察機関から発給された紹介状を持参することが規定された)の有無を検査して、渡航者を選別・統制するものであった(金 一九九七：一七六―一八二)。

釜山の関釜連絡船乗り場には、かかる取締業務を担当する警官が配置され、朝鮮人乗船者の検問を行っていた。乗船・下船する長い行列の中から、「神さまのように」朝鮮人を識別し、証明書の所持有無を検査したという。戦前、東京高等師範学校に留学していた韓国の文学評論家・白鉄《ベクチョル》は、次のようなエピソードを紹介している(白 一九七五：一一一―一一二)。

〔前略〕友人の話であるが、彼の本名は金敬植《キムキョンシク》。解放後はソウルで事業を営んだ人だが、日帝時期には日本人の家に養子入りして、和木という名字を持ち、本籍も日本の岐阜県となっていたという。彼が事業関係で日本に行くために関釜連絡船に乗る際に、例外なく私服刑事の検問に引っかかった。「おい、ちょおと来い。身分証明書を見せろ！」と、例のごとくためぐちの検問が始まった。しかし、差し出した証明書上には日本本籍の日本人と記されていた。刑事は驚いて、ひらに謝ったという。

警察にとっては、「内地」に渡航しようとする朝鮮人、そして「内地」に居住する朝鮮人は、帝国本国の治安や社会秩序を乱す恐れのある脅威であり、潜在的な犯罪者であった。その危険分子を「見分け」、適切に取り締まるのは、異民族統治における一つの要であったのである。

かかる「見分け」の必要性は「内地」に限らない。朝鮮民衆が「反日」という「危険思想」を抱いている限り、植民地朝鮮は危険分子によっていつでも治安不安状態に陥る危険地域であった。一九一九年に勃発し、朝鮮全土で激しい示威運動として展開された三・一独立運動の中で、「見分け」の蹉跌が危機を招いた事例が見られる。

四日夜旧錬兵場（龍山）前ニ於テ湯川歩兵二等卒歩哨中羽織袴ヲ著用セル者来レリ。巧言ヲ以テ歩哨ヲ薄暗キ場所ニ誘出シ五六名ノ鮮人ト共ニ湯川二等卒ノ銃剣ヲ奪ハントシ格闘ノ末彼等ハ逃走シタルガ其ノ際銃ヲ毀損シ剣ハ所在不明トナリ湯川二等卒ハ負傷セリ。而シテ和服ヲ着用セシハ内地語ニ巧ナル鮮人ナリシガ如シ。（姜 一九六五：三五二―三五三）

植民地武断支配の心臓部とも言える朝鮮軍司令部の手前で、私服姿の男が歩哨を暗い場所に誘引し、待ち構えた五、六名の朝鮮人と共に兵士を襲い、銃を奪おうとした事件が起こったのである。おそらく朝鮮人「暴徒」と推定された人物の「和服」姿と「巧みな内地語」は、哨兵の「見分け」を攪乱するに充分であった。「同化」と「差異化」を二つの基軸とする帝国の植民地支配の骨幹は、このように時々矛盾し、深刻な危機を招来することもあった。

もう一つの事例を挙げてみよう。一九三二年一月八日、いわゆる「桜田門事件」が起こった。大韓民国臨時政府の指導者・金九《キムグ》が日本の要人暗殺を目的として組織した韓人愛国団の団員・李《イ》奉昌《ボンチャン》が観兵式帰りの昭和天皇を狙って爆弾を投擲した事件である。

上海時代の李は、よく和服を着たり、日本語混じりの朝鮮語をしゃべったりしたため、独立運動勢力からは「倭奴（日本人の蔑称）」「日本の密偵」と呼ばれたという（金・厳 一九八九［一九三二・一九四六］：四一）。彼は日本に居住する時から「木下昌蔵」という通名を使い、日本人を装って日本人の商店などで働くほど、日本語や礼儀作法は巧みであった。上海に在住していた頃には「日本警官とも親しく、領事館にも出入り」し、暗殺用の爆弾を隠して日本に向かった時は、「倭人の知己たちがみんな埠頭まで出て彼を見送り、涙を流すものさえいた。日本警官まで彼の安全な帰国を祈願した」という(金・厳 一九八九［一九三二・一九四六］：四二)。事件当日も、乗合自動車の運転手を介して偶然に手に入れた憲兵の名刺を利用して、警察の警戒線を通過、天皇の馬車が通る警視庁(桜田門)前に近づくことができた(「訊問調書」。檀国大学校東洋学研究所 二〇〇四：四六)。日本人にしか見えない彼の言葉や容貌のおかげで、日本への渡航や爆弾の搬入のみならず、天皇の移動情報を入手し、爆弾投擲の場所まで移動することが可能であったのである。

二　人種主義の「科学」言説——差別と抵抗

「人種」的特徴を限りなく共有する朝鮮人に対する「人種」的識別の論理は、他の「人種論」がそうであるように、しばしば「科学」の方法で論じられる。かつて、東アジアの民族調査を行った鳥居龍蔵以来、自然人類学および医学の分野で多数の生体計測調査が行われたのは、その代表的な例であろう(1)(坂野 二〇〇五)。「差異」を証明し、説明しようとする試みは、学者のみならず、現場で朝鮮人と接する官僚や教育者から言論人、医者に至るまで、体質や血統の観点から、文化や生活習慣、自然環境など、それぞれの「科学」を根拠に行われた。ここで注目したいのは、彼らの説明と論理における整合性の有無ではなく、むしろ証明や説明に困難を感じながらも、民族集団間の「差異」に執着し、絶えず何らかの根拠と説明を求め続けた彼らの行動そのものである。

韓国併合前後から一九一〇年代の時期には、日本人の間で、比較的に露骨な「人種論」の言説がなされていたようである。保護国時代に大韓医院(併合後、朝鮮総督府医院と改称)教授、のちに京城医学専門学校の解剖学教室の教授を歴任した久保武は、もっとも露骨な人種論、朝鮮人劣等論を披瀝した医師の一人として、朝鮮人女性の生体計測を行ったこともあると言われる(工藤武城「韓国婦人の研究」(七)、『朝鮮』第二巻第二号、一九〇八年一〇月)。露骨な朝鮮民族蔑視のスタンスをとっていた在朝鮮日本人の月刊雑誌『朝鮮及満洲』に寄稿した「体質上より観た朝鮮人――人類学的特徴に就て」という文章で久保は、「朝鮮人の骨格を内地人に較べると割合に大きく重量も亦多少多いが筋肉系統に就いて検べてみると之と正反対に内地人より遥かに劣つて居る」と前提し、「骨壁厚く而かも脳の重量の少ないことは朝鮮人の人種解剖学上最も注意すべき点である、即ち内地人及び西洋人に比し著しく相違して居るのは文化の程度の幼稚なることの因《ママ》て来る所以が首肯される」といっている(『朝鮮及満洲』第一四三号、一九一九年五月)。

つまり、西欧中心の文明論というレンズを用いて朝鮮社会を後進的・未発達の状態だと見なしており、その原因として遺伝的・身体的要因を挙げているのである。このような視角からみると、朝鮮人の文明化や同化は、そもそも不可能、または大きな限界を持っているものであり、むしろ民族差別は自然なもの、永久に克服できないものとなってしまうのである。さらには、朝鮮人は「顔面表情が不敏活」のため表情が乏しく、運動能力が劣っているのも、「全く活動的でないのは筋肉系統の発育が悪いこと、、皮下脂肪層の量の多いことが主なる原因」であると説明している。このような劣等な存在としての朝鮮人は、「体格上から見ても風俗習慣及び生活の形態上から見ても朝鮮人は日本人よりも支那人に類似し支那人に近い民族」であると結論づけている。

「差異」に対する認識は身体的特徴のみならず、文化・風習上のものにまで及ぶ。『朝鮮及満洲』の発行人・釈尾春芿は、朝鮮人は不潔・不衛生で、「チャンコロと同じく清潔観念が乏しい、乏しいと云ふよりは寧ろ絶無と言ひたい位」であり、「統監政治は、顔の朝鮮人を目標にせずに先づ尻の朝鮮人を目標とすれば多少適切なる朝鮮政治が生み出さるゝであらう」と糞尿処理施設の不備について蔑視の視線を送っている。「堂々たる美丈夫でも、婀娜《あだ》たる美人でも、韓人と云ふ奴は凡て相対するとプンと何とも言へ無いイヤな臭気がする」というのは、その端的な表現になるのであろう(旭邦生「朝鮮雑話」『朝鮮及満洲』第二五号、一九一〇年三月)。

このような文明観、そして近代日本のアジアに対するオリエンタリズムに基づいた朝鮮観に対して、朝鮮人自らはどういう認識を持っていたのであろうか。韓国統監府が設置され、朝鮮の植民地化が着々と進行されていた保護国時代、朝鮮の愛国啓蒙運動のメディアは自民族の姿を次のように描いている。

今に我が韓国民の体格を論ずるに、全国人口の半数以上は皆胸背傴僂なり、歩趨痍黄なり、音調遅鈍なり、病状的様子が風蒲霜葉の凋残と同じなりき。此は生理的に本然するに非ず、人為的自作の致す処なり。（姜荃「時代에 因한 教育（時代に因る教育）」『大韓学会月報』第五号、一九〇八年六月）

筆者の姜は、衛生観念の不在と早婚の弊風、肉体活動を軽視する儒教的思想のため、今日の朝鮮民族の身体は病者の状態に陥り、優勝劣敗の世界で淘汰の危機に直面していると説明している。新思想や新教育の普及をもって、民族の更生を図り、「温柔卑屈な女子の態を棄て、活発奮励な俠士の節を修む」べきだという論理は、自主・自強の独立を目指す民族運動の論理であると同時に、強者、侵略者の論理である社会進化論の世界観を如実に反映しているものでもあった（朴 二〇〇三）。

このような流れは、韓国併合後の知識人にも同様に確認される。後日、朝鮮の代表的な知識人の一人として、そして「皇民化」の時期には内鮮一体論の代表的なイデオローグの一人として活躍する文学者の李光洙《イ クアンス》は、当時早稲田大学（哲学科）に留学しながら、朝鮮語新聞に次のような文章を執筆している。

某友が……ある日鍾閣前に立ち往来する白衣人を観察するに、眼睛は濁り、口はへーと開いており、四肢はぐったりし、胸部はへこんで、身体は前に曲がっており、歩きには気力がなく、顔色は病のような黄色なり。かくの如き種族が如何にして如此競争場にて縷命を維持し能《あた》うや。彼等の容貌には、衰の字、窮の字、賤の字が烙印せらるるが如く分明に見えたりというに、余も亦同感なり。（春園生「東京雑信」『毎日申報』一九一六年一〇月八日付）

これに比べて、「内地人の顔色」は「爛々なる眼眸に鋭気が充溢」し、引き締まった口からは意志力が現れ、「胸部が突出」し、「両腕に筋肉が発達してむきむき」していると描写している。人種主義に基づく人種改善学の強い影響を受けていた彼の論理は、一九二〇年代に「民族改造論」という題目で登場し（朴 二〇〇三：一七〇―一七三）、朝鮮の民族主義右派の理念である「実力養成論」の実践論理をなすことになる。侵略者の「植民地支配方式」を論理化した民族理論をそのまま受け入れ、「朝鮮民族の低能性を論証するに興を沸かせた」という李への評価は正に適切なものであろう（金 一九九九：五三）。

一九一九年の三・一独立運動の衝撃がもたらした「文化政治」の宥和・融和政策の時期に入ると、日本人の学者・ジャーナリストによって展開された露骨な人種論、朝鮮人劣等論は、次第に姿を消していくことになった。にもかかわらず、「科学」の外皮を被った「人種論」は、多様な形で試みられ、再生産された。劣等論を露わにすることはなくなったものの、「差異」に対する執着がなくなることはなかった。

一九二二年、全朝鮮の児童・生徒・学生を対象にした大規模な身体検査が行われた。当時、総責任者として、この身体検査を実施・監督したのは、各学校の嘱託校医を務めていた大槻弌也という人物であった。彼は一九三六年、同調査の実測データをもとに、まず男女別に区分した上で、「朝鮮人」「在朝鮮内地人」「在内地内地人」の三つの集団に分けて、それぞれの特徴を比較・分析し、『在鮮内地人朝鮮人発育ニ関スル研究』と題した報告書を発表した。しかし、その調査結果に対する解釈においては、おそらく彼自身、苦しんでいたかも知れない。三つの集団が示す数値の原因について、かなり恣意的な、場合によっては矛盾する説明をしているのである。

たとえば、身長・体重・胸囲の測定においては、「在内地内地人」男女より「在朝鮮内地人」男女の方が高い数値(発育状態良好)を示した。これについては、気候、風土、生活状態、環境の差異によるものとして、「殊ニ生活状態ハ在内内地人ヨリ高度ニシテ衣食住ノ差異、運動適切ナルハ一原因」であると説明している。植民地在住の日本人が日本本国より経済的に豊かな生活をしていたことを考慮すれば、このような説明はある程度の整合性を持つのかもしれない。しかし、「在内地内地人」男子より朝鮮人男子の体位が発達したことに対しては、気候、風土、生活状態、環境の差異として説明することは同じであるが、「殊ニ室内ニオイテ跪座スルコトナク、自由的姿勢ニ放任起居シ、放任的運動行為(例令夏期ニテ屋外又ハ山野ニ就寝)ヲナスニ因スルモ、幼児期ノ在内々地人ヨリ優レルハ朝鮮人希望教育ノ為メ入学ノ際体格優秀ナルヲ選抜スルハ一原因」であるという解釈をしている。つまり、内地と朝鮮の日本人を比較する際には、栄養状態の差異として把握しながらも、日本人と朝鮮人の差異については、生活習慣によるものという、相矛盾する説明をしているのである。

また、在朝鮮日本人男女の身長が朝鮮人男女より低く、体重・胸囲は朝鮮人より高い数値を示すことについても、前者については(同じ朝鮮に居住するにもかかわらず)気候・風土と共に姿勢に原因を求める反面、後者については朝鮮人の生活状態の低度や早婚の習慣、胸をきつく締める服装(女子の場合)と日本人側の高度な生活状態、晩婚から原因を探っている。身長の発達は姿勢によるものであり、体重・胸囲の発達は栄養状態や結婚年齢によるものであるという、到底科学的解釈として成り立たない分析である。

まったく要領を得ない大槻の報告書であるが、彼の分析内容そのものよりも、次のような点に注目したい。まず、被支配民族より支配民族の体位が劣っているという客観的数値に直面して、文化・風習の差異にその原因を求めている点である。一九一〇年代以前のように、遺伝因子に基づいた露骨な「人種論」からは脱却し、環境の影響をより重要視することになったと言えるのであろう。二つ目に、比較分析の集団として、内地の日本人とは別途に「在朝鮮内地人」の集団を設定している点である。「在内地内地人」と「在朝鮮内地人」を異なる民族集団として把握したとまでは言えないが、気候・風土・習慣・生活状態の差異に着目し、比較の対象として考慮する必要があったと思われる。

一方、民族運動の成長を背景とした朝鮮人側の民族論の中では、強者の論理に埋没していた状態から脱却し、朝鮮民族の優秀性を強調する言説も現れる。当時の民族運動を主導する勢力のひとつであった天道教系青年運動の雑誌『開闢』(第六一号、一九二五年七月)には、「朝鮮人の見たる朝鮮の誇り」という題下で朝鮮人社会の名士の意見を問う企画が設けられた。

我が朝鮮の人は眼力が非常によく、歯牙が健康で、伝染病に対する抵抗力が高いです。日本人や西洋人を見ると、いくら身体が健康で体力が壮大であっても、大概眼力が不足して近視眼や遠視眼が多く、また歯牙が弱くて虫歯が多く、伝染病にかかりやすく、一度かかったら完治が難しいですが、我が朝鮮の人はそうではありません。(医師・金容埰談)

朝鮮の人は米人や露人のように陰険ではなく、日本人のように軽悍でもなく、印度や南洋人のように卑拗でもなく、中国人のように遅鈍でもなく、大陸性と海洋性、島性を兼有して義気がありながらも平和であり、淳古でありながらも野昧ではありません。(普成高等普通学校・張錫哲談)

同時期に並存した「民族改造論」の自己矛盾を克服し、自尊自大のナショナル・アイデンティティの確立を試み、抵抗的ナショナリズムの構築を目指す言説であった。だが一方、その論理自体は紛れもない人種主義や人種偏見を根幹としているものであった。支配者側の理念を転倒させ、それを抵抗の論理として利用しているが、それもまた、他人種、他民族に対する偏見と蔑視といった強者から借用した論理に基づいてしか成立できないものであった。それに加え、「日本人がふんどし一つの裸でいることや、淫売の習慣や、男女間の風紀の紊乱などをあざわらっていた」（朴 一九七二［一九二〇］：一二三―一二四）という朝鮮で前近代から続く歴史的・文化的側面からの日本蔑視の言説も、このような人種主義に基づいた抵抗ナショナリズムの形成要素の一つになったのであろう。

他方、植民地支配の論理は、もっぱら「差異」のみによって構成されていたわけではない。有名な金沢庄三郎の「日鮮同祖論」のように「同質性」を強調する言説が、「同化」を標榜した支配の論理として、そして建前の公式方針として最も影響力を持っていたのはもちろんである（三ツ井 一九九九）。植民地支配を対外・対内的に正当化する論理として、如何に「同質性」の論理が利用されたのかを語る、喜劇的な例があるので紹介しておきたい。

一九一九年八月以来、大韓民国臨時政府・大統領の李承晩一行がワシントンDCに滞在しながら、米国議会を相手に独立請願活動を行う一方、マスメディアに対して「日本は人類学的にも言語学的にも亦気質的にも朝鮮と共通する何物をも有せさること」という論理で朝鮮独立の正当性を訴える宣伝を行った。これを受けて、米国在住の星健之介という在野の言語学者は、朝鮮総督・斎藤実宛に一通の手紙を送った。星は、かかる論理は米国の対日政策や朝鮮統治に悪影響を及ぼすものと見て、「朝鮮人わ我等日本人と極めて近邇せる人種たるわ疑いなく」、さらに研究を進めば、「同人種たるを立証し得べき見込充分」と主張し、向後五、六年間二―三万円の援助を懇願している（斎藤実関係文書一三五一―一）。

そもそも、星は「日本語の起源はモンゴル系統ではなく、アリア《ママ》人種のバビロン文明」という、いっぷう変った学説の持ち主で、かつては金沢庄三郎の説を批判し、「我言語は朝鮮と密接な関係があると主張する人が尠くない様であるが……我語と朝鮮語との間には、我語と馬来語との間に成立する丈の関係を認めることが出来ない」、または

「朝鮮人の中には我同種族が混合して居るにしても、大多数は蒙古種族で、生存競争の上から、蒙古種族が勝つて居ることは現代朝鮮語の上に現はれて居ると思ふ。我等の言語は蒙古語ではない」といった論を展開していた人であったが(星　一九一五)、今度は朝鮮支配問題を奇貨に、自分の「学説」を曲げ、朝鮮語も日本語と同じく、アーリア人系統の言語として同人種であることを証明しようとしたのである。結局は金銭を騙取しようとする愚痴に過ぎなかったが、植民地支配をめぐる政治・外交の問題に人種論が絡み合う面白い事例のひとつといえよう(2)。

三　生活感覚としての「見分け」、民族間の視線

「見分け」や差異に対する認識は、支配―被支配の権力関係が作用している実際の社会では、如何に機能していただろうか。被支配民族を「見分け」る必要は、はたして治安警察の領域のみに限られているものであったろうか。ここでは、生活の中の「見分け」の問題に注目したい。

一九三三年、朝鮮憲兵隊司令部は『朝鮮同胞に対する内地人反省資録』と題した小冊子を刊行、「内地人指導階級及有識階級」に限定配布した。憲兵隊が収集した、日常生活の中で行われる日本人による朝鮮人差別の実例六八件を紹介し、「朝鮮統治の静謐《せいひつ》を破り、朝鮮の人心を紊《みだ》る」日本人の言動に猛省を促している。火事に駆けつけたが朝鮮人の家だとわかって引き揚げてしまった義勇消防隊員(一四頁)や、朝鮮人の診療を拒絶する医者(二〇頁、三二―三三頁)、朝鮮人客の散髪を断る床屋(二五頁)、朝鮮人顧客を侮辱する商売人(五〇―五四頁)など、いかにも非常識極まる事例ではあるが、それこそが植民地社会における民族間の関係を克明に表している断面とも言えるであろう。

植民地支配の構造が民族間の差別を根幹として成立しており、いたるところで差別が機能していた以上、民族の「見分け」は植民地社会におけるひとつの秩序として作用していた。法律・制度上の差別も存在したが、社会的構造の中での分離と差別は最も重要なものであった。居住地域や通学する学校、職業などが区別されており、両民族が接する場面では、生活感覚としての差別が、まるで空気のように存在していた。したがって、その差別の根拠となる

「見分け」も、いたるところで機能していたのである。体格や容貌、服装、言葉、仕草、そして臭いまでもが「見分け」の機制として機能した。朝鮮生れ・朝鮮育ちの在朝日本人二世の女性は、「見分け」の生活感覚を次のように表現している。

こんなことがあった。母に、路面電車の運転手は、日本人だったかどうか確かめてみた。すると母は即座に、運転手はみんな朝鮮人だったと言うのである。私は、みかけだけではわからないだろうに、なぜ、朝鮮の人だとわかったのかと、しつこく聞いた。母はしばらく遠くをみるようにして考えていたが、こう言った。

「だって、にんにく臭かったんだもの……」

「京城」の日本人は、無意識のうちに、朝鮮人をその体臭によって自分たちと区別していたのではないだろうか。(沢井 一九九六：五九)

かかる生活感覚としての「見分け」に錯誤が起こった時、それは思わぬ混乱をもたらし、「内地人」側には危険と憤怒の感情を呼び起こした。前記『反省資録』の事例を挙げてみよう。釜山の日本人理髪店で、「人品いやしからぬ」客に対して丁寧に取り扱ったが、その客が立ち去ってから、実は日本語が流暢な朝鮮人だとわかり、「なんだヨボか汚い奴ぢゃ……朝鮮人は内地語が少し判ると実に生意気だ」と侮辱し、その場にいた別の朝鮮人客と口喧嘩の末、傷害を負わせた事例が紹介されている(九―一〇頁)。

二つ目は、「京城」の飲食店での事例である。食事を運んできた和服姿の女性が朝鮮人だと気づいた日本人客が「ヨボ君が日本の着物を着て居るが頗る滑稽だね、ヨボはいくら日本の着物を着ても矢張りヨボに違ひない。日本人とみられたいために着るのか?」と侮辱した。これに対して朝鮮人の女給は負けずに、「ヨボでも日本人だから日本着物を着たつて何も差支ないではないか」と仕返し、日本人客一同は何も言えなかったという(五五―五六頁)。

前者は、「顔」や言葉をもって「見分け」を間違えた結果、日常の中で機能していた民族的ヒエラルキーの構造が一時的に崩壊し、朝鮮人を丁寧に待遇してしまった自分に対して怒りを感じると共に、自分の「見分け」を乱した朝鮮人の存在を「生意気だ」と憤怒した事例である。かねてから朝鮮在住日本人社会の朝鮮人差別の背景には、「民度が低い」「汚い」といった言説が存在しており、それが民族的ヒエラルキーの構造を正当化する役割を果たしていた。「汚いヨボ」であるべき朝鮮人が「人品いやしからぬ」客として現われたことにより、彼の「見分け」は失敗し、生活感覚としてのヒエラルキーも混乱を免れなかったのである。

後者は、主な民族標識の一つである服装に混乱が起こったとき、ヒエラルキーの上位にある日本人が、和装の朝鮮人を日本人の真似をするもの、すなわち「生意気」にもヒエラルキーの上位にある人間を装うものと見なし、「日本人とみられたいために着るのか？」と嘲笑しているのである。同化によるヒエラルキーの上昇は不可能であり、むしろ「異化」による差別構造はいつまでも存在するという認識が、「ヨボはいくら日本の着物を着ても矢張りヨボに違ひない」という言葉で表現されている。

「見分け」の生活感覚、両民族のたがいに対する視線、そういった関係が作り出す空気について、京城帝国大学の法文学部助教授（中国哲学）に着任、朝鮮での生活を始めた西順蔵は、敏感に感じ取っていたようである。

七月の暑さにぐったりしながら街を歩いて、今度は耳に聞く朝鮮語は神経にさわった。日本人であるぼくを無視して勝手に生きる朝鮮なのだという感じが、急にひとり放り出されたぼくの気にさわったのかも知れない。ことばだけでなく、人の容貌、服装、身振り、街なみが気にさわった。無為安逸にみえる老人たち、裏通りの貧しい家のたたずまい、道路に腰をおろした物売り、そして中国式の貧弱な模倣としか見えなかった古い建物、すべてにぼくはケチをつけていた。植民地官吏のぼくは、朝鮮の日本との異質に対して、日本でのような、通過する旅行先としてのような、そんな寛容さえもたず、むしろケチをつけることで潜在的な優越感を保とうとしたのかも知れない。（西　一九八三：一〇二）

朝鮮在住日本人社会の植民者根性に対しては批判的であり、彼自身、朝鮮文化や朝鮮人を理解する人間のつもりであったが、彼もまた、植民地の空気から自由ではなかったのである。自らを朝鮮人社会に対する異質的な存在として、彼らの存在、彼らの視線から壁を感じざるを得なかった。それはまた、「街で出あう朝鮮人、日ごろ接する朝鮮人がなにか矮小卑屈にみえた。この卑屈の感じがどこから来たものなのか、実際に卑屈だったり、その反面の気張りがあって気にさわったのか、あるいは例の、何かをたねに、たとえば不十分な日本語をたねにとって、矮小卑屈とみたのか、わからない」(西 一九八三:八〇)と、彼自身の視線を規定するようになった。次の引用は、朝鮮人に対する「善意」にみちた一人の少女が、民族間の緊張した空気に触れ、植民者の側に立っている自分の存在に気付く場面である。

母に連れられて梨花女子大(当時の校名は、梨花女子専門学校)で催されたバザーにいって、心臓を射ぬくような激しく冷たい視線の集中攻撃をあびたときには、どうしてこんなひどい仕打ちをと思わないわけにはいかなかった。悪いのは車夫の娘のような(朝鮮人を蔑視・虐待する)日本人であって、私たち母娘ではないはずではないか。よい日本人と悪い日本人となぜ見分けがつかないのか、ひとの好意を無下にするにもほどがあると、悲しさよりも、こわさと憤りで身体が固くなったのを覚えている。(松岡洋子「朝鮮と私」『季刊三千里』第二号、一九七五年五月、一七頁)

一方、「内地」において両民族をめぐる視線と空気は如何なるものであったろうか。朝鮮では日本人が支配民族でありながらも少数者、朝鮮人が被支配民族でありながら多数者であったが、「内地」ではその条件が逆転してしまう。朝鮮人の訛る日本語に対して、「内地」の日本人はそれを自分に敵対的な緊張感を与えるような何かとしては感じていなかった。それはむしろ、相手が絶対的な弱者であることを確認するに足りるものであり、かかる心的な余裕から、滑稽として捉えられる余地さえ出来たと思われる。戦前の創作落語の台本は、大阪在住の朝鮮人と、それに向き合う代書業者を次のように描写している。


「ハイ。チョド物をタツねますカ、アナダ、トッコンションメンするテすか」

「変ったんが来るなア今日は。トッコン、ショメンて何や」

「解らんテすか。ワダシ郷里《くに》に妹さん一人あるテす。その妹さんコント内地きてボーセキてチョコーするてす。その時警察《ケサツ》テ判貰わぬと船乗れぬテス。タカラ警察へ判貰う願書《ネカイ》タステス」

「アア渡航証明かい」

「ソテス。そのトッコンションメン」

〔中略〕

「止めるのは良えが、今書いたのはどうするのや」

「いやア、沢山書いたテすナ」

「仰山書いたがナ」

「ワダシそれモデ去《い》んでも仕様カないテす。あなダ、煙管掃除するてすナ」

「おいアカんで。どうするのやこれを」

「チニーヤ、タルキマニ」

「何じゃいそら。この罫紙をどうすると云ふのや」

「シルバシヤカンリ。内地コトパ解ラン解ラン。テレカンリョウロ。ヒレパレヒレパレ。左様なら。……」

（桂米之助「代書」『上方はなし』第四五集、一九四〇年四月、落語荘、七一二頁）


実演する際の口調や身振り、手振りが分からないため、より詳しいイメージを描くことは難しいが、笑いを誘うため、朝鮮人男性のキャラクターは非常にユーモラスに誇張・歪曲されているのは間違いないのであろう。だが、この可笑しいキャラクター、すなわち文字が読めず、日本語の発音も表現も下手で、(3) 代書料金を迫られると、代わりに煙管掃除をして払うといい、最後には不可解な音声（おそらく朝鮮語を表現したつもりであろう）を発して逃げてしまうこの貧しい男は、当時「内地」の人間が持っていた在日朝鮮人イメージの一端を反映しているものと言えるだろう。また、二人の会話の中で、訛りながらも敬語でしゃべる朝鮮人の客と、ぞんざいな口調で一貫する代書屋のやりとりの様子から、支配民族と被支配民族の間のヒエラルキーが表現されているのである。

小説家の黄順元《ファンスンウォン》が、早稲田大学留学当時の一九三七年に発表した短編小説では、朝鮮人留学生の下宿生活が描かれている。日本人の大家たちは朝鮮人の入居を忌避するため、日本人といつわって下宿に入った主人公は、いつも自分の出自がばれないように気を付けながら生活している。もし故郷を聞かれたら九州の出身で、言語が不自然なことも九州訛のせいにしようと考えていた。しかし、地震があった朝に女主人と地震に関する話をしていた際、「朝鮮には地震がないので怖いとは思わない」と言って、朝鮮人であることがばれてしまう。結局大家は、田舎の実家から弟が上京するという口実で、彼に退去を迫る(黄 一九五九[一九三七])。帝国の本国に暮らしている被支配民族であり、少数者として絶対的な弱者の立場に置かれていた彼らにとって、自分の出自を隠し、多数者の仲間を装うことは、生存戦略としての有効な選択肢だったかも知れない。

前記「桜田門事件」の李奉昌は、実は個人の「同化」を通して差別のヒエラルキーを克服しようとした人物であった。朝鮮で龍山駅の雇員として勤務していた李は、賃金や昇進の差別に憤慨し、差別待遇がないという噂を聞いて日本に渡航した。そもそも民度の低い朝鮮人が差別されるのは仕方がないと思い、「早ク日本内地人ノ習慣ヲ覚エ何事モ内地人同様ニ遣レル様ニナリ内地人同様ノ待遇ヲ受ケタイト思ヒ修養モシ研究モ致シ」(「調書」。檀国大学校東洋学研究所 二〇〇四:六五)ていた李だが、就職・賃金における差別は歴然と存在し、昭和天皇の即位式を拝観しようと京都に来た時には、朝鮮人が故に警察に拘禁されることまであった。

彼は留置場の中で「おれはなぜ日本人に生れなかったんだ朝鮮人なんかに生れるからこんな圧迫や差別を受けるぢゃないか……朝鮮人の「クセ」日本の陛下なんか拝す必要はないぢゃないか……罰が当たって留置場を拝す様になったのだ」と思った(「上申書」。檀国大学校東洋学研究所 二〇〇四:二三七)。これをきっかけに「朝鮮独立運動に身を投じ」ようとも考えたが、結局「思ひなほして日本人に化けて生活を改」めようという決心をした。大阪の鶴橋で日本人になりすまして生活しながら、自分の出自がばれるのを恐れ、周りの朝鮮人とは交際を絶ち、近所に住んでいた姪の家にも出入りしなかった。しかしながら、「内心本名ヲ持チ乍ラ之ヲ名乗ツテハ世ノ中ヲ安泰ニ渡ツテイケヌ」現実に対する不満が次第に膨らみ、やがて問題の根本的解決策は朝鮮独立しかないという判断に至ったという(「調書」。檀国大学校東洋学研究所 二〇〇四:一八)。

このような李の事例は、「民度の低さ」という支配者側の言説をそのまま飲み込み、「同化」を通じて地位の向上が図られるという帝国側の約束を真面目に信じて、自ら日本人になりすまそうとした一人の青年が挫折していく過程を表しているものとも言える。「同化」を掲げながらも人種主義的秩序が作動していた日本帝国の植民地(人)統治は、その論理上の矛盾を露呈し、自発的「親日派」の青年からあらゆる選択肢を奪い、遂には彼を抗日武力闘争の分子にならざるを得ないところまで追い込んでしまったのである。李が天皇に向かって爆弾を投げた一九三二年の時点でも、自発的「同化」は朝鮮人側にとって民族問題の解決策になれなかった。しかし、一九三七年に勃発した日中戦争、そしてそれによって触発された「内鮮一体」「皇民化」運動は、かかる環境を一気に変えることになった。

四　「顔が変る」

自然人類学の観点から朝鮮民族を論じながらも、以前の劣等論を逆転させたような記事が注目を引く。楠本良一は、朝鮮人の女性が美的な面でも、体格上の面でも内地女性に勝れているという京城帝国大学医学部の今村豊教授の意見を紹介し、両民族を比較して、朝鮮人は内地人に比べて胴が短く、脚が長くて、西洋人に近い体型をしているとの意見を披瀝した。当時「半島の舞姫」と呼ばれ、朝鮮人女性のセクシーアイコンとして知られていた崔承喜《チェスンヒ》を例にあげ、朝鮮女性としては稀な体格ではないが、かかる体格を「内地人」女性から探すのは非常に困難であるといい、「日本人に稀に見る均整のとれた美しさ」として称せられる女優の入江たか子よりも優れた体格を持っていると評した。このような差異について、朝鮮人と内地人は、それぞれ大陸の南方系と北方系の先住民族の血統を継いでいるからであり、体格の差を座り方（正座とあぐら）など習慣の差から探る意見については、「一つのナンセンス」と一蹴している（楠本良一「朝鮮婦人考」『朝鮮公論』第二六巻第六号、一九三八年六月、八二―八三頁）。いわゆる「能面のような」無表情や平面性についても、むしろ「静かな表情美」として、「何所の国の女も容易に持てない」ものだと賞賛し、今後女性の社会生活と共に動的表情や立体的な表情も生まれてくると展望した（楠本前掲、八六頁）。

坂野徹は、朝鮮女性の無表情を論じた今村の意見について、「皮相的水準の観察」であると同時に、その原因を「文化水準」によって説明する「暴論」と批判している（坂野 二〇〇五：三五一）。ただし、彼らの視角に投影されている植民地主義を十分考慮しながらも、人種の「差異」に対する解釈を植民地支配初期のそれと比較したとき、その変化に注目せざるをえない。つまり、前記の久保、釈尾などの議論から見るように、支配初期において「差異」はすなわち「朝鮮人劣等」の現れであり、あまりにもナイーブに植民地のヒエラルキーを反映していたものであったことに比べ、一九三〇年代以後、特に日中戦争期の言説では、非常に制限的範囲とはいえ、「優劣」の内容が逆転しているのである。

周知のように、日中戦争勃発以後、植民地朝鮮では戦時体制への再編と共に物的・人的動員が行われ、「皇民化」政策が推進された。かかる情勢の中で、一群の朝鮮人「内鮮一体」論者が登場した。朝鮮の独立、または自治は不可能で、不合理なものであり、現存する差別を打破するためには、既存の朝鮮民族の完全な解体、日本民族への「同化」を通じて、「新日本民族」の一員として生まれ変わる他に道はないと主張したのである。

かつてアナーキズム運動から転向し、日中戦争以前の一九三六年九月の時点から朝鮮語の全廃と「内鮮結婚」などを通じて、「朝鮮人が朝鮮的な一切のものと絶縁すべき」と主張してきた玄永燮《ヒョンヨンソプ》は、統治権力による「内鮮一体」のスローガンが掲げられると共に、「同化一体論（徹底一体論）」の代表的なイデオローグとして浮上した。彼は、民族的特徴を残したまま日本に協力するという、いわゆる「並行提携論（協和的内鮮一体論）」と対立しており、朝鮮人対日協力者の中でも少数派に属していた（李 二〇〇一：三五—三六）。

彼にとっては、朝鮮民族の特徴を残し、朝鮮民族として存在し続けようとする多数派の「並行提携論」こそ、永遠に差別を維持させる愚劣な選択に過ぎなかったのである。さらには、支配民族に編入することによって、差別される被支配者の位置から逃れるのみならず、「弱小民族としてではなく、雄大なる世界統一者の一身内」として雄飛するという、大民族主義を提唱していた（玄永燮「私の夢」『緑旗』第三巻第八号、一九三八年八月、四九頁）。いつか「完全に日本化した朝鮮人より宰相が出たその輝かしい日」を夢想（玄 一九三九：三五二）するというのは、彼の理想の終着点を表現したものであった。

朝鮮人の完全な日本化を夢見た彼が、民族識別（差別）の標識である「顔」について論じたのは注目される。

アメリカの人類学者F・ボアス氏の研究に依ると、アメリカに移住して来た人達が、アメリカに長く住むと、身体が変ると云ふことを発見した。最近は遺伝と云ふものが、昔程勢力を得ないのだ。環境が人間をすつかり変へてしまふものである。西洋人そつくりの日本人が殖えて来たのである。日本人は永遠に不死の大和魂を持つものであるが、その外貌は非常に変つて、西欧人的になると思ふ。それと等しく朝鮮人の中、大学を出たもの、中、特に勉強した者の顔は日本人に似て来るのである。嘗つて上海に遊んだ時、西洋人の銀行会社に勤めてゐる支那人青年達の容貌が西洋人に似てゐることに一驚を喫したことがあるが、環境に依つて人の形は変るものだ。殊に地理的影響は大きいものである。朝鮮人は永遠に朝鮮人、内地人は永遠に内地人であると思ふことは笑ふべき観念論である。（玄 一九三九：九八）

「内鮮結婚」に対する日本人側の警戒心や否定的反応について批判し、「内鮮」の血縁上の統一は可能であることを力説する文章の一節であるが、その根拠として「顔」が変わるとの論理を披瀝している。文明論の視点から、優れている「西洋人」を理想型と想定し、その文明に近づいている日本人や上海の中国人の「顔」が「西洋人」に似ていく、また、日本統治下で近代化していく朝鮮人の中にも日本人の「顔」に似ていくものがいるとの論理は非常に興味深い。つまり、近代の日本が想定した世界（人種）のヒエラルキーをそのまま受け入れ、「文明化」および「同化」の表象として「顔」の変化を論じているのである。同時に、このような「顔」の変化は、「見分け」による差別的支配の根拠を否定するという、彼自身の強い願望を含めているものでもある。

ならば、「顔」とは果たして何を指すのであろうか。前節で、民族標識として、いろいろなもの（容貌、体格、服装、言葉など）が機能していて、それが一つの生活感覚を形成したことを論じたが、当時朝鮮の文豪として「内鮮一体論」に転向した李光洙は、「顔が変る」という文章の中で次のように説明している。

今になつて考へて見ると過去三十年来半島人の顔は確かに変つた。変つたのは顔ばかりではあるまい。着こなしも、歩き振りも、作法も、そして考へも変つて来たことだらう。それらのものが一つになつて顔が変つたといふ結果を生じたのであらう。年の若いものになればなるほど、区別がつかなくなつて来た。女の方がもつと解りにくい。（李光洙「顔が変る」『文藝春秋』一九四〇年一一月号、一九頁）

つまり、「顔」とは、服の着方や作法、仕草などを含む、外見上の民族標識であり、それが日本の統治下で変化してきたとのことである。すでに創氏改名が行われ、名前だけでは民族を区別することができない。また、学校教育を受けた若者は日本語が巧みで、言葉による識別もほぼできなくなり、「顔」まで似てきた今日には朝鮮人が日本人と、日本人が朝鮮人と間違われることも少なくないとの話である。

彼は続いて、「内鮮両民族が、かやうに見分けがつかなくなることそのものが、両族同血の生きた証拠だと思ふ。英国人と印度人とは、何万年経つても同じ顔になることはないだらう」といい、日本人と朝鮮人の人種的近似、そして朝鮮人の「同化」可能性を力説している。面白いことに、前記玄と同様、日本人の「顔」の変化についても言及しているのである。大正八年以後一四年ぶりに東京を訪ねたとき、「銀座を歩いて驚いたのは青年男女の顔や姿勢や歩き振りの変つてゐたこと」であり、「姿勢だけは西洋人のやうでもあるし、顔を併はせて支那人のやうでも」あったという。かつての「実力養成論」者として、日本への「同化」論の裏面には近代主義の影が強く残っており、人種のヒエラルキーを反映しているともいえるのであろう。

この時期の「同化一体論」を代表する朝鮮人イデオローグの二人が、同じく「顔」のレトリックを駆使して論を展開していたことは、果たして単なる偶然であろうか。「見分け」による支配と被支配の構造、差別と抵抗の「視線」が交じり合う空気の中で生きていかざるを得なかった植民地の知識人にとって、自分(ら)の身体に刻まれている被差別経験の感覚として「顔」のことを言い出すのは、ある意味当然だったかも知れない。

おわりに

韓国併合を目前にした一九一〇年四月、『日韓合邦未来乃夢』と題した小説が出版された。七〇年後の未来の日本と国際情勢を描いた、SFタッチの政治小説である。韓国併合の方針は既に前年の七月に閣議決定されていたものの、一般には公表されないまま、併合への世論が高まっていた時期であった。この小説が書かれたのは、併合後の具体的な統治方針については、何ひとつ公式化されていなかった時期であったが、想像力、または洞察力を発揮し、まるで予言のように数カ月後の状況を的中させているところもあって面白い。

作者の伊藤銀月が描く七〇年後の朝鮮は、日本人と朝鮮人が何代かに亘って混血同化し、同じ日本国民として国のために尽くす、理想郷である。未来社会の案内役を務める主人公の一人は、「固より同人種ですから、頭の毛を切つて、同じ服装をして、同じ言語になつたら、見別けの附かないのは当然」であった上、「皆同一の国民性を有ち、同一の愛国心を有つて居」るのだと、朝鮮人同化の成果を説明している(伊藤 一九一〇：一一三―一一四)。にもかかわらず、未だ微妙な葛藤が残っていて、日本人夫と朝鮮人妻の夫婦喧嘩の最中に、「朝鮮にゃァ、そんな顔を畏がる女は一人も居ませんよ」、「そんな青びれた朝鮮面は見たくないぞ」、「弱い者虐めの日本野郎になんか」と応酬する場面が登場する(伊藤 一九一〇：一二〇)。これもまた、未来を透視する直観から感じられた、不安な予感の一つだったろうか。

小説では、混血の息子が、「皆日本人ぢやアありませんか」といって夫婦を仲裁するが、現実の植民地社会ではそういう仲裁はできなかった。髪の毛や、服装や、言語がいくら変っても相変わらず「見分け」は存在しており、「皆日本人ぢやアありませんか」で溶け合えるわけにはいかなかった。植民地朝鮮社会では、「同化」の言説も、「差異」の言説も、それぞれの局面により異なる意味合いを持って、支配と被支配の論理、差別や抵抗の論理として機能していた。支配者の人種主義、被支配者の人種主義、いずれにも「顔」として表象される、「人種」のリアリティが存在していたのである。

注

（1） 一九九五年、北海道大学古河講堂の「旧標本庫」でサハリン先住民をはじめ、東学農民軍指導者と推定される朝鮮人の人骨(「採集」の時期は一九〇六年)が発見され、話題になったことはその端的な例の一つである(北海道大学文学部古河講堂「旧標本庫」人骨問題調査委員会 一九九七)。実は、朝鮮人の人種研究のための人骨収集は、かつて一八九〇年にも行われたことがあった。一八九〇年四月、朝鮮からの輸入品中、「菜漬」と記された壺から頭蓋骨二体が発見され、大騒ぎになった。外務省は即刻真相調査に着手、「帝国大学に於て学術研究の目的を以て窃に之を取寄せたるもの」だったことが明らかになった。外務省側は、人骨の輸入事実自体より、朝鮮社会の反感を買う恐れや、輸入業者が偽装通関を試みたことを問題としただけであった（外務省記録・未分類記録・三三八『朝鮮人の遺骨学術研究の為め密輸入一件』明治二三年）。

（2） 当然のことだが、朝鮮総督府が星健之介に「研究費」を助成することは最後までなかった。あまりのしつこい要求に堪えられなくなった斎藤総督が個人的に一〇〇円を与えたのみであったが、彼はこれに屈せず、今度は外務省などを相手に、米国の日本人移民排斥問題の対策として例の日本人アーリア人種説を立証するための「研究費」要求をし続けたという（斎藤実関係文書一三五一―三）。

（3） ちなみに、落語で表現されている朝鮮人日本語話者の訛り方は、実際の特徴とは異なり、落語家の創作に近いということをいっておく。むしろ、前記の警察資料がその特徴を上手く捉えていると見られる。また、いわゆる「外地方言」「非母語話者の日本語」の特徴については、当時にも多数の研究がなされていた。主な研究成果については、安田（二〇〇〇：一九五―一九六）を参照。

＊本稿の作成に際し、水野直樹氏、福井譲氏より資料の提供および教示を頂いた。紙面を借りて感謝の意を申し上げる。

参照文献

伊藤銀月　一九一〇『日韓合邦未来乃夢』三教書院。
黄順元　一九五九［一九三七］「거리의 副詞」『韓国文学全集』第二二巻、ソウル、民衆書舘。
大槻弌也　一九三六『在鮮内地人朝鮮人発育ニ関スル研究』。
岡本真希子　一九九六「アジア・太平洋戦争末期における朝鮮人・台湾人参政権問題」『日本史研究』第四〇一号。
姜徳相編　一九六五『現代史資料25　朝鮮（一）三・一運動（一）』みすず書房。
姜徳相・琴秉洞編　一九六三『現代史資料6　関東大震災と朝鮮人』みすず書房。
金允植　一九九九『李光洙와 그의 時代』ソウル、솔。
金九・厳恒燮　一九八九［一九三二・一九四六］『屠倭実記』ソウル、汎友文庫。
金廣烈　一九九七「戦間期における日本の朝鮮人渡日規制政策」『朝鮮史研究会論文集』第三五号。

黒澤明　二〇〇一　『蝦蟇の油――自伝のようなもの』岩波現代文庫。
玄永燮　一九三九　『新生朝鮮の出発』大阪屋号書店。
坂西友秀　二〇〇五　『近代日本における人種・民族ステレオタイプと偏見の形成過程』多賀出版。
坂野徹　二〇〇五　『帝国日本と人類学者――一八八四―一九五二年』勁草書房。
沢井理恵　一九九六　『母の「京城」・私のソウル』草風館。
檀国大学校東洋学研究所編　二〇〇四　『李奉昌義士裁判関連資料集』ソウル、檀国大学校出版部。
朝鮮憲兵隊司令部　一九三三　『朝鮮同胞に対する内地人反省資録』。
長倉康裕　一九七五　「「鮮人」十数名を殺した在郷軍人」関東大震災50周年朝鮮人犠牲者追悼行事実行委員会・調査委員会編『歴史の真実――関東大震災と朝鮮人虐殺』現代史出版会。
西順蔵　一九八三　『日本と朝鮮の間――京城生活の断片、その他』影書房。
白鉄　一九七五　『真理와 現実』ソウル、博英社。
朴慶植編　一九七五　『在日朝鮮人関係資料集成』第一巻、三一書房。
朴成鎮　二〇〇三　『韓末~日帝下　社会進化論과　植民地社会思想』ソウル、善人。
朴殷植(姜徳相訳)　一九七二[一九二〇]　『朝鮮独立運動の血史』第一巻、東洋文庫。
星健之介　一九一五　「日本語は波斯語也――欧米諸国語と姉妹語(一)」『日本及日本人』第六五五号。
北海道大学文学部古河講堂「旧標本庫」人骨問題調査委員会　一九九七　『古河講堂「旧標本庫」人骨問題報告書』。
松井茂　一九一三　『自治と警察』警眼社。
水野直樹　一九九七　「戦時期の植民地支配と「内外地行政一元化」」『人文学報』第七九号。
――　二〇〇八　『創氏改名――日本の朝鮮支配の中で』岩波新書。
三ツ井崇　一九九九　「日本語朝鮮語同系論の政治性をめぐる諸様相――金沢庄三郎の言語思想と朝鮮支配イデオロギーとの連動性に関する一考察」『朝鮮史研究会論文集』第三七集。
安田敏朗　二〇〇〇　『近代日本言語史再考』三元社。
李昇燁　二〇〇一　「朝鮮人内鮮一体論者の転向と同化の論理」『二十世紀研究』第二号。
歴史教科書教材研究会　二〇〇一　『歴史史料大系』第八巻、学校図書出版。

第6章　〈見えない人種〉の徴表
――映画『橋のない川』をめぐって

黒川みどり

はじめに

住井すゑの長編小説『橋のない川』(第一―七部、一九六一―九二)は、部落問題を主題とした数少ない作品のなかで、今もなお多くの人々に読み継がれているが、その小説を今井正監督が映画化したものは、とりわけ第二部が差別映画として部落解放同盟から批判を受け、第一部も合わせて長らく上映の日の目を見ることなく、また学問的な議論の題材に据えられることもなかった。

しかしながら、一九六九年に第一部、七〇年に第二部と相次いで公開されたこの作品は、たんにその映画の舞台となっている明治末から大正期にかけての時代のみならず、作品がつくられた一九六〇年代後半から七〇年代初頭にかけての部落解放運動高揚期の部落問題のありようを如実に映し出していると思われる。しかも作品それ自体だけではなく、この作品をめぐって展開された、そしてこの作品を長期間にわたって封印させてしまう結果となった議論もまた、当該時期の部落問題のあり方の反映である。したがって作品公開から三十数年が経った今日、研究の対象としてこの作品と向き合うことは大いに意味があるのではないか。

しかもそれから二十余年を経た一九九二年には、第二部の上映阻止闘争を展開した部落解放同盟が主体となり、東陽一を監督に迎えて、再度『橋のない川』の映画作品がつくられることとなった。それゆえそれと今井作品を対照することにより、部落解放運動が同和対策事業の実施を勝ちとるべくはなばなしく展開されていた一九七〇年前後の時期と、部落解放運動の再点検を余儀なくされ反差別国際連帯を軸に運動の再生をめざしていた一九九〇年前後の時期との違いを読み解くことが可能であろう。

ただし、先にも述べたように今井作品『橋のない川』は、折から先鋭化しつつあった部落解放同盟内部の日本共産党と非共産党グループの対立のなかで、その政争の具となったことは否定できず、そのことがこの作品を正面から学術的対象として論じることを阻む大きな要因となっていた。以下に本章で述べるように、今井作品をめぐる対立は、次の三つの論点を含んでいたと思われる。

まず第一は、先に述べた部落解放運動の路線をめぐる対立である。今井作品第一部が公開された一九六九年は矢田事件が起こった年でもあった。『橋のない川』をめぐっては、監督の今井正が日本共産党員とみなされたことから、映画の評価自体にもその対立が持ち込まれたという側面は否めない。第二は、そうした批判が部落解放同盟から提起される以前から明るみに出されていた、芸術至上主義と啓発という目的との乖離の問題であった。第三は、文学や映画などの芸術作品と、部落問題研究とりわけ当時から中枢的位置を占めていた部落史研究との間に存在する溝に起因する問題であった。当該時期の部落解放運動の方針は、部落解放同盟「第二二回全国大会運動方針書」(一九六七年三月三日)に、「われわれがあらゆる要求闘争を組織するとき、つねにその要求を主観的にとらえるのではなく、その要求の中に隠されている客観的な階級的性質——差別の本質——を明らかにして、大衆の階級的自覚を高めることが大切な任務です。要求を主観的にとりあげると必ず改良主義におちいります」(部落問題研究所　一九七九：三九三)とあるように、マルクス主義による「客観主義」を謳い、もっぱら階級的な自覚をもつことを求めており、部落問題研究もまた、そうした運動方針と大枠において一致していた。このような姿勢を前面に打ち出すと、当然ながら往々にして映画や文学との衝突を孕むこととなる。

同時代に提出された今井作品をめぐるさまざまな見解を読み解く際の困難は、第二と第三の観点からの批判が第一の点と密接に絡み合っており、〝純然たる〟学問的批判なるものを抽出することが不可能だということにある。なかんずく第一の側面からの対立が顕在化したあとには、当初第二・第三の観点から今井作品に批判的であった人々までが、部落解放同盟主流と対立的立場にあるがために今井作品擁護に転じる(その逆もありえたであろう)といったねじれも生じた。

それにもかかわらず、この作品を対象に据える理由は、冒頭に述べたことに加えて次の点にある。一つは、映画という手法によっていることである。映画は、先に述べたような事情からも、当時部落問題研究の中心をなしていた部落史をはじめとする諸研究よりもはるかに差別意識を直截に描きだし、かつ映像という手段によって迫力を伴って部落問題に接近している(2)。しかも原作者の住井すゑも、字を知らないために「作品ではなかなか読めない人達も映画なら見てもらえるんじゃないかと思った」(住井 一九六九:五五)と述べるように、研究はもとより文学よりもさらに受容者の裾野が広いといえよう。被差別部落大衆のなかの少なからぬ人々が文字を奪われてきたという実態を鑑みるとき、このことの意味は重要である。

二つめには、私の見るところ、一九六五年に出された同和対策審議会答申までの、一九五〇年代を代表する、部落問題を主題とする映画作品が亀井文夫監督の『人間みな兄弟』であるとするならば、それに続く同対審答申以後の運動の高揚期の問題を表象している作品がこの『橋のない川』である。『人間みな兄弟』が被差別部落の他者表象であったとすれば(黒川 二〇〇七)、『橋のない川』は、他者表象と自己表象の衝突という側面を少なからずもっていたといえるのではないか。結論を先取りして述べるならば、部落民の他者表象としての今井作品における部落民像は、しばしば差別の原因ともなりかねない〈見えない人種〉の徴表を伴っており、その意味でのリアリティを伴ったものとして映ったのである。むろん『人間みな兄弟』にしても十分にそうした側面を孕んでいたのであるが、とりあえず部落問題の深刻さを世に訴え、国家的施策を引き出そうという点で一致を見ていた段階にあっては、それに対する批判は、声として表面化するにはいたらなかった。しかし、その段階をすでに経た一九七〇年代前後には、それに対する当事者からの異議申し立てが噴出したのである。

三つめには、すでに述べた今井作品と東作品の比較をとおして、それぞれの制作時期の部落問題のありようのちがいを読み取ることにある。とりわけそこには、人種主義の表れ方の違いが看取できよう。(3) 一九六〇年代以後の時期にあっては、もはや部落差別を支えているのはおおむね、生物学的差異を見て取るような人種主義ではありえない。そうであるがゆえに、〈見えない人種〉を識別するための徴表がつくられたのであり、それゆえにこそ、後述するように被差別当事者は、それに結びつく可能性のある作品中の描写にきわめて敏感とならざるをえなかった。いまだ生物学的差異をも含む人種主義が横行していた『橋のない川』の舞台となっている明治末年から大正期にかけてのありようを、制作年代に二十余年の隔たりがあるがゆえに当該時期の人種主義のありようを異にする二作品がそれぞれどのように照射しているのかを見て取ることは、本章を貫く重要な主題であることはいうまでもない。

一　嵐のなかの船出

今井正監督による映画『橋のない川』は、第一部(一九六九)と第二部(一九七〇)からなり、八木保太郎・依田義賢が脚本を書き、株式会社ほるぷ映画が制作にあたったものである。原作は、周知のように新潮社から出された住井すゑの同名の作品で、第一部(一九六一)・第二部(同)・第三部(一九六三)・第四部(一九六四)・第五部(一九七〇)・第六部(一九七三)・第七部(一九九二)のうち、第二部までが映画化の対象とされた。そもそも原作は、一九五九年一月から六一年にかけて、部落問題研究所の機関誌である雑誌『部落』に連載されたものであり、第一—七部合わせて、八〇〇万部以上読まれたロングセラーといわれている(「『橋のない川』について」http://www.ushikunuma.com/sumi-sue/index3.html)。

今井は、「住井すゑさんの『橋のない川』が出版された時(一九六一)すぐ読み、いわれなき差別に苦しみながらもめげずに生きていく未解放部落の人たちのことを初めて知りました。非常に心を動かされ映画にしたいと思っていましたので図書月販の社長から話が来た時、引き受けたんです」(新日本出版社編集部　一九九二：六七)と語っている。住井も、ちょうど映画制作は「明治百年」祭典の時期とも重なっており、「明治百年は果して祝うに足る百年か、この差別の問題がこの世に厳然と残っている時点ではむしろ差別の百年じゃないか。やはりこれを映画化して、こちらはこれでもって差別の百年であったことを実証しよう」と考えたという。そうして「最初、私と今井さんと脚本の八木さん、それから「人間みな兄弟」のプロデューサーの松本酉三さんの四人で「四人委員会」というものをつくって全国カンパをいただいて、やろうという申し合せをしたんですよ」と強い意気込みのほどを述べている(住井 一九六九:五五)。

映画・文学評論を業とする北川鉄夫が、作品の公開に際して、「映画「橋のない川」は、部落問題を解放の観点からとりあげた最初の劇映画である。(中略)製作者たちが部落解放を中心の意識にすえたという意味では、これは最初のものである」(北川 一九六九b:六四)と述べているように、同時期の運動の要請に応えうるような映画はまだほとんど制作されていなかった。一九六〇年に公開された亀井文夫監督によるドキュメンタリー映画『人間みな兄弟』があるが、それは同対審答申を引き出すために大いに貢献はしたものの、もはやその後のますます戦闘化する運動にとっては、多分に他者性を帯びていたこととも連動して、解放の視点の弱さという点からも物足りないものとなっていたであろう(黒川 二〇〇七)。それだけに次に制作される映画は、過大ともいえる期待を背負っての船出とならざるをえなかった。

上映に先立って、当該時期の部落解放運動方針に即しつつ芸術至上主義を撃つ立場からの警鐘が鳴らされていた。北川鉄夫は、一九六八年に公開された中村錦之介の自主制作映画『祇園祭』――この作品には馬借や河原者の賤民が登場する――を酷評しながら、芸術性の追求は啓発目的とのズレが生じる危険性を指摘し、次のように述べる。「橋のない川」が公開される。この製作過程でも、社会問題としての部落問題と、部落問題を描く映画とは、それはそれ、これはこれといった区別に立った芸術至上主義的傾向がみられたが、民主的な独立プロのしごととして、こういう姿勢は誤まりである。(中略)でき上がった作品が、その点で正しい方向にそっていたとしても、それは偶然の結果でしかない。現実に部落解放の闘いが長い歴史のつみ重ねのうえにすすめられ、その科学的研究と理論が深められている今日、そこから学ぶことなしに、部落問題を芸術問題として描くことは決してプラスをもたらさぬ。（北川　一九六九a：一二）

そうして実際に映画を見たあとに北川は、前述したように「部落問題を解放の観点からとりあげた最初の劇映画」と一定評価しながらも、芸術性を追求したがゆえに生じる問題という観点から批判を投げかけるのである。

しかし、はたしてそういいきれるであろうか。つねに文学・映画作品と部落問題研究との間に存在するこの対立を前にしながら、差別のありようをどちらが掘り下げて描き出しているかというと、前者の映画や文学の方であったとはいえまいか。先に示した当該時期の運動方針にも明らかなように、部落問題研究は、差別意識を直截に描くことは差別を観念の問題に還元することであり部落と部落外の対立を煽るものとして、それを忌避してきた。しかしながら文学や映画は、さまざまな批判を浴びてきた島崎藤村『破戒』でさえ、木下恵介監督（一九四八）と市川崑監督（一九六二）による二つの映画、そして原作ともに、部落差別のありように迫るという点では優れており、そうであるがゆえに原作も今なお読み継がれてきているのである。

差別意識を描くことの問題については後述するが、ここでは北川と同様の批判を、原作者の住井自身も上映直後から公言していたことのみを述べておこう。住井はこのようにいう[4]。「シナリオの弱さもあるけれど、やはり差別というものの本質がどこにあるかということをはっきり捉えていないからじゃないかと思います。権力構造というものを分析していくということがなければやはり受身になりますね。受身になれば差別される理由が部落の側にあるとみんな受けとりますよ。この映画をみたら差別の再生産になりはしないかという不安を持った、と今までの批評にありますね。それはやはり受身の思想がそうさせるのだと私は思います」（住井　一九六九：五六）。

同様に広島県で教員として同和教育運動に携わっていた有田譲は、「直感的に言うと、こら大変な映画やなと思いましたね。差別を合理化するのに利用されるというか、助長するはたらきをするんではないかというのが一番最初に受けた感じです。本当の差別の現実というのは、もっとドロドロしたものやし、そのドロドロしたものはなんやというのをはっきり描かないと、観ようによっては差別を再生産するということにもなります」（有田　一九六九：七五）と語っている。「差別の現実」は今井作品に描かれた以上にもっと「ドロドロしたもの」であり、そうであるからこそそれを生み出している原因を下部構造から描かなければならないという、運動・研究の主流に位置するところからの批判である。

この有田の批判にもあるように、被差別の実態や差別意識を描くよりも被差別部落民の闘いや、差別を生み出す社会構造を論じないと差別の再生産につながるという認識は、当時の運動・研究従事者の、ほぼ暗黙の了解事項になっていた。有田の批判も、慎重にではあるが今井作品のもつ差別性というところにまで踏み込んでおり、二つめの受難は、そうした認識の延長線上に、そこに前述の運動内部の政治的対立が持ち込まれることによって、一九七〇年に公開された映画第二部に対する、部落解放同盟による差別映画であるとする批判、そして上映阻止闘争へといたったことであった。

部落解放同盟は、上映開始からまもない一九七〇年五月、中央執行委員会をもち、「この映画は、部落解放運動にいささかもプラスしないばかりでなく、逆に観客に差別感をあおりたてるものであることが確認され、糾弾をおこなうことを決定。あわせて、この映画の上映中止、または修正を即刻おこなうよう申入れることをきめ」、それをほるぷ映画社社長と今井正に送っている。これはたんに第二部だけの問題ではなく、第一部に「部落解放同盟協力」を入れたのは、第二部のシナリオに関して同盟と話し合いをもつこと、制作関係者と同盟が話し合いをもつこと、等を条件としていたが、それらの約束が無視されて上映にいたったというものであった。しかも「第二部は、第一部以上に、差別現象の羅列に終始し、しかも、観客の好奇心と猟奇心をそそり、差別を助長する映画となっている」（傍点引用者）と指摘することから（『解放新聞』第四八九号、一九七〇年六月一五日）、第一部も第二部とは程度の差はあれ、そのような問題を内包するものとしての位置づけがなされていたことが明らかである。

まさにそうした見解を代表するのが、第一部の試写会直後に『解放新聞』（第四四〇号、一九六九年二月五日）の「映画評」欄に掲載された、「どうして泣いたり笑ったりできるのか――映画「橋のない川」は抒情に堕す」と題する記事であった。それは今井個人に対する批判から始まり、「彼の「社会派の巨匠」としての地位は、あつかう題材においての一定の進歩性と、そのあつかい方における保守的なそして色こい抒情性の、相互の相殺関係において、維持されてきたのではなかろうか」と述べたうえで、『橋のない川』は今井の「そのような本質をあますところなく露呈している」という。つまり「差別にたえる」姿に観客の同情の涙を誘うのみで、「差別とたたかう」姿が描けておらず、「このような角度から、部落問題が映像化されたことは、部落解放運動にとって大きな不幸であった」とする。さらには、部落解放同盟の指摘によってシナリオが改訂されるはずであったが、それがなされたのか、とのクレームも投げかけられている。[5]

今井は、部落解放同盟の妨害に遭って当初は第三部の予定であったところ「第二部に第三部の内容まで押しこめて撮らざるを得なくなりました」(新日本出版社編集部 一九九二：六八)、「僕も二部は気に食わないんです。(中略)でき上がった時から失敗作をつくったと思ってます」(映画の本工房ありす 一九九〇：二〇〇)と語っており、実際に第二部は、差別性を有するか否かという争点とは別に、おそらくほぼ誰の目にも作品としての荒削りな点が目立つことは明らかであろう。

第二部公開後の一九七〇年六月には、部落解放同盟が「「橋のない川」(第二部)糾弾要綱」を(部落解放同盟 一九七〇)、さらに八月には、日本社会党部落解放推進委員会名義で「映画・橋のない川(第二部)の差別性と問題点」という声明を発表した(『解放新聞』第四九四号、一九七〇年八月一五日)。[6]それ——すなわち部落解放同盟主流の見解とみなしてよいであろう——のあげる具体的な批判点を要約すると、①部落民の差別に対する闘いを抜きに、部落民が卑屈に描かれている、②部落差別の現象形態を「主観的かつ〝浪花節〟的」に羅列するだけで、その原因や本質が剔られていない、③米騒動や全国水平社創立大会などの「歴史的で輝しい闘い」が「歪少《ママ》化、卑俗化」して描かれている、④描写手法が興味本位的で「興業《ママ》商品」となっている、⑤それらのことが客観的には部落差別を助長拡大する結果をもたらす、⑥そのことが全国水平社および部落解放運動を冒瀆している、というものであった。[7]

「「橋のない川」(第二部)糾弾要綱」にはより具体的に、問題とされる場面が示されており、それは一四場面に及ぶ。それらに付されたコメントに共通するのは、「このようなたんなる差別の主観的表現は、差別の助長拡大をもたらす以外のなにものでもない」というものであり、総じて、「映画「橋のない川」第二部は、部落民の血のにじむようなたたかいを無視して部落差別の諸現象を主観的に取りあげて羅列することによって、ここで指摘した部落差別を助長拡大し、再生産する映画の典型であり、わが部落解放同盟は徹底的にこの映画を糾弾する」として、批判を受けることとなった（部落解放同盟　一九七〇：三二）。

第二節以下では、これらの点も念頭におきつつ、今井作品批判の主要な柱ともなっている、①権力との対峙、②部落民の徴表、③差別の深刻さ・残酷さ、の三つがどのように描かれているかを軸に据えながら考察を行うこととする。

二　権力との対峙――天皇制・警察・教師・地主

この作品は、奈良県の大和三山に囲まれた小森（架空の地名）という被差別部落が舞台である。尋常小学校に通う畑中誠太郎と孝二の兄弟は、日露戦争で父が「名誉の戦死」を遂げ、祖母ぬい・母ふでと暮らす。映像は、小森の人々が差別への怒りを胸に水平社創立に向けてのエネルギーを蓄えて行進するエンディングの場面がカラーであるほかは一貫してモノクロであり、社会主義リアリズムを思わせる手法である。それは部落問題の深刻さ、貧困の時代の表象として効果的なのだろう。

映画は、日露戦争後の陸軍特別大演習ではじまる。「天皇の軍隊」と、宿営の対象としても忌避される被差別部落のコントラストがこの作品を貫く重要な視点を物語っている。天皇制批判、とりわけその対極に被差別部落を位置づけて天皇制と部落差別の両者を撃つという手法は、原作者住井すゑのなかに根幹として貫かれているものであり、「天皇制に対する絶対服従があり、その絶対服従のかたちを今度は部落を差別することで打っている」（住井・福田　一九九九：一一〇）。

映画でも住井の意を受けて、随所に天皇制批判がちりばめられている。たとえば、ぬいとふでの会話のなかで、「天皇はんかて人間やさかい病気ぐらいするやろで」、「くそもしなはるし、小便かて垂れなはる。ふんどしかてしてなはる」といい、天皇が「神様」であることの虚偽性を暴きだす。大葬の場面に示される明治天皇の死と、「火つけ」をしたという嫌疑をかけられて自ら幼い命を絶った被差別部落の子ども永井武の死が対照的に描かれているのも、命の重みに違いがないはずにもかかわらずそれに軽重をつける社会への痛烈な批判である。

しかしながら、制作当時から住井自身によって、天皇制批判の弱さについての不満も表明されていた。一九八九年の住井との対談のなかで今井は次のように語り、その場でそれへの住井の反論もないことから、住井と脚本担当の八木保太郎との間に天皇制の描き方をめぐって齟齬があったことはまちがいなかろう。「あれはどこだったか記憶は定かではないんですが、住井さんと八木さん（保太郎）が大喧嘩しましてね、一つが天皇制の問題でした。八木さんのシナリオでは天皇制はあまり突っこんでいないんですよ。それで住井さんが天皇制を書かなきゃだめだと言うんで、八木さんが、今、天皇制をこっぴどくたたくと、観客のうちで反感を持つ人がいるから、自分はこの程度に止めておくんだと言うようなことを言ったんです」（映画の本工房ありす　一九九〇：一九七―一九八）。そこには、大衆に発信する映画のなかでどれだけ妥協することなく本来の意図を追究できるかという問題と、さらにはストーリー自体のおもしろさ、芸術性の追求との衝突の問題が孕まれていよう。この点をめぐっては八木と住井の対立にとどまらず、当該時期には、天皇制批判を徹底させることが必要であり、社会構造からとらえないと作品として十全たりえないとする批判が存在していた(8)。

天皇制のほかにこの作品で終始闘うべき対象として描かれているのは、権力者・差別者としての警察・教師、そして地主である。

警察は第一部において二つの場面で登場する。一つは、小森での火事の場面で、小学生の永井武は「火つけ」をしたという前提で取調べを受ける。刑事は、「どや、火事はおもろかったやろ。火が燃えるのはおもろいさかいな」、「マッチすったら、すぐ藁が燃えたんやな。そうやろ」と誘導尋問をしかけ、沈黙する武に対して「はい言わんか。はいて！」と怒鳴って「火つけ」を認めさせる。武は自分も朝から何も食べておらず、「腹が減った」と泣く弟の富三と自分のためにそら豆を炒って食べようとしたところ、火が飛んでしまったのであった。

もう一つは、武の父永井藤作の警察署での取調べの場面である。手錠をかけられた藤作は、地主佐山の家に放火を企てたとの罪を着せられ拷問を受ける。主任刑事は、「そらな、お前が腹たててんのも無理ないで。小森やちゅうて、田、貸して貰えなんだもんな。さア、どこから火つけるつもりやったんか言うてみい」と迫る。「そらなア、お前のガキかて火つけしよった。お前が火つけしたかて何にも不思議あらへん」。さらに、佐山の家に火をつけるといったのは冗談だったという藤作に対してこのようなセリフも飛び出す。「そらそや。お前ら、冗談言いもって火つけするしな。冗談や言うて人殺しかてしよる。それがエッタや……」。藤作は無実を証明するために、暴力を伴った権力の前に、「ちがうー、ちがうー」と口とこめかみから血を流しながら泣くしかないのである。ここには、被差別部落民が火をつけるのはさもありなんとの、警察そして世間が有する偏見が如実に示されており、現実に被差別部落に集中してなされた一九一八年の米騒動の際の検挙のあり方を想起させる（黒川　一九八八）。被差別部落が犯罪の温床であるという表象は、日露戦争後の部落改善政策のなかで、その指導にあたった警察官らによってつくりだされていったものであった。

教師による差別は随所に登場し、むしろこの作品の重要な要素を形づくっている。教師は学校という場面において、あるいは当該時期にあっては地域社会にあっても権力者として立ち現れるが、それのみならず、作品に頻繁に登場する教師の姿は、社会の差別を体現するものでもある。被差別部落の子どもたちの欠席が多いことに心を痛める女性教師柏木に対して、男性教師青島は、「どの先生も一度は小森に情熱をもちますがね」、「第一あの部落の連中は学校教育を認めてませんよ」、「あの連中はもともと教育思想や衛生思想なんかゼロなんですよ」と忠告する。そこで語られる「部落民」は、先にも述べた犯罪の温床としてのそれと同様、部落改善政策のなかで浸透させられていったステレオタイプであった。日露戦争後に内務省によって打ち出された地方改良運動と称する国民統合政策の一環として展開された部落改善政策は、被差別部落の人々に、税の滞納、不就学・長期欠席、犯罪、風紀の乱れの一掃を求め、それら問題と見なされる現象の根源にある経済的困窮が是正されないためにその要求に応じられない被差別部落の人々にたいして、怠惰、残忍、衛生・教育思想を欠いた人間という徴表を与え、それを被差別部落の「起源」に求めたのである。すなわちそれは永年固定的集団を形作ってきたという、いわば民族性の違いを説くこととなり、甚だしい場合には生物学的違いをも含意していた（黒川　一九九九）。
「それは、一般社会があの人たちをのけものにするからではないでしょうか」と反論する柏木に対して、青島は、
「それは彼らにのけものにされる理由があるからです」、「それは彼ら自身が持ってるもんやね」と即座に打ち消す。
それは、被差別部落の人々に対する前述のような認識がかなりの程度定着していたがゆえに成り立つものであり、それらがあたかも生得的なものであるかのごとくにいわれていることは重要である。

　他方、誠太郎が水の満タンに入ったバケツを下げて学校の廊下に立たされていることを聞いて、ぬいが校長室に乗り込む場面がある。誠太郎は、陸軍大演習に来た兵隊にサツマイモを差し入れたことを告げたところ、「くっさいくっさい、エッタの芋くわされよったんや」と笑う地主の息子佐山仙吉に怒り、喧嘩になって仙吉に怪我を負わせた。怪我をさせたことを青島に咎められても、あまりに屈辱的な差別を受けたがゆえに殴った訳をいえず、誠太郎はバケツを持って立ち続けた。ぬいを見て泣く誠太郎に対して、ぬいは「聞かんでもわかっとらあ」といい、喧嘩の理由を知らないという青島に、「相手の子が、誠太郎を――エッタ、エッタ言うて阿呆にしましたからや」という。しかし、「それだけですか」と、きょとんとする青島を前に、ぬいはいかに自分たちが差別を受けてきたかを語らずにはおれず、彼女をして「エッタエッタいうて、けだもんみたいに言いまんねや」とまで言わしめる。

　青島という人物をつうじて、教師というのは偏見の持ち主であると同時に、差別に対してまったく理解を欠いた存在として描かれる。それは、「エッタの雑巾水、汚い」とクラスメートから言われて水の入ったバケツを蹴飛ばした孝二がそのことを青島に訴えても、「蹴飛ばした奴が、その水を拭け！」と命じ、差別を受ける怒りと苦しみに何ら共感も関心も寄せようとしない態度にも示される。こうした教師の態度が実在のものであったことは、部落解放運動家の自伝や被差別部落の古老たちの夥しい数の語りなどに示されており、一九二二年に全国水平社が創立されて以後は、そうした問題のなかの氷山の一角が告発されていくのである。

　しかし、そうした教師像のみではあまりに一面的との配慮であろうか、権力者である教師対生徒、差別者対被差別

者、という図式に対する緩衝材として、被差別部落に〝同情〟を寄せる柏木という女性教師が投入される。孝二らが通う坂田小学校では、学校の決まりとして部落ごとに旗を立てて集団登校をするが、それは「学校でみんなの出席をようするためにつくった」と柏木は説明する。しかしいつも出席率が最下位にある小森の現実を前に彼女は、「小森の人たちにお休みが多いのは、お家の手伝いをするからでしょう。だから、佐山君たちのような出席のええ村の人たちは、小森に同情して上げなあかんわ。弱いもんの味方するのが強い人のすることでしょう」という。

いうまでもなく「同情」は、この映画がつくられた当時のみならず、映画の舞台となっている明治末期の段階においても、被差別当事者にとってすんなりとは受け入れがたいものであった。しかしながらこの明治末期の段階にあっては、青島や坂田（被差別部落外）の子どもたちの言動に示されるような厳しい差別が周りをとりまいているなかで数少ない味方ともなりえている「同情」を、腑に落ちないながらも真っ向から否定することはできないのである。「柏木先生」はそうした世間の同情を表象するものとして、この作品のなかに存在している。

その「同情者」に女性が充てられていることも注目しておく必要があろう。柏木は、女性の〝やさしさ〟〝包容力〟をもって被差別者に「同情」を寄せ、子どもたちを男性教師青島や部落外の子どもたちの差別的言動に対する庇護者として振舞う〝母〟にも似た役割を演じるのである。ここにジェンダー表象のありようの一端が見てとれよう。

しかし柏木は徹底した庇護者ではありえなかったがゆえに、誠太郎は彼女の「同情」に甘んじてはいなかった。「先生！　わしらかて、同情なんかして貰わんでもええで――」と「吐き出すように言う」のであった。「同情」をも組み込んで〝現実的な〟差別解消を実現するのか、それとも「同情」を徹底的に排除して自力解放をめざすのか、その葛藤は、水平社へと立ち上がっていった人々たちにとっても、いったんは経なければならないものであった。

もう一つ、小森の人々の前に立ちはだかっていた権力は地主である。地主佐山の家の門を入るといく棟も並ぶ白壁の土蔵、そして庭で番頭と下男たちが年貢を受け付け、下男らが米俵を土蔵へ運ぶその光景は、地主権力の強大さを物語る。佐山の主人自身は映画のなかに顔を見せない。権力行使の肩代わりをするのはもっぱら番頭である。姿を現さないがゆえにまた、地主が威厳あるものとして表象されうるのであろう。

番頭は、新田の年貢が一斗ばかり高いという小作人に対して、「そやったら、田、返してもろてもええで」とあっさり言ってのけ、さらにこのように言葉を継ぐ。「今時、田、借りたい言うもんなんぼでもいるねや。小森の連中かて、ザイショもんよか一俵よけに年貢納める言うてな、うるさいのや」。それは、小作地をもてずにいる被差別部落の人々が、小作料を引き上げる役割を果たしているという構図の提示にほかならない。すなわち映画制作時にもさかんに強調された、被差別部落が労働者階級の「沈め石」の役割を果たしているという図式と符合する。

実際に、永井藤作から田を借りてくれるよう頼まれたことを思い出したぬいが、そのことを番頭に、卑屈に笑いを交えながら告げる場面があとに続く。しかし番頭は、「うちじゃ、小森の衆にゃ、田は貸しとうないな」、「他村《よそむら》の小作人がいやがるんや。そんなこと、わしが言わんかて判るやろが」といい、ぬいの申し出はすげなく断られてしまう。

さらには番頭は、畑中一家に田を耕作させているのは、ぬいの息子が「名誉の戦死」を遂げたことによる「特別」の措置なのであり、「おまはんらちっとは、身分ちゅうもん考えなあかんで身分を」と忠告するのであった。そうして、誠太郎が佐山の子どもに怪我をさせたことを思い出して難詰をはじめ、対するぬいは、「へえ。すんまへん、すんまへん」とひたすらわびる。ふでと一緒の帰り道もぬいはふでに気づかれないように涙し、「誠太郎のことやけどな。やっぱり大阪に行かそやないけ」、「小森にいたかて――草履作りしてたかて、どもならんものな――」と言いだして、その結果誠太郎は、尋常小学校を終えて大阪の米屋安井商店に奉公に行くことになる。

三 部落民の徴表――匂・身体・人種

この作品は権力による抑圧・差別のみならず、民衆の差別意識を剔抉しているところが特徴である。それはすでに見たような教師たちや、地主権力を代弁する佐山の番頭の言動をつうじて読み取ることもできるが、それを〝差別者〟に直接語らせるのみならず、民衆が被差別部落民に与えてきた徴表をつうじて、間接的にも描かれるのである。

先にもあげた、教育思想・衛生思想の欠如、火つけや人殺しを平気でする、といった、ステレオタイプに加えてこの作品で強調されるのは、被差別部落の「匂」である。その存在を指摘する場面は複数登場する。

一つは、部落産業である草履加工の工程で発生するそれである。小森にある草履の加工業を営む志村の家を柏木が訪問し、志村の長男敬一が柏木に草履の漂白の工程を説明する。そこでいう。「臭うおまっしゃろ。これが小森の匂だんね」、「せやけどな。魚屋かて魚の匂が体にしみ込んでますやろ。これが小森の商売の匂でっさかいな」。草履を漂白する際の刺激臭は、人により感じ方の相違があるとはいえ実在のものであり、小森の人々は自らそれを「小森の匂」という。そこには、草履作りという仕事への誇りと、にもかかわらずそれが発する「匂」を忌避されることへの憤怒が混在している。それゆえに柏木は、嗅ぎ慣れないその刺激臭に耐えかねてくしゃみが出てしまったことを、申し訳なさそうにしなければならないのである。

二つめは、「汚い」「臭い」という徴表である。学校での掃除の場面でも、部落外の子どもたちは、孝二たちに対して、「エッタのぞうきん汚いわー」、「エッタのぞうきん入れたらバケツがくそなるわ」と、「汚い」と並んで「臭い」という言葉を投げつける。

「汚い」という徴表は、松方デフレ以後、被差別部落の経済的貧困が顕在化するなかで、スラムとともに被差別部落に対して与えられてきたものである。衛生状態の悪さゆえに放つ「異臭」も、しばしばスラムのルポルタージュや被差別部落の調査報告などで指摘されてきた。ここでは、実際に孝二たちが格別「汚い」服装をまとっているようには描かれていない。孝二の家庭は裕福とはいえないまでも、先にも見たように父親が「名誉の戦死」をしたがゆえに地主佐山から「特別」に田を貸し与えられていて、ぬいとふでは番頭が感心する一級品の米をつくるほどの勤勉さをもって生計を成りたたせている。孝二一家は清貧なのである。にもかかわらず、実際に彼らが「汚」く「匂」を放つかどうかとはかかわりなく、一括りに「部落民」としてそのような徴表を与えられ、差別されるのである。

三つめは、生物学的差異である。明治天皇の大葬の晩、校庭での黙禱中にクラスメイトの杉本まちえは孝二の手を握った。まちえに淡い恋心を抱きそれに心躍らせる孝二に対して、後日まちえは残酷にも、「うち、ご大葬の晩、あんたの手にぎったやろ、あれなあ、うち、夜になるとあんたらの手、蛇みたいに冷となるてきいたんや」と告げる。

それは身体的差異、生物学的差異を前提とするものにほかならない。

四つめは、第二部の、誠太郎と彼の奉公先である安井米店の娘あさ子が恋仲になり、「うちは誠太郎はん好きや」というあさ子に、母親みきは、「阿呆！　あんなもん婿はんにでけへんで。あいつは部落や。人種がちごうんや」という、「人種がちがう」という徴表である。むろん「人種」はさまざまな意味に用いられてきたのであり、ここでいう「人種」が必ずしも文字どおり、通常今日にいたるまで使われる皮膚色の違いを前提とした「人種」の分類を含意しているわけではなかろう。しかし、それが生まれながらの越えがたい差異を表すものとして用いられており、〈見えない人種〉が創り出されていることこそが重要である。なにゆえに「差異」が存在するのか、その原因究明については思考停止に陥る。そうであるからこそ、ぬいが校長に詰め寄る場面では、「エッタは直そ思ても直せしまへん。校長先生、どうしたら直せるのか教せとくなはれ」といわねばならず、その一方校長は、「私の知るところでは、徳川はさておくとしまして、明治四年のエタ・非人の解放令以来日本にエタはない」と答えるというすれ違いが発生する。すなわち、部落民には終生不滅の徴表が付与されているにもかかわらず、他方でそもそも「部落民」という区別すら存在しないというたてまえが説かれる。たてまえのもつ効力は皆無に等しく、このような「部落民」という〈見えない人種〉がこの作品の背景となっている時期において存在していたのみならず、作品が制作された当時にあっても同様だったのである。

しかしこの作品は、そうした「差異」を打ち消したいがために典型的部落民像を描くことを拒否するものではけっしてない。畑中一家は先にも述べたとおり、部落外の小作人と変わらない、否それ以上に勤勉で優秀であり、草履を編んでいることと、孝二たちが学校で差別を受けること以外には、「部落民」の徴表は見あたらないが、伊藤雄之助演じる永井藤作は、伊藤の名演技も奏功して、ある種の〝典型的な〟部落民として描かれている。藤作は、荷車引きの仕事をしてはいるが、武に荷車の後押しをさせて学校を休ませることがしばしばであり、自分は昼間から酒に浸り、娘なつを「京都の色街」に売ってしまう。しかし心根は優しく、部落差別への怒りを強く保持する人物なのである。

この藤作の描き方についての評価は、作品公開当初から一つの争点になっていた。前述したように広島県の教員有田譲は、そもそも今井作品に対して抱く否定的見解を明らかにした上で、「例えば藤作なら藤作の描き方、一般的に言えば、ああいう人間がいるから部落は差別されるのやというとらえ方がありますよね。差別の結果、人間性が歪められていくといった、そこの過程が描ききれていないし、非常にきれいすぎると思うのですね」と批判する（有田 一九六九：七五）。住井もまた、聞き手東上高志の質問に誘導されるかたちで、「〔部落のエネルギーが〕爆発の形で出るわけです。爆発すればこれはエネルギーじゃなくて暴力です」と答えている（住井 一九六九：五七）。

はたしてそう断じきれるだろうか。そうしたエネルギーの表出の仕方もまた、被差別部落に限らない下層民衆の抵抗の姿の一面であったことは疑いなく、一九一八年の米騒動は、そのような観点なくして説明することはできない。そうしてこの作品が制作された同時期に盛んに展開されていた差別糾弾闘争も同様の性格をもっていたと思われ、その点については、「憤りにもとづくいろんな糾弾の闘いはありましたが、しかし、ほんとうに憤っている者こそ、節度ある生活をしてきたのが事実です。それを、まさに人間がちがうんだというような表現で、被差別部落民をじつに予断と偏見によってあつかっていたのです」という部落解放同盟による後年の総括がある（川口ほか 一九九二：一九〇）。それは、「特殊な」「異なる人間」としての描かれ方を徹底的に拒否するものであったことが見て取れる。ちなみにその観点から、孝二としげみの会話のなかの、蛇の死骸を前にしげみがそれを「うち、好きや、焼いて食べたらうまいで」という場面が、やはり批判の的となったのであった（注（7）参照）。

そうした部落民の徴表は、当然ながら差別の深刻さ・残酷さを描くことと不可分の関係にある。今井作品では――東作品も同様であった――、「エッタ」という差別語が浴びせられる場面が頻繁に登場し、それを投げかける子どもたちのある種の残酷さを浮かび上がらせている。また、火事が小森で発生したがゆえに笑って消火に手を貸さない村人たちの冷酷さや、被差別部落民に田を貸すと他の小作人がいやがるという民衆の差別意識も、佐山の番頭の発言をとおして描き出されている。

この点に関しては、制作直後から、「まず、この映画をみると、総体として感じることは、部落の人々とそうでない人々とはあれこれの場で全く対立的になっているということである。〔中略〕しかし、こういうとらえ方だけで部落とそうでない社会層との関係をとらえてよいかどうかである」(北川　一九六九ｂ：六五)といった批判が投じられた。それは、その背後に、抑圧された者同士が連帯するはずだという民衆像と、それにもとづく、当時において部落問題研究の根幹を形作っていた戦前の労農水三角同盟への高い評価が存在していたためであった。

また、こうした差別のありようを生々しく描くことについて、「この映画を傑作といえる人は、差別の痛みに鈍感な人であるにちがいない」(土方　一九九二：二〇八)という全否定的な見解ものちに表明された。

しかしながら、今井作品の『橋のない川』についての二つのアンケート結果が残されており、それによれば、その作品を見た人たちが否定的な評価を下したとは必ずしもいえないことを示している。一つは、大阪のある職場でなされたというもので、『部落』第二四一号(一九六九年三月)に掲載された。もう一つは、大阪府「同和」対策室が大阪大学助教授上田一夫に委嘱して行った「同和問題に対する認識と態度――大阪府下住民のばあい」という調査のなかで『橋のない川』の感想についても問うたというものである。前者では、さまざまな感想や不満が出されてはいるが、一様に総体としては「よかった」という感想が記されている。後者の結果を報じた『解放新聞』第四九四号(一九七〇年八月一五日)は、「橋のない川　否定的観客八〇パーセント　大阪府民の調査でわかる」という見出しで報じているが、記者が分類した「映画「橋のない川」の教育効果」に依拠しても、最も多いのが「悲観的同情」四〇%、次いで「運動に対する反感」二二%、「解放への意欲をわかしたもの」二〇%と続き、詳細に回答を検討するといっそう、必ずしも否定的見解が圧倒的多数派を占めているとはいえないことが明らかである。今井作品第一部の公開直後、難波英夫(国民救援会会長)は映画の評価をめぐって次のような見解を明らかにしており、それが最も作品から読み取るべき重要な点を指摘した、当を得た評価といえまいか。

あの映画が一般と部落の対立を強く出して、その差別をつくり出し、それをつづけさせている張本人の指摘と、暴露が足りなかったと言う人がありましたが、あの映画を見て、差別するものの見るにたえないあさましい残虐行為は、見るほどの人びとにきびしい一撃を加えており、われわれの父祖や兄弟たちの見るにたえない愚劣で残酷な差別行為をすくなくも恥しいことに思わせたに相違ありません。(難波　一九六九：八三)

また、『橋のない川』(第一部)は、一九六九年日本映画の「キネマ旬報ベスト・テン」(選考委員により選出)の第五位に選ばれており、第二部さえも一九七〇年日本映画の第九位に選出されていたのであり(キネマ旬報 二〇〇七)、〝政治〟の世界の外では、映画評論家たちによってその芸術性がかなり高い評価を得ていたことも銘記しておく必要があろう。ちなみに、東作品も一九九二年日本映画の第六位であり、読者選出ベスト・テンでは第五位であった(キネマ旬報 二〇〇七)。

四 部落問題・部落民の表象——東作品と重ね合わせながら

今井監督作品にこのような批判を展開してきた部落解放同盟は、一九九二年、全国水平社創立七〇周年記念事業の一環として新たに東陽一を監督に迎え、堤清二セゾングループ代表らの協力を得て映画制作委員会を立ち上げ、『橋のない川』の制作・上映にいたる。

映画の宣伝コピーには、「日本近代を貫いた二〇世紀の〈魂の叙事詩〉」、「愛を知り、人は光を放ちはじめる」とあり、もっぱら「愛」が強調され、部落問題が主題であることをあえて示さない手法がとられているようにさえ見受けられる。東陽一自身も、「映画の質を決めるのは、実は一般に考えられているようなテーマ性ではなくて、スタイルなんですね。この映画の場合、そのスタイルを決める根本的なイメージは、実は、小森部落の火事のシーンだったんです」とあくまで「主題」ではなく「スタイル」であることを強調し、「差別をなくすために運動をしている人も、運動に何の関心もない人も、ともかく先入観なしに真っ白で見て、映画と対話してほしい」と呼びかける(東 一九九二：一七五、一二六)。音楽も、重々しかった今井作品とは打って変わり、アンデス地方のフォルクローレ奏者エルネスト・カブールによる軽妙な演奏が採用されており、東は、それは「「悲しさ」と「いとしさ」が表裏に同居している世界」であるという(東 一九九二：一七六)。わざわざアンデスの民族音楽を採用したことも、少数民族、すなわち世界のマイノリティへの視野を有していることを示したものといえ、誠太郎の少年時代を朝鮮人と名のる少年が演じ、その少年が「誠太郎役を演って、感じたのは、自分自身が差別をうけてもくじけたらいかんということです」とインタビューに応じて語っていることも、反差別国際連帯のスローガンに適合するものである（趙 一九九二：一七八）。映像も最後を除いてすべてモノクロであった今井作品とは異なり、カラーで明るいイメージを放っている。

この違いの背景には、時代の変化が投影されている。それはおよそ三点にわたって指摘できる。

第一に、住環境の変化である。今井作品制作当時は、いまだ同対審答申にもとづく同和対策事業特別措置法が一九六九年にようやく実施されることになったばかりで、被差別部落は、『橋のない川』の舞台となっている明治末から大正時代とさほど大差のない住環境にあった。東作品公開時には、事業の進展によって住環境も大きく改善されており、カラーで美しい農村を描いた東作品の映像と、今井作品のモノクロ画像の違いは、そうした変化の反映でもあろう。

第二に、受け手である大衆の意識も、〝政治の季節〟から変化し、社会問題を前面に押し出したのでは観客を動員することがむずかしくなったということが考えられる。東陽一が「テーマ」よりも「スタイル」を前面に押し出し、「愛」を打ち出したのも、そうした情勢の変化に照応するものであったといえよう。

そうして第三に、それとともに被差別当事者の望む被差別部落表象も変容していることをあげなければならない。今井作品上映当時にあっては、すでに見たように、部落解放同盟も差別の「原因や本質」、すなわち差別と資本主義との関わりを剔抉する必要を指摘していた。部落解放同盟主流とは立場を異にする北川鉄夫もまた、今井作品では「部落の人々とそうでない人々」とが対立的に描かれているとし、「こういうとらえ方だけで部落とそうでない社会層との関係をとらえてよいかどうか」との問いを発したうえで、さらには、「部落自体も資本主義なり寄生地主制なりの生産関係によってその一部として構成されているので、例えば長欠児童がつくる草履はどういう風にさばかれてゆくのかといったことがもっと出てきてもよい」（北川 一九六九b：六五、六九）と述べるように、資本主義的生産関係に対峙すべく労農提携に期待を寄せる観点から、映画の物足りなさを表明していた。

それに対して東作品がつくられた一九八〇年代後半から九〇年代は、部落解放同盟財務委員長として映画制作に関わった川口正志が、「七十年の闘いの成果の誇りを世界のみなさんに知ってもらい、ともに誇りをわかち合い、反差別国際連帯の輪を大きく広げていこうというのが、映画づくりの基本」(川口ほか 一九九二：一八九)と述べているように、解放運動は、「部落第一主義」と周囲から評された点を克服すべく反差別国際連帯を前面に掲げ、連帯の対象を一国内の労働者農民から、世界のマイノリティへと視野を広げていこうとするときであった。また、「部落民」という境界もゆらぎはじめ、「部落民」とは何かという問いや「新しい部落民」というキーワードも、九〇年代末には提示されはじめる(黒川 二〇〇四)。

そのようななかでいみじくも東作品完成時に川口が、かつての今井作品は、「部落の者はひじょうに変わった人間だというように描いている」点を部落解放同盟は批判したと総括しているように(川口ほか 一九九二：一八八)、一九九〇年代初頭の時期に新しい解放運動像・部落民像を打ち出すにあたり、とりわけ被差別部落・部落民の「特殊」視、すなわち〈見えない人種〉の徴表が刻印されることが最も修正されなければいけない点と映ったであろう[9]。むろん、一九九〇年前後の部落解放運動においては、被差別部落の誇り、アイデンティティを打ち立てようとしていたときでもあり、藤作のような部落民像が誇りをもって語られることもしばしばあった。しかし、映画という不特定多数の受容者を想定する際には、それを打ち出すことのデメリットの方が大きいと判断されたのではないかと考えられる。

九〇年代、そして今日なお部落民の徴表は消え去ってはいない。それゆえ東作品では、藤作に代表されるような部落民像を徹底して拒否し、むしろ部落民は〝何ら変わるところがない〟にもかかわらず、「変わった人間」として差別につながる徴表を与えられることを告発した。問題となった蛇を食べるという会話の場面は、藤作の描かれ方のように議論を展開する余地もなく、東作品では消されている。

東作品においては、特徴ある部落民、「変わった部落民」は極力描かれないが、部落民をそのようにみなす部落外の人々の言動は数多く登場し、そうすることによってその差別的な言動、すなわち「変わった部落民」であり、あたかも「人種がちがう」かのように見なすことが、いかに非人道的であるかを告発するのである。たとえば、永井武が自殺したことに対して、柏木に、「たった十や十一で自殺するなんてこわいわね。普通の子にはとても出来ないことだわ」と言わせせる。それは同時に〝同情〟がいかに薄っぺらなものであるかということをまざまざと見せつけるものでもある。部落外の子どもたちが、小森の子どもたちにたいして「くうさい、くうさいエッタのさつまいも食いよった」と囃し立てる場面も消されることなく存在している。

あるいは、杉本まちえの家に、日傭い人の一人として小森からやって来た志村かねに、まちえがお茶を差し出したにもかかわらず、まちえの母によって、「あ、あんたはこっちや」といってひびの入った茶碗に代えられ、しかもその茶碗は、それを見つけたまちえの父の手でたたきわられるという場面も登場する。ただし、それに対するかねも、たちまちその仕事を辞め、「やめたやめた、あんなとこへ行くよりゃ、なんぼ安うても家で草履《ジョリ》作ってたほうがましや」と言ってのける。それは、今井作品に対する部落解放同盟の、差別に屈するばかりで闘う部落民の姿が描かれていないという批判点を踏まえてのことであったといえよう。

今井作品に対して、当時部落解放同盟中央執行委員長であった朝田善之助が糾弾の場面をもっと盛り込むよう要求したといわれている（新日本出版社編集部　一九九二：六八）。しかしながらその点については、今井作品に対してかつて部落解放同盟が要求したほどに、東作品でその場面が実現しているわけではなく、作品の登場人物があらゆる差別にことごとく立ち向かっているというのではない。そのように描かれたとすれば、むしろそれは当該時期の実態ともかけ離れていたであろう。水平社運動に立ちあがっていった人々でさえ、それまではひたすら差別に堪え忍び、あるときは部落民であることをひた隠しにしながら生きてきたのである。また、闘争の姿を強調することは、〝やさしさ〟が求められていた、東作品制作時の一九九〇年前後の部落民像とも乖離があった。

おわりに

今井作品に対する、部落解放同盟による上映阻止闘争、そしてそれへの憤り[10]と反発をバネとした、部落解放同盟正常化全国連絡会議（部落解放同盟内の日本共産党支持グループ）による上映運動を両極として存在したさまざまな反応は、被差別当事者の「部落民」表象のあり方を示すものにほかならず、それはある種の公共性を帯びたものとして打ち出された。なかでも部落解放同盟の側の、その表象のあり方は、すでにみたように非当事者、すなわち〝世間一般〟が映画テキストをどう受容するかを極度に意識し、表象の是非の基準はそこにあったといっても過言ではない。その際に、テキストに向き合う個人の快楽や芸術性は、啓発という目的の前に葬り去られることとなったが、その点については、映画を支持した、あるいは上映運動を積極的に展開した人々も同じであった。

被差別当事者を中核とする今井作品批判派が主体となってつくられた東作品は、それゆえ芸術性を最小限にとどめつつ、しかし観客を動員することに力点をおき、かつ映画のもつ公共性、ここでは啓発という側面を全面に押し出してつくられたものであった。そうしてやはり批判の裏返しで、非当事者、すなわち〝世間〟がどう受け止めるかを極度に意識した当事者による発信という性格をもつものとなった。

今井作品をめぐる議論は、〈見えない人種〉の徴表にどう立ち向かうかをめぐり、その抗し方の回路の違いによるものであったといえよう。今井作品は、スクリーンに登場する被差別部落像・部落民像から非当事者＝〝世間一般〟がどう受け止めるかということはとりあえずさておき、ともかくも部落差別の残酷さを強調することによって、徴表をとり去る、すなわち人種主義を克服するという展望のもとにつくられたものであった。それに対して東作品は、先にも述べたように、とりわけ非当事者を念頭においた受容者が人種主義にとらわれないようにということを常に意識しながら、ごくあたりまえの日常をおくる部落民という表象に極力近づけ、しかし、にもかかわらず人種主義の眼差しを投げかける人々を糺すべく、差別のありさまが描かれたのである。あたりまえの日常をおくる部落民という表象は、一九九〇年代終わりごろから世に問われた、角岡伸彦が「新しい部落民」をキーワードに描く『被差別部落の青春』（講談社、一九九九年）や、解放出版社編『INTERVIEW「部落出身」――12人の今、そしてここから』（解放出版社、二〇〇三年）などで発信されている若い世代の自己認識を先取りしたものであったといえよう。

この東作品のなかで読み取ることのできる、〈見えない人種〉の徴表をとり除き、極力何も変わらない、あたりまえの「部落民」であることを打ち出したい、ないしはその「部落民」という認識さえもとり去りたいという意識と、他方、現実に存在する人種主義による差別を前に、それを告発し、またそのためには「部落民」というアイデンティティが必要とされるというジレンマは、今もなお存在しつづけているのである。

注

（1）　今井作品を批判する立場にある土方鉄は、「今井が共産党員であることは、周知の事実だろう」と記している（土方　一九九二：二〇四）。
（2）　今井作品を糾弾した部落解放同盟もまた、「映画は、直接実在感をもつ映像によって観客に働きかけるため、その与える社会的影響は小説にもまして大きい。したがって、原作のもつ部落差別を助長する否定的側面が、一層拡大される結果をひき起こす」と、映画という手法のその影響の大きさに注目している（部落解放同盟　一九七〇：六）。
（3）　部落問題を人種主義の観点から把握することについては、竹沢（二〇〇五）、黒川（二〇〇五）を参照。
（4）　ただし後述するように住井はその後も部落解放同盟と同様、第二部は差別映画であるとの姿勢を貫いており、この時点ですでに部落解放同盟と今井正との間にのちの対立の萌芽が見えていたことから、それとまったく無関係の発言であったとは必ずしもいえないであろう。
（5）　この点について、今井は、一九六八年八月から京都府亀岡市で撮影を始めたところ、三分の二ぐらい撮り終えたところで部落解放同盟からの攻撃が始まったという。そうして一一月、同盟中央委員会から「シナリオを全面的に改めるか、完成した映画を最初に我々に見せノーといったら絶対公開しない、このまま撮るならどんな事態になっても責任をもたない」と言われたと語っている。これを受けてスタッフで協議し、シナリオを直そうとしたが、委員長朝田善之助の要求が糾弾シーンをたくさん盛り込むというものでありその通りの台本は使い物にならなかったことから、「直した通り撮る」といって実際には元の台本通りの撮影を決行したのであった（『赤旗』一九八九年九月二日―一一月四日まで一〇回連載）（新日本出版社編集部　一九九二：六七―六八）。ここに同盟側の不満が表明されている原因があるが、本章の観点から重要なことは、解放同盟が糾弾シーンを盛り込むことを求めていたことであろう。
（6）　この声明文の前書き部分に、第二部を日本共産党機関紙『赤旗』は絶賛したと記されているように、第一部公開当初は雑誌『部落』などでこの作品に疑義を呈していた人々も、部落解放同盟が批判に転じるや、日本共産党が賞賛の立場を明確にしたのに伴い逆に作品擁護や賞賛に転じていった人たちも少なくなく、この作品をめぐる見解が、そうした政治的な対立に翻弄されたものである場合が大半を占めていることを念頭に置いておく必要がある。

（7）　具体的な場面として示されているのは、例えば小森の堤防での孝二としげみの会話で、蛇の死骸を前にしげみがそれを、「うち、好きや、焼いて食べたらうまいで」というところである。これについては、「このシーンは、部落民に対する差別観念が、社会意識として一般的普遍的にあるなかでどのような効果をもつか。このしげみのセリフは、ことさらに部落の生活を異常なもの、特殊なものとして表現しており、観客の部落に対する好奇心・猟奇心をあおり、差別を助長するのはいうまでもなかろう」とのコメントが付されている（「猟奇心あおる内容――映画・橋のない川第二部を糾弾」『解放新聞』第四八九号、一九七〇年六月一五日）。

もう一つは、それに続くおなじく孝二としげみの会話の場面で、しげみが「な、孝やん。うちがおやまやったら買いにきてくれるか」と問うところである。それについて、「部落の女性が遊郭に売られるようなことがあったとしても、同じ部落のもの同士が買ったりすることはあり得ようか。しかも、しげみを、すれっからしに描き出すことによって、観客の部落に対する特殊視をかきたてる効果をもたらしていることはいうまでもなかろう」と批判する。加えて、米騒動の描き方が「暴力団的」であり、かつ水平社創立も「木に竹をついだよう」に、インテリ青年が突如創立したかのような印象であるとの批判がなされている（同前）。

（8）　たとえば、成沢（一九九二：七〇―七一）。

（9）　「特殊」と見なす徴表を植え付けるという意味で、問題となる場面がある。それは小学校教師青島が明治維新と「解放令」について説明する場面に関してである。青島はこのように述べる。「明治の新政府になって、天皇陛下は、士、農、工、商の分けへだてをなくして下さった。四民平等ということです。さらに、明治四年に、天皇陛下は「解放令」を出されて、穢多・非人も平民の列に加えて下さった。その人たちは新しく平民になったから「新平民」で、全国に四十万人いるそうです」。『シナリオ　橋のない川』として出版されたものには、この「新平民」に、これが差別的呼称であり、「解放令」後も「これまでの差別意識は払拭されず、自らの身分の相対的低下とうけとめた民衆は、旧穢多・非人身分の人たちを明確に区別しようと「新平民」の呼称を生み出し、以後差別的呼称として使われた」という適切な注釈が付されている（映画「橋のない川」製作委員会　一九九二：一七）。しかしながら、上映時にはこの注釈は観客に目に入らない。「新平民」は、青島がここで言っているように、今日なお、しばしばあたかも「解放令」後の旧賤民の正式な呼称であり社会的身分であるかのように誤って受け止められている現実を考えるとき、この東作品においても、〝客観的には〟間違った認識を植え付ける作用を来たしている場面も存在しているのである。

(10) 部落解放同盟正常化全国連絡会議に結集する人々によって上映運動が展開された様子は、『解放の道』(縮刷版、全国部落解放運動連合会、一九八〇年)で追うことができる。

参照文献

有田譲 一九六九「橋のない川をどうみるか(きくて東上高志)」『部落』第二四三号。
映画の本工房ありす編 一九九〇『今井正全仕事――スクリーンのある人生』ACT。
映画「橋のない川」製作委員会編 一九九二『シナリオ橋のない川』解放出版社。
川口正志・寺元知・篠崎欽吾・寺澤亮一・蓮池瑞旭・谷本昭信(司会) 一九九二「座談会・映画「橋のない川」をみて」映画「橋のない川」製作委員会編『シナリオ橋のない川』。
北川鉄夫 一九六九a「娯楽と真実と――「祇園祭」「橋のない川」」『部落』第二三九号。
―― 一九六九b「「橋のない川」をめぐって」『部落』第二四〇号。
キネマ旬報 二〇〇七『キネマ旬報ベスト・テン八〇回全史――一九二四―二〇〇六』キネマ旬報社。
黒川みどり 一九八八「米騒動と水平運動の形成――三重県の場合」藤野豊・徳永高志・黒川みどり『米騒動と被差別部落』雄山閣。
―― 一九九九『異化と同化の間――被差別部落認識の軌跡』青木書店。
―― 二〇〇四『つくりかえられる徴――日本近代・被差別部落・マイノリティ』解放出版社。
―― 二〇〇五「人種主義と部落差別」竹沢泰子編『人種概念の普遍性を問う――西洋的パラダイムを超えて』人文書院。
黒川みどり編著 二〇〇七『〈眼差される者〉の近代――部落民・都市下層・ハンセン病・エスニシティ』解放出版社。
新日本出版社編集部編 一九九二『今井正の映画人生』新日本出版社。
住井すゑ 一九六九「橋のない川をどうみるか(きくて東上高志)」『部落』第二四四号。
住井すゑ・福田雅子 一九九九『「橋のない川」を読む』解放出版社。
竹沢泰子 二〇〇五「人種概念の包括的理解に向けて」竹沢編前掲書。

趙泰勇　一九九二「演じて撮って(インタビュー)」映画「橋のない川」製作委員会編『シナリオ橋のない川』。
成沢栄寿　一九九二「「橋のない川」の観衆の組織化を――感動的だが差別の本質追求が不足」『部落』第五五二号。
難波英夫　一九六九「ぜひ水平社創立を映画に」『部落』第二四五号。
東洋一　一九九二「真っ白で見て、映画と対話してほしい(聞き手山上徹二郎)」映画「橋のない川」製作委員会編『シナリオ橋のない川』)。
土方鉄　一九九二「『橋のない川』再映画化にあたって――今井監督作品をなぜ批判するのか」映画「橋のない川」製作委員会編『シナリオ橋のない川』。
部落解放同盟　一九七〇「「橋のない川」(第二部)糾弾要綱」『狭山差別裁判』第一五号(一九七五年一月)所収。
部落問題研究所編　一九七九『〈戦後部落問題の研究第四巻〉資料戦後部落解放運動史』部落問題研究所。
馬原鉄男・島田耕・木全久子・山上修・鈴木勉市・北村一慈　一九九二「座談会「映画・橋のない川」(東陽一監督)をめぐって」『部落』第五五二号。

Ⅲ　科学言説の中の人種

第7章　混血と適応能力
――日本における人種研究　一九三〇―一九七〇年代

坂野　徹

はじめに

二一世紀を迎えた現在にあっても、自―他の身体をめぐる差異のイデオロギーとしての人種主義は、重大な政治的アリーナであり続けている。欧米の移民や黒人などのマイノリティに関わる政治問題から、激しい社会的議論を巻き起こしながら幾度となく蘇ってくる人種間の生得的知能差を証明したとする科学的言説に至るまで、人種主義は現代世界が今なお抱える宿痾であるといえるだろう。

翻って考えると、日本において人種主義は長きにわたって対岸の火事とみなされてきたようにみえるが、日本にとっても決して無縁の問題ではない。アジア各地に広大な植民地を有する多民族（人種）帝国であった戦前日本において人種差別の存在は隠然たる現実であったし、そうした帝国の遺産は戦後に引き継がれ、昨今の石原慎太郎東京都知事による「〔犯罪を引き起こす中国人の〕民族のＤＮＡ」発言や、いわゆる「嫌韓」「嫌中」の広がりにまで形を変えて存続している。さらにまた、現代日本においても人種研究は無くなったわけではなく、たとえば、外国人による凶悪犯罪の「増加」という危機意識のもと、外国人犯罪者の摘発にゲノム研究を応用しようとする研究も進められている。(1)

こうした状況に鑑み、本章では、近代日本における人種主義が関わる広範な問題群の中から、科学者による人種研究の展開を取り上げ、人種をめぐる自然科学的な研究と人種主義の関わりについて考えることにしたい。その際、本章で注目したいのは、⑴異人種間混交＝日本人と異民族・異人種との混血をめぐる研究、⑵環境適応能力の民族・人種差をめぐる研究、の二つである。以上二つに着目するのは、両者が、欧米との人種戦争（ダワー 二〇〇一［1986］）とも喧伝された太平洋戦争中、多くの科学者（人類学者、生物学者、医学者など）の関心を集めた問題であり、しかも、こうした研究テーマに基づく研究は、戦後一九七〇年代まで続く大きな流れを形成していたという意味で、日本における科学と人種主義との関係を考えるための格好の素材だと考えられるからである。これらの問題に焦点を当てながら、日本における人種をめぐる科学的言説と社会の関係を歴史的に辿りつつ、戦前・戦後で人種をめぐる科学的研究にいかなる変化が起こり、また何が存続したのかを明らかにすることが本章の課題にほかならない(2)。

一　太平洋戦争と混血研究

日本においてヒトの混血現象が学術的研究の対象となった時期は一八八〇年代にまで遡る。当時、東京帝大医学部で生理学、内科学などを講じていたベルツ（Erwin von Baelz）が日本人と欧米人との間に生まれた混血児について蒙古斑、皮膚色、眼の形などの人類学的調査を行ったのが日本における混血研究の嚆矢といわれる。また、同時期には、当時の日本の欧米に対するコンプレックスを背景に、「優等人種」たる白人との「雑婚」＝混血の推進による日本人の「改良」を唱えた有名な高橋義雄『日本人種改良論』（一八八四）も刊行されており（高橋 一九六二）、さらに一九〇八年には『東京人類学会雑誌』誌上で、当時の人類学会会長・坪井正五郎（東京帝大理学部教授）が「日本における雑婚問題」について論じるなど（坪井 一九〇八）、早くから日本人と異民族間の混血はさまざまな議論の対象となっていた。

しかしながら、日本人研究者が、日本人と異民族の混血について実証的な研究を行うようになったのは、おおむね一九三〇年代以降のことだといってよい。ベルツ以降、一九二〇年代に欧米の研究者が小笠原諸島やハワイ諸島において混血児の生体計測を実施していたが、三〇年代に入ると、アイヌ民族と「和人」との混血児を対象に、生体計測や運動能力・知能などの検査が実施されるようになる[3]（篠崎　一九四三）。

当然のことながら、アイヌを対象とした混血研究開始の背景には、内国植民地たる北海道において早くから「和人」との性的《セクシュアル》接触《コンタクト》が進行していたという事情があるが、ここでまず確認しておきたいのは、当時の医学・人類学において混血研究が有していた学問的な重要性である。一九三〇年代は、優生学運動と連動しながら、日本でも人類の遺伝現象についての関心が急速に高まっていく時期だが（柳瀬　一九九九）、当時、混血は、家系研究、双生児研究などと並んで、ヒトの遺伝を明らかにするための重要な研究テーマだと考えられていたのである。たとえば草創期の人類遺伝学をリードした駒井卓（京都帝大理学部教授）は、「疾病及畸形の遺伝例の調査」「正常なる身体的諸特質の遺伝調査」「精神的諸特質の遺伝例の調査」「大衆よりの統計」「双生児に依る調査」と並んで、「雑種（混血）の調査」が「日本人の遺伝研究」のみならず、「一般人類遺伝学の資料として最も要用」だと語っていた（駒井　一九三四：一二七）。

しかしながら、何よりも日本における混血研究を促進する原動力となったのは、太平洋戦争の勃発とそれに伴うアジア各地への侵略の本格化であった。当初アイヌ民族を対象に細々と開始された混血研究は、一九四〇年頃を境にその対象となる民族・人種を拡大しながら、爆発的に論文生産数を増大させていく。すなわち、四〇年前後から、日本の研究者は、「内地」と「外地」で、欧米人、中国人、朝鮮人、インド人、インドネシア人、ミクロネシア人などさまざまな「人種」と日本人の混血児を対象に、身長・体重・胸囲・頭示数（頭長に対する頭幅の百分率）・鼻形・毛髪・虹彩色・皮膚色・蒙古斑・歯形・血液型・知能などの多角的な調査を実施していったのである。[4]

それでは、太平洋戦争中、混血研究に携わった研究者は、日本人の混血をどのように評価していたのだろうか。混血は避けるべきなのか、それとも生物学的観点からみて問題ない現象なのか。ここでは当時の混血研究の典型的な問題意識を示すものとして、四〇年代前半に発表された大量の論文のなかから、一つその冒頭の箇所を引いておこう。

> 大東亜共栄圏ノ確立ニ伴ヒ、日本人ト共栄圏諸民族トノ混血ハ必然的ニ増加スルコトト思ハル。民族優性ノ見地ヨリ斯《かか》ル混血児ノ体位ヲ詳細ニ研究スルノ意義甚ダ大ナルハ敢テ論ヲ俟タザル次第ナリ。（野田　一九四三：四七）

この筆者は、大東亜共栄圏確立に伴い、必然的に現地住民との混血が増大するという認識に基づいて、優生学的観点から混血研究の重要性を説く。こうした議論の背景に、大東亜共栄圏の諸民族を日本人より劣ったものとみなす暗黙の前提が含まれていたことは確かだろう。実際には、戦前日本の科学者、医学者は、欧米の研究にしばしばみられる白人を頂点とする人種主義的言説への対抗上、露骨に人種間の能力差をいいたてることには慎重にならざるをえない事情もあった。それでも、ほとんどの研究者は、日本人とたとえば南方の「未開人種」との間に先天的な能力差があるのは当然と考えており、そうした認識が混血研究の一つの基盤となっていたことは否めない。

だが、この時期の混血研究をもっぱら異民族の劣等視という観点から解釈しては事を単純化してしまうことになる。同時期、朝鮮、台湾では、いわゆる皇民化政策の一環として「内鮮結婚」「内台結婚」の推進が喧伝されており、混血を全面否定することはそうした植民地政策と齟齬を来す可能性をもっていたからだ。実際、この時期に実施された日本人と中国人、朝鮮人との混血に関する調査では、身体的にも学業的にも混血児は優秀だという報告も行われている(5)(石原・佐藤　一九四一：三宅　一九四三)。

ここで注目したいのが、当時、盛んに語られた混血に伴う「不調和」という科学的言説である。これは、もともとダベンポート(Charles Benedict Davenport)など欧米の遺伝学者・優生学者によって二〇世紀初頭に提唱された仮説であり、とりわけ人種的に「遠い」者同士の混血は身体・精神上の「不調和」をもたらす可能性をもつというものである(本書第一章の貴堂論文参照)。この仮説は、もともと混血民族と考えられる日本人における近視や歯列の不規則性の多さを説明する際に用いられることもあったが(古屋　一九三五)、その大東亜共栄圏構想との整合性を見逃してはならない。すなわち、この仮説に従うならば、朝鮮人、中国人など日本人と「近」く、大東亜共栄圏の中核をなすと考えられた民族との混血を危険視することが回避できるため、皇民化政策との齟齬も生じにくいと考えられよう。たとえば、先にも触れた駒井卓は、一九四三年、白人と黒人といった「遠い」人種間の「雑婚」によって生じるさまざまな「不調和」について触れながら、日本人と朝鮮人、中国人のような「さほど遠くない民族の間」の混血について「少なくとも生物学的には、有害と判断すべき理由はありません」と述べている(駒井　一九四二：二九七)。

ただし、異民族とりわけ朝鮮人、中国人と日本人の混血をどう評価するかに関して、研究者の間に明確なコンセンサスがあったわけではない。たとえば、元金沢医科大学教授で、一九三八年に新設された厚生省に入り、厚生省研究所厚生科学部長などを務めた古屋芳雄（優生学者）は、『国土・人口・血液』（一九四一）のなかで、「朝鮮人の如き親近度深き民族」に関しても、両民族の「文化度」と「文化形態」が著しく異なり、生物学的「増殖力」に差がある以上、朝鮮人の急速な「内地」への移入については慎重であるべきであり、ましてや漢民族のように「同化力」の強い民族との混血は「長江の水に日本民族の血液を捨てるに等しい」と述べていた（古屋　一九四一：一八二）。

しかしながら、太平洋戦争中における混血の問題化をもっぱら「科学的」言説の枠内だけで捉えることはできない。何よりもこの時期、混血研究が盛んになった背景には、むやみな混血が少数の支配者たる日本人による多数の現地住民「指導」という大東亜共栄圏構想の根幹を揺るがすばかりでなく、日本人としてのアイデンティティ喪失につながりかねないという危機意識が存在した。たとえば、戦時中、古屋と同じく、厚生省研究所人口民族部（一九四二年に厚生省人口研究所が改組、戦後四六年より再び人口研究所）に所属していた小山栄三（社会学者）は、『人種学（総論）』（一九二九）という大著を出版して以来、人種に関する理論的研究を進めてきた人種研究の第一人者でもあったが、『南方建設と民族人口政策』（一九四四）のなかで、混血が優生学的に有害であるかどうかは一概に結論できないと主張する。ゆえに「人種混血の問題」は生物学的観点からだけではその善悪を結論できず、むしろ政治的、社会学的観点から取り扱わねばならない。だが、混血が大東亜共栄圏の確立において日本の「指導性維持」に積極的に役立つものでないことは、それが「種族の純血性と文化の均衡性を攪乱する」以上、明らかだと小山はいう。

> 従つて混血は可及的に防遏《ぼうあつ》すべきものであることは言を俟たず、大和民族がより下級な文化段階の諸民族と混血することは彼等を引上げることではなくして、同化政策の美名の下に実際的に却つて大和民族の統一性を破り、文化水準を彼等の位置まで低下せしめる結果となり、自ら指導者の意識と力を放棄することになるのである。
> （小山　一九四四：六四四）

ここで語られているのは、大東亜共栄圏の「下級な文化段階の諸民族」のなかに日本人が溶解し、「原住民化」してしまうことへの危惧にほかならない。小山によれば、大東亜共栄圏を米英ソ中国の連合国に対抗するための「充分な結合体」たらしめるためには、指導者たる日本人が大東亜共栄圏各地における「指導勢力」を維持するための「人口配置」が必要であり、そのためにも「雑婚及び混血児の発生を極力防止すること」が必要となるのである。

以上の言明から読み取らねばならないのは、大東亜「共栄」圏の美名のもと、現実の政策において日本人による支配システムを確立する必要があり、統治政策上、現地住民との混血児が次々と生まれてくる状況は好ましくないという当時の為政者の認識である。

実際、大東亜建設審議会が出した答申（『大東亜建設基本方針（大東亜建設審議会答申）』一九四二年七月）においても、「大東亜人口及民族政策の目標は大和民族悠久の発展を核心とし大和民族指導の下に大東亜諸民族をして其の分に応じて各其の所を得しめ特性に応じ大東亜共栄圏建設に翕然《きゅうぜん》参与せしむるに在り」という根本方針のもと、「大和民族の配置方策」として、混血を避けるため、「大和民族と他民族との雑居は成るべく之を避けしむると共に現地在住者の指導及結束を強化するの措置を講ず」ること、「大和民族の純一性を保持する為現地定住者には家族を同伴せしむる等必要なる措置を講ず」ることが明記されていた（石川　一九七六：一二〇〇）。大東亜共栄圏構想の登場によって、何よりも「大和民族の純一性」の危機という認識が浮上したことを背景に、一九四〇年代前半における混血研究の量産という事態も生まれていたのである。

二　適応能力の人種差――満洲国・七三一部隊・熱帯馴化

戦前日本で実施された人種に関わる研究として次に注目したいのが、主として生理学者によって行われた環境適応能力の民族・人種差をめぐる研究である。一九三一年九月一八日の柳条湖事件をきっかけに、長く続く一五年戦争の時代が幕を開け、翌一九三二年には満洲国が建国されるが、環境適応能力の民族・人種差研究は、まずは満洲国への日本人移民推進という国策を背景に始まることになる。一九一〇年代に満鉄（南満洲鉄道株式会社）が進めた日本人移民計画はなかなか軌道に乗らず、満洲国成立後も日本国内では悲観論が支配的だったといわれる。だが、関東軍にとって日本人移民の増大は現地支配に不可欠とされ、国内でも満洲移民は過剰人口の解決策として期待されたこともあって、関東軍と拓務省が中心となって一九三二年以降、積極的に移民政策が進められることになった。

こうした状況下、医療関係者が中心となって実施されたのが、日本人移民の衛生状態の調査である。一九三三年、関東庁警務局衛生課に移民衛生調査委員会が設置され、満洲医大と「内地」の帝大医学部関係者などが参加して[6]、住居・食物・飲料水・衣服・地方病・伝染病・家畜衛生・開拓民の健康状態・人口動態などの多角的調査が実施されることになった。その一環として、元満洲医大教授で、当時愛知医大に勤めていた久野寧が中心となって一九三七年に開始されたのが、「民族の風土馴化力に関する基礎的研究」である[7]。

久野は、一八八二年愛知県生まれ、一九一一年以来、南満医学堂・満洲医科大の生理学教室を主宰し、一九三五年に国内に戻って以降、京都帝大、愛知医大（三九年に名古屋帝大医学部に改編）などで研究教育に携わった国際的に広く知られた生理学者だが（一九四一年に学士院賞受賞）、そうした久野が満洲医大時代以来、研究テーマとしていたのが、当時世界的にも珍しい汗腺の研究であった。久野の弟子である吉村寿人によれば（吉村の研究については後述）、久野が発汗の研究を始めたのは、満鉄の警備のため駐留していた陸軍関係者から凍傷予防の研究を依頼されたことがきっかけであった。凍傷は足に汗をかくために起こることから久野は汗の研究を始めたが、発汗の生理に関する研究がほとんどなされていないことを知り、そこから発汗生理学の道に進んでいったのだという[8]（吉村　一九八四：三二三）。

それでは、久野らが始めた満洲における「民族の風土馴化力に関する基礎的研究」はいかなる観点から人種を問題にしていたのだろうか。久野によれば、開拓が成功するための条件として、防疫とともに最も大切なのは「植民各自の体質が其風土に適合すると云ふこと」である。こうした方面では「白人の熱帯への植民」について多くの記録があるが、それによれば、「科学の進歩」（「交通の発達と医事衛生施設の進歩」）によって植民地の状況が一変して以降も、その健康状態は必ずしも良好ではない。というのも「白人は馴化力に於て欠くる所」があり、特にこの「馴化力の欠乏」のため、その影響が代を重ねるとともに進行する以上、その「植民の将来は絶対悲観的」にならざるをえない。

そして、「最も肝要の問題」である日本人の適応能力については、日本人は北方と南方から渡来した人種の融合によって生じたという説が正しいとすれば、「其体内には寒気にも亦暑気にも耐へ得る素質が遺伝せられてゐる」と考えることができるし、そもそも日本の気候が南北で著しく異なることから考えて、「吾等日本人の血の内には比類少き馴化の素質が流れてゐるであらうと云ふ推定が可能」となる。

したがって、日本人は「植民上優越なる素質を有する人種」であろうが、これはもとより机上の空論に過ぎない以上、「馴化力の活用及増進方法等」について種々の研究を行わねばならない。かかる問題意識のもと、久野たちは「(一)日本人の馴化力如何」「(二)馴化力の個人差の判断」「(三)馴化力の鍛錬による増進」の三つのテーマで研究を進めていったのである(久野　一九四一)。

以上のなかで人種と直接関わるのは、「(一)日本人の馴化力如何」という問題だが、では満洲でいかなる人種研究が行われていたのか。たとえば、久野の弟子であり、後に満洲医大における後継者となる緒方維弘は、一九三七年冬、久野の旧友である正路倫之助(京都帝大医学部教授)が満洲(ハルビン)で実施した耐寒研究の調査に参加したことをきっかけに、敗戦まで寒冷気候に対する適応研究を続けたが(輔仁会　一九七八：三三)、彼の研究室でも発汗機能の民族差(「満洲族」および「蒙古族」)についての研究が行われていた(輔仁同窓会　一九五二：三五)。

しかもまた、満洲における人種研究は、悪名高い七三一部隊の人体実験とも接点をもっていた。石井四郎(陸軍軍医中将)率いる七三一部隊において残酷な人体実験に携わった研究者の多くが戦後、その責任を問われることなくアカデミズムに復帰したことはよく知られるが、先に挙げた吉村寿人は、帰国後の久野が一時研究を行っていた京都帝大の正路倫之助門下から部隊に送られた若い生理学者であった。

吉村の回想によれば、彼は帰国後の久野が正路の好意により京都帝大で研究を続けていた時代にその知遇を得、その後、激烈な国粋主義者でもあった正路に七三一部隊入りを命じられることになる。そうした吉村が満洲で選んだ研究テーマが、まさしく寒冷馴化(耐寒性)の問題であった。吉村が七三一部隊で行った研究の全貌は必ずしも明らかになっていないが、彼が戦後になってから英文で発表した論文に、彼が戦時中に実施した人種研究の一端が示されている。そこでは、凍傷に対する抵抗力を調べるため、日本人と中国人、モンゴル人、オロチョンとの比較が行われ、

「生まれた国及び人種的特異性は、〔厳寒に対する皮膚の〕抵抗性と密接な関係をもつことが証明された」と結論づけられている(Yoshimura and Iida 1952: 177–185)。また、久野は戦時中に発表した著作で次のように書いているが、ここでいう「北満に於ける凍傷研究者」は吉村であると推測できる。

北満に於ける凍傷研究者の談によれば、オロチョン族は耐寒生活を常習とする点に於て世界第一の種族に属する者であるが、北満の厳冬中、指を寒風に曝らす如き実験を試みると、日本人と同様直に凍傷となり、両者の間に何等耐寒力の差異を認めることが出来ないとのことである。(9)(久野 一九四三:一五五)

ただし、満洲における寒冷馴化調査は、一九四〇年代前半にアジア各地の植民地・占領地で実施された環境適応能力研究全体のなかではマイナーな位置にとどまったといってよい。大東亜共栄圏建設が唱えられ(「基本国策要綱」一九四〇年七月)、太平洋戦争突入(四一年一二月)に伴って日本の国策が圧倒的に「南進」へと転換するなかで(矢野 一九七五)、久野をはじめとする多くの生理学者が実施したのは日本人の熱帯気候への適応能力研究であった。

たとえば、一九四二年には文部省科研費に「日本民族の南方に於ける生活に関する科学的研究」という別枠が設けられ、学術研究会議がこれを気候・食糧・住居・衛生・熱帯病など多数の研究グループに配分したが、この一つとして久野は「耐暑力及熱帯風土馴化」に関する共同研究班を組織した(10)(久野 一九四三:一九四)。久野によれば、「熱帯気候に対する耐力には著しき人種的の差異」があり、もし日本人がこの「耐力」「風土への馴化力」において白人より優れているならば、彼らとは異なる「植民成績」を挙げ得ることになる。したがって、日本人が気候に対する「優越素質」をもっているならば、最後の勝利を期待することができる。なぜなら、この力こそは「熱帯植民の根本的の要素」だからである。こうして彼は「熱帯植民の根本問題」として、「(一)熱帯生活に必要なる体質には果して民族的差異があるか。(二)適性鑑別の方法如何。(三)適性を増進する法ありや。(四)熱帯に於て能率的生活を行ふこと可能なるか」を総合的に調査しようと試みたのであった(久野 一九四三:四八—四九)。

かくして、もともとは満洲医大における久野寧の発汗研究を起点に始まった日本人の適応能力研究は、太平洋戦争中、熱帯馴化の問題を中心に、久野の弟子たちを大量に動員しながら続けられることになる。たとえば、久野の「人体発汗器官の熱帯風土馴化」と題する論考は、「人類が気候風土を異にする地に移住し、健康にして活動的なる生活を営み且つ充分なる繁殖力を維持するには、先づ其風土に馴化することが必要」という観点から、久野の弟子たちが調べた結果をまとめたものである[11]。それによれば、日本人、白人、「熱帯人」の「能動汗腺数、汗の藍化物含有濃度、鍛錬効果」の比較の結果、日本人は白人よりも熱帯適応度という点で優れているが、それと同時に、日本人にも（少なくとも汗腺に関して）熱帯に対する「適不適」が存在するという（久野　一九四二：一―二八）[12]。

ここで注意しておきたいのは、こうした研究が、混血研究の場合と同様、日本の植民地政策に再考を迫るものでもあったということである。たとえば、先に触れた正路倫之助の京都帝大医学部における元同僚であり、太平洋戦争中は国策団体である太平洋協会で活躍していた清野謙次（人類学者）は、『スマトラ研究』（一九四三）のなかで、久野らの研究に依拠しつつ、「日本人の熱帯移住に必要なる対策」について次のように提言している。

　熱帯に於て働くべき日本人には人物の選択が益々必要となつて来る。即ち内南洋の例に見る如く素質の不良たる日本人は到底熱帯に於て此指導的精神を発揮し得られざるのみならず島民と相似たる心理状態に達し、島民をして日本人を軽蔑せしむる種となるからである。（清野　一九四三：五六三）

ここにみられるのは、まさしく熱帯地域において、日本人が「原住民化」することへの危惧だといえるだろう。清野によれば、「素質の不良たる日本人」は、「指導的精神」を発揮できないばかりか、「島民と相似たる心理状態」に陥ってしまう以上、もはや大量の移民を無造作に送り込むような政策をとることはできない。そこでは、計画的に、かつ「優秀」な日本人を送り出さなければならないのである。

ここで改めて確認されねばならないのは、大東亜共栄圏構想とそれを支えるアジア主義が語る理想主義的な大義の一方で、現実問題として、大東亜共栄圏は、いかにすれば少数の日本人によって大量の現地住民を統治できるかが問われる場であったということである。そして、日本人の熱帯馴化あるいは熱帯での作業効率は、現地での労働力として大量の移民を送り出すのではなく、少数の日本人が現地住民を「指導」して経営にあたるとき、より重大な問題として意識されることになる。熱帯地域で「指導」にあたる日本人が熱帯馴化に失敗し、現地住民と同じように「怠惰」となる(=「原住民化」)、あるいは場合によっては現地住民よりも作業効率が低いことになれば、大東亜共栄圏の指導者としての日本人の地位が危うくなるからだ。

かくして、混血研究者と同じように、久野率いる生理学者たちは、大東亜共栄圏各地でさまざまな調査研究を行いながら、彼らなりの方法で戦時体制を支える道を探っていた。こうした状況のもと浮上してきたのが、環境適応能力の人種差をめぐる研究だったのである。

三　「混血児問題」の登場――エリザベス・サンダース・ホームと人類学者たち

当然のことながら、一九四五年八月の日本の敗戦は、戦時中の人種研究を支えていた社会的基盤を根本から崩壊させることになった。海外植民地・占領地の喪失に伴って、「外地」「内地」での混血児増大という危機意識は失われた(13)し、ましてや大東亜共栄圏の指導者たる日本人の環境適応能力と他民族・他人種との比較といった問題意識が存続するための根拠は霧散したといってよい。

しかもまた、第二次世界大戦の経験は、国際的にみても科学者に従来の人種研究に対する反省を迫ることになった。とりわけナチス・ドイツによるホロコーストの実態が世界中に知られるようになるにつれて、人種間の生得的能力差を当然とする議論への批判も高まっていく。たとえば一九五〇・五一年にはユネスコ声明として、著名な社会科学者、人類学者による反人種主義の宣言が相次いで出され(「人種問題についての専門家によるユネスコ声明――社会科学者による」一九五〇、「人種と人種差の本質についての声明――自然人類学者と遺伝学者による」一九五一)、こうした動向は日本の研究者にも知られるようになった(14)。先に触れたように、日本は欧米による白人至上主義への対抗として「大東亜戦争」を戦った関係上、戦時中も、ドイツの人種学のように露骨な自民族至上主義的な主張が科学者によって唱えられることは稀だったが、太平洋戦争敗戦が日本の人種研究を取り巻く社会的・科学的条件を大きく変えたことは疑えない。

しかし一方で、敗戦とそれに伴うGHQ/SCAP(連合軍最高司令官総司令部、以下GHQ)の進駐は、日本における人種研究をめぐる社会状況に全く新たな局面をもたらすことになる。すなわち、一九四五年九月以降、GHQ関係者と日本人女性との間での混血児の誕生という新たな事態が生じるとともに、さまざまな事情で施設に収容された混血児を対象に大規模な調査研究が進められていくのである。その中心的な舞台となったのが、澤田美喜によって神奈川県大磯に創設された有名なエリザベス・サンダース・ホーム（以下、サンダース・ホーム）にほかならない。(15)

占領時代、GHQは公式にはGHQ関係者が関与した混血児の存在を認めていなかったため、澤田によるサンダース・ホーム創設にあたってはさまざまな横やりが入ったようだが、サンダース・ホームをはじめとする各地の混血児収容施設で日本人研究者による調査が開始されたのは一九四八年のことである。(16) 当時、日大微生物学研究所副所長の職にあった石原房雄らのグループが、厚生省人口問題研究所から委託を受け、「日本人の基本的調査」として「混血により《ママ》遺伝因子の結合による体格の変化を調査」するとともに、「移民（環境）により米国産れ《ママ》二世の体位の優秀さ」を調査することで、「民族改善の資」とすべく実施されたものの一部である（厚生省人口問題研究所　一九五四：はしがき）。(17)

大磯のサンダース・ホーム、横浜聖母愛児園、東京のオギリア・ホームなどに収容された混血孤児を対象として石原たちが行った調査項目は、血液型、指紋、蒙古斑、皮膚色調、毛髪（色調、形態）、虹彩色調、知能・性格テスト、「畸形と異状体質・疾病」、身体骨格部計測など多岐にわたるが、ここでまず彼らの報告書自体に明確に刻み込まれている植民地的状況を確認しておこう。石原は、自分たちの調査対象について、たとえば次のように述べている。こうしたさりげない言明からも当時の社会情勢がよくうかがえよう。

　人種別に見ると米人(白)六〇%、黒人二五%、朝鮮人七・五%、フキリッピン人二・五%、二世二%、ロシヤ、オーストリ《ママ》ア人各一%、カナダ、ノールウエー人各〇・五%、であつた。妊娠するに至りし原因を見ると進駐軍に勤めておつたといふもの三〇%、接客業者二三%、妾一七%、娼婦一〇%、強姦二・五%其他であつた。子を預けるやうになつた理由としては経済上の理由二一%、家族の反対二一%、夫との関係を絶つたからとか、他の人と結婚するからと曰ふもの二二%、捨て子は全体の四分の一であつた。（厚生省人口問題研究所　一九五四：一）

さらに、ここで注意しなければならないのは、調査対象の変化である。第一節でみたように、戦前の混血研究にあっても、欧米人(白人)との混血児についての調査は少数ながら実施されていたが、何といっても研究の中心は日本が植民地として支配した地域の住民との間の混血児だった。それに対して、当然のことながら、戦後、石原たちの調査対象となったのは、GHQの圧倒的多数を占める米軍関係者との間に生まれた「白人系」「黒人系」混血児であった。

石原たちの混血児調査において次に注目されるのは、知能および性格についてのテストである。一九五〇年から一年をかけて実施されたテスト(「人物画知能検査」)の結果、混血児は「純血児」(日本人)より知能が劣るが(ただし、「白人系」「黒人系」で有意の差を認めない)、これは遺伝的素質によるとは結論できない(「満二歳までの、混血児には捨て子等もありその生活環境の悪条件や、身体的発育の遅滞と言う事実をみても明らかなように、環境的要因の影響がより大きいのかもしれない」)と調査者は述べている[18](厚生省人口問題研究所　一九五四：一四―一九)。

さらにまた、混血児の疾病の多さに対する彼らの着目も見逃すことはできない。施設に収容された混血児には「駢趾(足の指の固着)」「白痴」、ヘルニア、湿疹などが一定数見出されたが、こうした症状は戦前以来の混血における「不調和」という仮説によって解釈されている。すなわち、「混血児の場合には発育上不調和(Disharmonie)を来し易いと曰われて」おり、「或は是等も胎生及び発育途上に不調和を来し(た)為め発生した」可能性があるので、「目下研究中」なのだという[19](厚生省人口問題研究所　一九五四：一九)。

ここで改めて確認しておかねばならないのは、かかる混血児の心身の「不調和」という「科学的」仮説が、何よりも白人や黒人と日本人の間に生まれた混血児そのものを日本社会にとって「不調和」な存在とみなす排除の論理と地続きだったということである。たとえば、第一節で検討した古屋芳雄は、一九四六年から国立衛生院(厚生省研究所厚生科学部が改組)院長の地位にあったが、彼は、『婦人公論』一九五三年四月号に「混血ものがたり」と題する論考を発表している。そのなかで古屋は、「混血問題」は大きく「混血生物学」と「混血社会学」のカテゴリーに分けられるとした上で、前者の範疇に属する問題として、ダベンポートの研究にも言及しながら、「日本人と白人乃至黒人というような甚しく遠い人種間の混血児には、遺伝質の不調和を来たす可能性が無いとはいえない」という[20]。

しかし、古屋によれば、今日の日本人にとって最も緊急の問題は、以上のような「生物学的な問題」よりは、「これ等の混血児が増殖して一定の数に達する時、どんな行動を取るようになるだろうか、また逆に、社会が彼等をどんな目で見、どんな待遇を与えるだろうか」という「混血社会学の問題」にほかならない。そして、古屋は諸外国において「混血が起した社会問題」を次々と挙げながら、次のように警鐘を鳴らしている。

> 最後にもう一度いっておく、混血問題の取り扱いは一時的感傷主義にとらわれてはならず、どこまでも科学的なべし《ママ》、ということを。かれらは一定の数に達すると群団を作り層を作り、社会の異物的存在となりやすい。またこの異物は他から利用されやすいことは私がくりかえし注意して来た通りである。（古屋　一九五三：一六九）

古屋がこの論考を発表した一九五三年は、前年四月二八日の正式独立を経て、二月には厚生省による初めての混血児出生調査も実施され、ＧＨＱ統治初期に生まれた子どもが就学時期を迎えていたこともあって、「混血児問題」に関する報道が社会にあふれている時期であった。一説には一五万人とも二〇万人ともいわれた混血児の数は[21]、厚生省による出生調査の結果、予想よりもはるかに少ないということが明らかになったが（これ以降、約一万人というのが定説となる）、先に検討した厚生省人口研究所の調査研究や古屋の論考自体、こうした「混血児問題」への社会的関心の高まりのなか発表されたものだったのである[22]。

しかもまた、この時期、混血研究を実施していたのは、石原たちだけではなかった。当時、東大理学部人類学教室の助教授の職にあった須田昭義は、石原から澤田美喜を紹介され、一九四九年、サンダース・ホームに収容された混血児の大規模な調査を開始する。東大人類学科の歴代院生たちも参加して行われたこの調査は一九七〇年代初頭まで続けられることになるが、埴原和郎、山口敏、香原志勢、尾本恵市ら、その後著名な研究者となる若き人類学徒にとってサンダース・ホームは研究の出発点、いわばトレーニング・センターの役目も果たしたといえよう[23]。

さて、須田によると、彼らの研究は「一、同じ一つの個体が生長の過程のなかでいかに変化してゆくか、いわゆる縦断的生長過程をみること、ことにその混血児の特性をみること」、「二、人種形質の表現は、生涯を通じて不変のものもあるが、変化するものもある。混血児の場合、生育につれて人種形質がどのように表現されてゆくかをみること」、「三、正常な人種形質の遺伝様式を、混血児を通して解明すること」（須田　一九六四：二三）を目的とする。この研究は混血孤児を対象とするがゆえに、「両親が不明で観察できないということ」「占領軍兵士によるという事情のため、父親の人種(白人か黒人か)や混血の程度(どの程度黒人の血が混じっているか)などを知ることが困難なケースが多い」という方法論上の欠点をもつ一方、同一施設で共同生活をしているため、短時間に多人数についての調査ができる便利さと個人による環境差をほとんど考えずにすむ利点をもっていると須田はいう(須田　一九六八：九三―九四)。

須田たちは、サンダース・ホームにおいて毎年二回、春と秋に計測・観察(皮膚色、虹彩色、毛髪色、毛髪形など)、写真撮影、手のレントゲン撮影、歯の石膏模型採取、さらには知能・運動能力検査など多様な項目の調査を実施していたが[24]、ここで注目されるのは、先に検討した石原が、調査開始当初の須田グループについて、「関節や歯の喰い合せ等の異状を来し易いというので、目下須田博士の方で調査中である」と、ここでも混血に伴う「不調和」という論理に基づく調査が行われていたと示唆していることである。

管見の限り、須田らによって関節や歯の「不調和」自体を主題とする報告がまとめられることはなかった。だが、ここで日本人起源論における二重構造モデルで知られる埴原和郎の実質的な学会デビュー論文であり、彼を国際的に有名にした「日本人及び日米混血児乳歯の研究(Ⅰ―Ⅴ)」(一九五六―五七)と題する論文に注目したい。埴原は、彼が歯の研究を始めたのは、先の研究グループが立ち上がった後、須田から歯の研究をやってみないか、ともちかけられたのがきっかけだと回想しているが(埴原　一九九七：七〇)、埴原の論文をみると、混血による「不調和」が確かに彼の歯牙研究の問題意識に含まれていたことが分かる。埴原は論文のなかで次のように述べている。

Abelが歯牙の異常形に関して指摘したように、混血によつて遺伝子の新しい組合せが生じ、その結果種々の不調和(disharmony)が起るということも考えられるであろう。しかしこの点についての詳細な分析は、現在なお遺伝学的研究が少ないので将来にまたなければならない。(埴原　一九五七：一六〇)

実際には、混血がさまざまな「不調和」をもたらすという戦前以来の人種主義的仮説はその後、研究者の間では次第に否定されるようになっていく。たとえば、一九六四年に刊行された『世界の民族――未開から文明へ』は、少壮の人類学者たち(米山俊直、渡辺直経、祖父江孝男、香原志勢、中村たかを)が参加して、当時、日本でも関心が高まりつつあった合衆国の公民権運動を背景に、人種主義への批判を意図してまとめられた著作だが、そこに掲載されたシンポジウムで渡辺と香原は、サンダース・ホームでの調査を例に挙げながら、総体として混血＝「不調和」説に対する否定的評価を述べている(科学読売　一九六四：一八〇)。

そしてまた、須田らが開始した混血研究グループによるサンダース・ホームでの混血児調査も一九七三年には終結する。一九五二年の正式独立直後大きく世間を騒がせた「混血児問題」への関心も次第に沈静化するなか[25]、混血児が成人に達するまでの「縦断的生長経過」をみようというプロジェクトは、混血児の出生数が最も多かった一九五〇年生まれの者が二〇歳を迎えて三年後、その役目を終えたのである[26]。いうまでもなく、一九六〇年代以降、日本社会における混血児に対する差別が無くなったわけではないが、須田らのプロジェクトが終焉を迎えた一九七〇年代初頭には、テレビなどで活躍する「ハーフ」タレントの登場も相まって、少なくともかつてのように「遠い」人種間の混血が生物学的「不調和」をもたらすという発想は消失しつつあったと考えてよいだろう[27]。

だが一方で、人種主義を批判する先のシンポジウムにおいてさえ、人種間の生得的能力差が存在する可能性を認める声が残っていたことに注意しておいてよい。そのなかで渡辺直経は、たとえば次のように述べている。

ただわれわれは黒人と白人との間にそういう能力の違いがあるといい切れない。そうかといって、実のところないともいい切れないんですね。優劣があるということがいえないから平等だといっているだけで、正確にそういう能力をはかる方法が発展すれば、あるいはちがいが出てくるかもしれない。(科学読売　一九六四：一二二)

さらにまた、アイヌと和人との混血を例に挙げながら、香原は「追いつめられたAという人種は他のBという人種と結婚しようという時には、Bという人種の中では、はしによせられているものと結婚する」がゆえに「優劣関係があるままで二つの人種が混血する時は劣位の人種は、人種それ自体の質をおとす可能性があります」と優生学的観点に基づいて混血に対する危惧を述べている(科学読売　一九六四：一八一)。

先に述べたように、第二次世界大戦終結が、人種研究を支える社会的基盤に大きな変化をもたらしたことは疑えない。しかしながら、ここまでの記述で明らかなように、日本における混血研究の展開をみる限り、それほど日本の科学者の人種や混血に対する態度は戦前・戦後で変化していないように思える。戦前日本の人種研究において人種間の生得的能力差が強調されていたわけではない一方、戦後六〇年代になってからも、そうした能力差が存在する可能性が否定されたわけではないし、混血に関する優生学的弊害論を唱える声も残っていたのである。

四　国際生物学事業計画とヒト適応能の人種差

太平洋戦争敗戦後、人類学者による混血研究はその研究対象を変えつつ存続することになったが、戦時中、アジア各地で実施されていた日本人の環境適応能力の他民族・他人種との比較を主題とした研究は、海外植民地・占領地の喪失に伴って、その存立基盤を失うことになった。敗戦により、日本の領土は日本列島と周辺の島嶼部に縮減された以上、日本人の熱帯馴化や寒冷馴化能力を明らかにしようとする研究がその根本的意義を失うのは自明だろう。

しかもまた、とりわけ「外地」で環境適応能力の研究を行っていた研究者には、それまでの職業的基盤を失い、国内で新たな職探しを余儀なくされた者も少なくなかった。たとえば、七三一部隊解散に伴って帰国した吉村寿人は、一九四五年に京大に復帰した後、兵庫県立医大(後の神戸大医学部)、京都府立医大と短期間に異動を重ね(一九六七年より学長)、満洲医大における久野寧の後継者の職にあった緒方維弘は、一九四七年から熊本大体質医学研究所(現・発生医学研究センター)に勤めることになった。また、久野の愛知医大(名古屋大)時代の弟子である伊藤真次はバンコクでの調査の後、久野から中国(開封)行きを命じられ、帰国後何とか名古屋大に復帰したものの、長きにわたって久野のもとで事務仕事に忙殺されることになる(一九五七年より北大教授)。

こうして、戦時中アジア各地で日本人の適応能力に関する調査研究を行っていた久野寧の弟子たちは、それぞれ戦後の新たな状況のなかでアカデミズムに復帰することになるが、彼らのその後のキャリアには戦時中に構築された満洲―久野ラインの人脈が関与し続けることになった。久野は、海外植民地喪失という状況を受けて、一九四六年から文部省科研費による「季節変動に対する生理的反応」の総合研究班を立ち上げるが、この共同研究を中心になって支えたのが、吉村寿人（幹事）、緒方維弘、伊藤真次の三人だった。高齢の久野を支えつつ、吉村たちは、その後も「寒気生理の研究」「寒冷障害対策の研究」「気候馴化の研究」など、戦時中のテーマの延長線上で共同研究を続け、こうした研究の系譜は、後に日本生気象学会設立（一九六二）につながっていく（生物圏動態ヒトの適応能分科会　一九七〇：iii—iv）。彼らの関わった研究には、有名な南極観測隊（一九五七—）における寒冷馴化研究も含まれる。

そして、一九六〇年代中盤、新たに気候生理学者と呼ばれることになった彼らをして、環境適応能力研究およびその一環としての人種研究へと向かわせる大きな機会が到来する。一九六四年、国際科学連合（International Council of Scientific Unions（ＩＣＳＵ）現・国際科学会議）により、国際生物学事業計画（International Biological Program（ＩＢＰ））という大規模な国際共同プロジェクトが立ち上がり、その一部門として「ヒトの適応能」（Human Adaptability（ＨＡ））部門が設立されることになったのである。国際生物学事業計画は、当時騒がれていた人口爆発、気候変動（主に寒冷化）への危惧を背景に、「地球上の人類の数（人口）は年々増加していくにかかわらず、食物生産がこれに伴わない、のみならず、地球上のヒトの生活環境は近年急激に変化しつつあるから、いかにしてこの地球上の生産物によって人類の健康と福祉を維持するかについて、またいかにして、その生活環境を適切に維持また改善していくかについて、今こそ世界の学者が手をつないで研究すべきであるという考え」（生物圏動態ヒトの適応能分科会　一九七〇：iii）に基づき、一九七四年まで、世界五〇カ国以上、数万人の生物学者・医学者・人類学者などが参加した一大プロジェクトである（Collins and Weiner 1977）。日本でも同年、日本学術会議内にＩＢＰ委員会が設立され、その一部門であるＨＡ部門（ヒト適応能セクション、ＪＨＡ）の責任者に就任したのが吉村寿人であった。

ＩＢＰのＨＡ研究部門は、「第一部類　各種の民族の生理的特徴とその分布の研究」、「第二部類　気候風土とヒトの適応能の総合的研究」、「第三部類　特定のヒトの集団についての適応能の研究」、「第四部類　ＷＨＯと協力した世界的規模におけるヒトの健康調査」の四つから構成されるが、ここで注目されるのは、この共同研究の一つの焦点がまさしく民族・人種間の「適応能」比較にあったことだ。たとえば「第一部類」は次のように謳っている。

現在、地球上には文明諸国と未開発国が混在している。文明諸国においては、その生活と生活環境はきわめて高度な人工的調節によって高い水準に平均化されようとしている。したがって、ヒトが本来生理的にもっている適応能は、未開発国に住む原住民にのみ見ることができる。しかもこれらの未開発国も急速に文明化への道をたどりつつあり、したがって近い将来においてヒトが元来生まれながらにもっている適応能の研究の機会はもはや失われてしまうおそれさえある。そこでまずどこにどんな特徴をもった民族が住んでいるのか、その分布と適応能を世界的規模のもとに調査しようというのがこのテーマである。（生物圏動態ヒトの適応能分科会 一九七〇：vi）

こうしたＩＢＰの計画を受けて、ＪＨＡでは参加研究者のそれまでの研究実績を踏まえて多様な調査研究が行われたが、そこでは吉村寿人をはじめとする満洲―久野ラインの研究者が戦時中に行った人種研究の成果が再び呼び起されることになる。たとえば、先に検討した吉村の七三一部隊における人体実験の報告は寒冷馴化に関する先駆的研究として数多くの論文で紹介されており、熱帯馴化研究についても同様である。

むろん、ＪＨＡの人種をめぐる研究は、戦時中の成果の単なる再掲にとどまるものではなく、新たに東南アジアなどで調査した熱帯・寒冷馴化調査（人種差を含む）の多様な成果が報告されている。[28] そして、ここで注目されるのは、この時期の研究に戦時中における日本人の熱帯馴化の「適不適」をめぐる議論と類似した主張が見出せることだ。たとえば、堀清記（生理学者）は、吉村がＪＨＡで協力した研究者を糾合して企画編集した論集における「日本人の熱帯適応」に関する総説のなかで、次のように記している（吉村ほか 一九七八：一一二）。

熱帯での生活に馴れるまでの期間に払われる多くの努力や試練に耐える意志と精神力をもつことは、熱帯気候の温帯人に及ぼす悪影響を克服するのに必要な資質である。したがって日本から熱帯に移住して、熱帯で健康で充分な生活活動を行いうると思われる人が熱帯住民となるべきであって、熱帯への気候風土に馴応ができず、生活活動が困難であろうことが予想される日本人は熱帯への移住をしない方がよい。

堀によれば、日本は国土が狭く、資源が少ないのに人口が多く、多くの資源を外国より輸入しているが、勤勉と努力によって多くの優れた工業生産物をつくり、欧米先進国の仲間入りをしている。そして、「熱帯での今後の日本人」について次のようにもいう。

一方、熱帯は資源が多く植物の繁茂も早く、高温気候や伝染病等を克服すれば、日本人の勤勉と努力をもってすれば、資源や農作物を利用して熱帯での文化的な生活と生活文化を向上させることが可能であろう。

もちろん、彼は日本人の熱帯進出を太平洋戦争中のような露骨な自民族中心主義だけで語っているわけではない（「熱帯の資源を利用し、熱帯地域を日本の市場としてみるだけでなく、現地において日本人が現地人と協力して、日本のためだけではなく、むしろ現地人の立場に立って熱帯地域の開発に参加しようとする姿勢が必要であろう」）。だが、こうした美辞麗句をどう解釈するかはともかくとして、日本の商社などの東南アジア進出が盛んに進められた戦後の「平和」のなかで、日本人の環境適応能力研究は、大東亜共栄圏構想下と同型の論理を生み出していたのである。

そしてまた、ＪＨＡには、先に検討した須田が率いるサンダース・ホームにおける混血研究グループが参加している点も見逃せない（生物圏動態ヒトの適応能分科会　一九七〇：一二一―一六〇）。一九四九年の調査開始以来およそ二〇年が過ぎて、戦後日本における人種研究の大きな流れである混血児研究もまた、ＪＨＡの一翼を担うことになったのであった。

それでは、一九六〇年代後半から七〇年代前半にかけてＩＢＰのＨＡ部門の一部として蘇った日本の人種研究（混血研究、環境適応能力研究）は、戦時中の研究との連続性を問題にされなかったのだろうか。たとえば、ＪＨＡの責任者である吉村は、戦後、何度か七三一時代の過去について週刊誌などで取り上げられる経験をもっていたが、大学制度への批判も高まる一九六〇年代後半という時代において、彼は新たに満洲時代の過去をめぐって社会的糾弾を受けている。だが、それは、あくまでも吉村が七三一部隊で人体実験を行っていた疑惑に対する批判であり、新聞報道を受けて、吉村は南極特別委員会を辞任したにとどまっている（吉村　一九八四：一七七）。

しかし、ここで注意したいのが、この時代、人種研究はその研究対象となる人々自身の反発を引き起こしかねなかったということである。[29] たとえば、ＪＨＡの研究の一環として、アイヌ民族の寒冷地適応研究を実施した伊藤真次（当時、北大医学部教授）は、一九七二年八月二五日、札幌医科大で開催された第二六回日本人類学会・日本民族学会連合大会におけるアイヌ・シンポジウムにおいて、アイヌ運動家（結城庄司、太田竜）による演壇占拠・糾弾事件を招くことになる。当日読み上げられた公開質問状の筆者の一人である新谷行は、当日シンポジウムで発表されることになっていた香原、埴原、尾本らの発表とともに、伊藤の発表を取り上げ、次のような批判を加えたのだった。

また、伊藤真次の「アイヌの生理的寒冷適応能」は、その結論が最も露骨だ。彼はこう述べているのである。「寒地民族のアイヌには寒冷馴化動物にみられるのと同様な代謝性適応機能が発達していることを示すものである」。伊藤はアイヌ人を全く動物と同一次元でとらえているのだ。（新谷　一九七七：二八二）

政治の季節であった一九七〇年前後という時代から遠く離れた現在からみれば、ただアイヌ民族を動物と比較するだけで、動物と「同一次元」で捉えていると非難することができるか多少疑問が残ることも確かである。だが、この批判の妥当性はともかくとして、ここに人種に関する研究をめぐる外的状況の変化をみてとることができよう。先にみたように、一九四五年の敗戦は日本の人種研究を取り巻く状況を一変させたが、一方で戦後になっても研究者は、この時期まで研究対象となる人々から批判の眼差しを向けられることをあまり意識せずに研究を進めてきた。だが、一九七〇年代以降、人種をめぐる研究は研究対象となる当事者の存在を意識せずに実施することは難しくなっていく。

おわりに

ここまで、一九三〇年代以降の日本における人種研究の展開を⑴混血研究、⑵環境適応能力の民族・人種差をめぐる研究という二つのテーマに着目しつつ跡づけてきた。通常、人種（研究）に対する研究者の態度は第二次世界大戦の終結によって大きく変わったといわれるが、本章のここまでの叙述で明らかにされたのは、戦時中、盛んに行われた人種研究が戦後の新しい状況に適応しつつ、一九七〇年代まで存続した姿であった。

もとより、本章で検討を加えた人種研究を日本版科学的人種主義であったと総括するのは少々短絡的だろう。大東亜共栄圏構想と密接に結びついた戦時中の混血研究や環境適応能力（の人種差）研究や、戦後にも継承された混血による「不調和」という論理はともかくとして、混血や環境適応能力の民族・人種差を主題としているというだけで人種

（差別）主義的だと断罪することには慎重でなければならない。

しかしながら、本章で確認されたように、戦後日本における人種をめぐる研究に陰に陽に人種主義的発想が紛れ込んでいたことも確かである。そして、戦後日本において、たとえば九〇年代の合衆国で大きな社会問題となった『ベル曲線』（一九九四）のような明らかな人種主義的科学理論が現れなかったのは、むしろ日本社会における人種問題に対するリアリティの欠如によるところが大きいように思われる。そうした日本における人種問題への緊張感（意識）の希薄さが露呈したのが、先にみたアイヌ・シンポジウムであった。

では、それから三〇年以上が過ぎた現在の日本では、人種主義に直結するような研究が生み出される可能性はないと考えてよいのだろうか。本書第八章の加藤論文が明らかにしているように、一九九〇年代以降のヒトゲノム研究の進展の結果、我々は、かつてと比べものにならない精緻さでヒト集団間の違いを明らかにする力を獲得しつつある一方、七〇年代以降における少数民族の権利意識の高まりもあって、現在では、この種の研究を進める場合、その倫理的側面に対する配慮も求められるようになった。

ここで想起したいのは、かつて七三一部隊で人体実験に関わり、国際生物学事業計画におけるＪＨＡの責任者も務めた吉村寿人が残している自分の研究人生に関する以下の回想である。

私の如き凡人は折角の物理化学は戦争で消しとんでしまって、「ヒトの適応能、生存能力」の研究と言う応用生理学に落着いてしまった。併しこの研究も人類が本当に生きるか死ぬるかの瀬戸際に立たされた時に大いに役立つであろうと期待している。もっともそんな時代は来ない方が良いとは思ってはいるが。とにかく天災とか戦争などにまき込まれると、生存の極限状態に立たされて、その生活条件もヒトの心理状態も、到底平和な平静時には考えられない様な想像を絶するものがある。（吉村　一九八四：二六七）

吉村によれば、彼の「ヒトの適応能、生存能力」の研究を決定づけたのは、まさしく戦争であった。人間が天災とか戦争などの「生存の極限状態」に立たされると、「その生活条件もヒトの心理状態も、到底平和な平静時には考えられない様な想像を絶するものがある」という語りは、彼自身の七三一部隊時代の経験に対する弁明だと解釈できよう。

だが、翻って考えてみれば、二一世紀に生きる我々もまた、こうした「極限状態」と無縁とはいいがたい。地球規模での環境破壊や食糧問題、経済危機、各地で頻発する民族紛争など、世界が不透明性を増していく状況にあって、今後、民族・人種をめぐる社会的軋轢はますます増大していくと予想されるが、それが「極限状態」という状況認識にまで達したとき、日本でも科学的な装いをもった新たな人種主義が招き寄せられる可能性は決して低くない。かかる状況下で、人種主義の欲望を拒否する態度をどれだけ貫けるかが科学者には問われているように思われる。

注

（1）　研究者の間でも、たとえば日本社会における在日朝鮮人や被差別部落民に対する構造的差別を人種主義の問題として統一的な視座から捉えようとする議論が登場したのは、つい最近のことにすぎない。こうした新しい潮流を示すものとして、黒川（一九九九）、竹沢（二〇〇五）などを参照。

（2）　日本でも人種主義に対する学問的関心の高まりのなか、西欧の科学的人種主義に関して多くの研究書が公刊されるようになったが、日本における科学的人種主義／人種研究の歴史については今なおほとんど先行研究が存在しない状態である。なお、そもそも人種とは何かという人類学的議論、さらには日本における人種研究と密接に関わる日本人起源論の研究史については、坂野（二〇〇五）第二章を参照。

（3）　一九三〇年代に実施されたアイヌの混血研究は、三三年末に始まった日本学術振興会による「「アイヌ」ノ医学的民族生物学的研究」という大規模な総合研究の一環として行われたものである。このプロジェクトの内容については、坂野（二〇〇五）第三章を参照。

（4）　一九四〇年代前半、混血について論じた研究者は数多いが、混血現象についての調査研究を行った中心的な機関として、谷口虎年率いる慶應大学医学部解剖学教室と厚生省人口問題研究所を挙げることができる。谷口の研究室では、一九四二年から『人類学・人類遺伝学・体質学論文集』という論文集を刊行したが（一九六一年まで）、そこには教室員による多数の混血調査が掲載されている。また、厚生省人口問題研究所では、混血問題を含む民族人口問題の政策立案を行うとともに、各種の混血調査を実施していた。

（5）　小熊（一九九五）は、この時期の混血に対する二つの立場（肯定と否定）を、主として朝鮮総督府を後ろ盾にした「皇民化」論者と厚生省を支持基盤とする優生学者との対立という図式で説明している。もとより、植民地朝鮮においても、「内鮮結婚」の促進に対してはさまざまな異論があった。こうした問題については、第五章の李論文を参照。
(6) 満洲(中国東北部)では、日露戦争後の一九〇六年に創設された満鉄が鉄道事業を中心に広範な事業を進めていたが、この満鉄が奉天(現在の瀋陽)に設立したのが満洲医科大学(一九一一年に南満医学堂として開設、二二年より満洲医大)である。
(7) この調査および満洲国における医療政策総体については、江田(二〇〇四)および飯島(二〇〇五)をも参照。
(8) ただし、戦後、卒業生らによってまとめられた満洲医科大史によれば、久野が発汗研究に進んだのは、満洲医大時代、発汗作用があるといわれる漢方薬の麻黄を偶然分析したことがきっかけだったともいう(輔仁会 一九七八：三三)。
(9) 戦後、生理学者としての吉村を世界的に有名にしたこの研究においても残酷な人体実験が実施された可能性が高いことが多くの先行研究によって指摘されている。
(10) 一九四〇年代初頭には、熱帯馴化研究だけにとどまらず、自然科学のさまざまな領域で「南方科学」のブームがあったことが知られる(廣重 一九七三：二〇二)。
(11) 久野の愛知医大時代の弟子である伊藤真次(伊藤の研究については後述)は、戦時中、バンコクでタイ人を対象に行った汗腺調査の苦労について回想している(伊藤 一九九九：八―一〇)。
(12) 本書は前年に刊行された『南洋医学論叢』(南江堂書店、一九四二年)の再版だが、多少の補筆がなされている。
(13) 旧植民地出身者と日本人との結婚・混血がその後も進行したことはいうまでもない。
(14) たとえば、一九五四年、日本ユネスコ委員会から、ユネスコ刊行の「現代科学における人種問題」叢書の一つ *What is the Race?* が人類遺伝学者・田中克己の手によって邦訳されている(日本ユネスコ国内委員会 一九五四)。
(15) 澤田の自伝によれば、彼女が混血児施設を建設しようと思い至ったのは、偶然乗り合わせた列車のなかで、網棚に遺棄された黒い混血乳児の遺体の母親と間違えられたのがきっかけであった。三菱財閥の創業者の孫娘として生まれ、外交官と結婚して戦前世界各地で華やかな生活を送ってきた澤田はこれを契機に混血児の収容施設をつくることを決意し、一九四八年、大磯にあった旧三菱財閥の別荘にサンダース・ホームを開設する(澤田 二〇〇一)。「混血児問題」とサンダース・ホームについては、Koshiro(1999)および加納(二〇〇七)をも参照。
(16) ただし、調査開始は一九四七年という記載もある(石原 一九六九：一一九)。ちなみに、Koshiro(1999)によれば、当時GHQの公衆衛生福祉局長を務めていたクロフォード・サムスは、当該調査において混血児の統計を公的に集めることを禁止したのだという。

(17) 石原のもともとの専門は衛生学だが、戦時中には日本人と中国人の混血児の運動能力・知能に関する調査を行った実績をもっていた(第一節参照)。なお、GHQ統治時代における混血児タブー視の影響もあってか、この調査結果が発表されたのは一九五三年になってからのことであった。厚生省人口問題研究所による報告書(一九五四)に先だって、ほぼ同内容の報告が『民族衛生』第一九巻第五・六号(一九五三)に発表されている。ここでは、一九五四年の報告を用いた。

(18) なお、石原らによる混血児の知能検査は一九六〇年代末に再び実施されている(石原　一九六九：一一九—一二五)。

(19) こうした混血児における疾病の多さに関しては、先天的要因よりもむしろ多くが孤児として捨てられた彼ら／彼女らを取り巻く生育環境に帰すべき問題であることはいうまでもない。加納(二〇〇七)によれば、たとえば澤田の手記には中絶の失敗により「白痴」として生まれたという混血児の記述があるという。ただし、澤田自身は混血児劣等説をとっていた。

(20) なお、古屋は混血児の知能にも注意を寄せているが、「もし混血のために精神的に薄弱な子供」が生まれたとしても、それを「不調和」ゆえと考える必要はなく、むしろ「混血児の両親のどちらかが、あるいは両方が、精神的に薄弱だったということを意味する」といった優生学的理由付けを行っている(古屋　一九五三：一六六)。

(21) 二〇万人説の主唱者は澤田美喜だったといわれる。

(22) 加納(二〇〇七)が指摘するように、この時期、急浮上した「混血児問題」の背景に、戦争の「勝者」たるアメリカ人に対する反米ナショナリズムが横たわっていたことも確かだろう。

(23) ちなみに、澤田美喜は、この継続調査について次のように回想している。「混血の子供は、混血であるゆえのいろいろな病気や問題を持っていました。それらは私も知らないことでしたが、人類学の先生方は、これを研究されて数人の博士が出ました。健康な子は「博士」をつくり出すことはできません。そう考えれば、これらの子供たちが、この世に存在する意味があるわけでしょう」(澤田　二〇〇一：二五四)。「混血であるゆえのいろいろな病気」すなわち「不調和」への言及がまずは注目されるが、ここではスティグマをもつ人間はそのスティグマゆえに社会の役に立つという澤田のキリスト教的博愛主義の限界性とともに、人類学者による混血研究が、そうした澤田との共犯関係にあったことを確認しておきたい。

(24) ただし、埴原の回想によると、研究グループは、毎月一回サンダース・ホームで計測調査を実施したようである(埴原　一九九七：七一)。

(25) 一九六〇・七〇年代を通じて混血児という存在は、(澤田のサンダース・ホームの名声も相まって)小説や映画、漫画などでさまざまな形で表象・消費され続けた(加納　二〇〇七)。

(26)　サンダース・ホームでは、混血児を積極的にアメリカ人家庭の養子にする施策を推し進めたこともあって、継続調査を中断せざるをえないケースも多々あった(須田　一九六四：二三)。

(27)　ただし、一九七七年に公刊された人類学のテキストにおいても、人種間の「形質の差異が著しく大きいときは、それだけ種間雑種の場合に接近していって、障害や異常の出現を促すかもしれない」と述べられている(人類学講座編纂委員会　一九七七：一八七)。

(28)　ＪＨＡの成果は、生物圏動態ヒトの適応能分科会(一九七〇)などにまとめられている。

(29)　この調査は、耐寒性の基本的機構として、多くの哺乳類において生化学的な代謝活動のレベルに変化があることが分かっていることを踏まえ、アイヌ民族について血中代謝基質と代謝産物の変動を調べ、その成績を動物実験の結果と比較しようとしたものである。その結果として「アイヌには特殊な代謝調節機構が発達しており、しかもそれは実験動物の寒冷適応状態にほぼ一致するものである」というのが伊藤の出した結論であった(伊藤　一九七四：七―一〇)。

参照文献

飯島渉　二〇〇五　『マラリアと帝国――植民地医学と東アジアの広域秩序』東京大学出版会。
石川準吉編　一九七六　『国家総動員史　資料編第四』国家総動員史刊行会。
石原房雄　一九六九　「混血児の知能及び学力テストの成績について(Ⅱ)」『人類学雑誌』第七七巻第四号、一一九―一二五頁。
石原房雄・佐藤一二三　一九四一　「日華混血児童の医学的調査」『民族衛生』第九巻第三号、一六二―一六五頁。
伊藤真次　一九七四　「寒地人の代謝性適応」『ＩＢＰ(国際生物学事業計画)成果シンポジウム』日本学術会議国際生物学事業計画(ＩＢＰ)特別委員会。
――　一九九九　『学問のモラルと独創性――生理医学の回顧と展望』理工学社。
江田いづみ　二〇〇四　「満州医科大学と「開拓衛生」」『三田学会雑誌』第九七巻第二号、一〇九―一二二頁。
小熊英二　一九九五　『単一民族神話の起源――〈日本人〉の自画像の系譜』新曜社。
科学読売編　一九六四　『世界の民族――未開から文明へ』河出書房。
加納実紀代　二〇〇七　「「混血児」問題と単一民族神話の生成」恵泉女学園大学平和文化研究所編『占領と性――政策・実

態・表象』インパクト出版会、二一三―二六〇頁。
清野謙次　一九四三『スマトラ研究』河出書房。
久野寧　一九四一「開拓衛生の根本問題」小坂隆雄編『満洲開拓衛生の基礎』金原商店、二一―三三頁。
――　一九四二「人体発汗器官の熱帯風土馴化」太平洋協会編『太平洋医学論叢』南江堂書店、一―二八頁。
――　一九四三『熱帯生活問題』石書房。
黒川みどり　一九九九『異化と同化の間――被差別部落認識の軌跡』青木書店。
厚生省人口問題研究所　一九五四『混血及移民に依る日本民族体位の影響に就て』厚生省人口問題研究所。
駒井卓　一九三四『日本人の遺伝』養賢堂。
――　一九四二『日本人を主とした人間の遺伝』創元社。
古屋芳雄　一九三五『民族問題をめぐりて』人文書院。
――　一九四一『国土・人口・血液』朝日新聞社。
――　一九五三「混血ものがたり――世界的に見た混血児問題」『婦人公論』第三九巻第四号、一六四―一六九頁。
小山栄三　一九四四『南方建設と民族人口政策』大日本出版。
坂野徹　二〇〇五『帝国日本と人類学者――一八八四―一九五二年』勁草書房。
澤田美喜　二〇〇一『黒い肌と白い心――サンダース・ホームへの道』日本図書センター。
篠崎信男　一九四三「民族混血の研究」『人口問題研究』第四巻第九号、一―二六頁。
新谷行　一九七七『増補アイヌ民族抵抗史――アイヌ共和国への胎動』三一新書。
人類学講座編纂委員会編　一九七七『人類学講座七　人種』雄山閣。
須田昭義　一九六四「日米の混血児」『自然』第一九巻第六号、二二―三〇頁。
――　一九六八「日米混血児とその人類学的研究」『人類学雑誌』第七六巻第三号、八九―九四頁。
生物圏動態ヒトの適応能分科会編　一九七〇『日本人の適応能――その研究方法と研究成果』講談社。
高橋義雄　一九六一「日本人種改良論」『明治文化資料叢書』第六巻、風間書房、一五―五五頁。
竹沢泰子編　二〇〇五『人種概念の普遍性を問う』人文書院。
ダワー、ジョン・W　二〇〇一［1986］『容赦なき戦争――太平洋戦争における人種差別』猿谷要監修・斎藤元一訳、平凡社ライブラリー。
坪井正五郎　一九〇八　「日本における雑婚問題」『東京人類学会雑誌』第二四巻第二七二号、五五―五九頁。
日本ユネスコ国内委員会編　一九五四　『人種とは何か』日本ユネスコ国内委員会。
野田一夫　一九四三　「内地人ト朝鮮人トノ混血児ニ就テノ遺伝生物学的研究(第二編)　混血児ノ身体発育(身長、体重及ビ胸囲)ニ就テ」『人類学・人類遺伝学・体質学論文集』三冊、四七―五五頁。
埴原和郎　一九五七　「日本人及び日米混血児乳歯の研究　V総括」『人類学雑誌』第六五巻第四号、一五一―一六四頁。
――　一九九七　『日本人の骨とルーツ』角川書店。
廣重徹　一九七三　『科学の社会史』中央公論社。
輔仁会編　一九七八　『柳絮地に舞ふ――満洲医科大学史』輔仁会。
輔仁同窓会編　一九五二　『満洲医科大学四十周年記念誌・附　業績集』満洲医科大学輔仁同窓会。
三宅勝雄　一九四三　「内鮮混血児の身体発育に就て――混血の民族生物学的研究」『人口問題』第六巻第二号、一〇五―一五四頁。
柳瀬敏幸　一九九九　「人類遺伝学の発展――草創期から黎明期まで(一)」『遺伝』第五三巻第一号、七五―八〇頁。
矢野暢　一九七五　『「南進」の系譜』中公新書。
吉村寿人　一九八四　『喜寿回顧』吉村寿人先生喜寿記念行事会。
吉村寿人・堀清記・籾山政子・片山功仁慧　一九七八　『日本人の熱帯馴化(日本人の生活と適応能シリーズ五)』社会新報社。
Collins, K. J. and J. S. Weiner. 1977. *Human Adaptability: A History and Compendium of Research in the International Biological Programme*, London: Tailors & Francis LTD.
Koshiro, Yukiko. 1999. *Trans-pacific Racisms and the U. S. Occupation of Japan*, Columbia University Press.
Yoshimura, Hisato and Toshiyuki Iida. 1952. "Studies on the reactivity of skin vessels to extreme cold, Part II. Factors governing the individual difference of the reactivity or the resistance against frost-bite", *Japanese Journal of Physiology*, vol. 2.

第8章　ヒトゲノム研究における人種・エスニシティ概念

加藤和人

はじめに――遺伝学と社会

人間を含む生物の形質がどのように親から子へ、子から孫へと伝わるのか、体格や体質、行動面での特徴などがどこまで生まれつき規定されているのかなど、遺伝の仕組みを探究する自然科学の一分野が遺伝学である。

今から一〇〇年と少し前、メンデルの遺伝の法則の再発見で本格的に始まった遺伝学は、二一世紀初頭のヒトゲノム解読完了に至るまでの一〇〇年余りで大きな変化を遂げるとともに、さまざまな影響を社会に及ぼしてきた。

二〇世紀前半は、遺伝学研究が負の面で大きな影響を社会に与えた時代であった。人間や生物の形質が親から子へ伝わるという遺伝の知識は、人類集団の形質の向上を目指す優生学の根拠となり、それはやがて各国の政策にも取り入れられていった(米本ほか 二〇〇〇)。過剰な遺伝決定論に基づき、まずは犯罪者や精神疾患の患者など、負の形質を持つとされた人たちが犠牲になり、強制的な断種手術などが行われた。そして、ナチス・ドイツにおいては、アードルフ・ヒトラーの政権下でアーリア人種の優秀性が喧伝され、ユダヤ人の排除と大虐殺へと展開していく。

二〇世紀後半に入ると、第二次世界大戦中の出来事の反省のもとに、優生学的な思想は表向きには否定されていく。例えば、国連は、一九四八年の第三回総会において、「何人も人種、皮膚の色、性、言語、宗教、政治的意見、出身国、社会的門地その他で差別されない」という「世界人権宣言」を採択している。直後の一九五〇年には、ユネスコが「人種問題についての専門家によるユネスコ声明」を採択し、人種概念には生物学的根拠はないことを表明した(竹沢 二〇〇五：六〇)。しかしながら、優生学をもとに進められていた断種手術や人種による差別は、多くの国で一九六〇年代、七〇年代まで続き、優生学を否定する考え方が実質的に広がるには相当な時間がかかった(米本ほか 二〇〇〇)。日本においても、人種主義に基づいた研究は一九六〇年代まで実施されていた(本書第七章坂野論文)。しかし、全体としては、米国における公民権運動などの結果、人種の違いに基づく法制度は次第に撤廃されていき、遺伝学研究においても、研究の成果と人種の違いとの関係をあからさまに語ることは少なくなっていった。

一方で、生物の遺伝の仕組みに関する研究は、二〇世紀の後半に入り、大きく発展する。新しく生まれた分子生物学の手法を用いて、遺伝子が伝わる仕組み、遺伝子が働く仕組みが分子レベルで詳細に解明された。医学研究における人間の遺伝子の研究も進み始める。そして登場したのがヒトゲノム計画である[1](榊 二〇〇一：松原 二〇〇二)。一九九〇年から一三年間をかけて、人間の遺伝情報の全体である「ヒトゲノム」の解読が、日・米・英など六カ国の国際共同研究として実施された(加藤 二〇〇四：服部 二〇〇五)。

人間の遺伝情報が詳しく解読できるようになるとともに、いったん離れていた遺伝学と社会との関係は再び複雑になり始める。すなわち、多くの人類集団の遺伝的形質が調べられるにつれて、異なる地域に住む人たち、あるいは異なる祖先を持つ人たちが、病気の罹りやすさ、薬の効きやすさ等に関して、異なる性質を持つことを示唆するデータが出始めたのである。違いが明らかになると、差別を含むさまざまな社会的問題が生まれる可能性がある。

こうした人類集団の違いを科学者たちはどのように利用しようとしているのか、あるいはこうした情報を科学者は社会にむけてどのように語っているのか。その際に、古くから存在する人種・エスニシティ[2]の概念はどのように使われているのか。そして、人種・エスニシティの科学的表象は、遺伝学研究の変遷とともに、どのように変化してきたのか。本章では主として一九八〇年代の終わりから現代にかけての動きに注目し、先端医学研究・ヒト遺伝学研究における人種・エスニシティ概念の扱われ方を分析する。そうした分析を通して、本来客観的で中立的な情報を扱うとされる科学研究が、人種・エスニシティの社会的表象や、それらを取り巻く政治的・社会的動向から直接・間接の影響を受けている様子を明らかにすることが本章の目的である。

一　遺伝学の変化とヒトゲノム研究の登場

1　個別遺伝子の研究から「ヒトの遺伝的多様性の研究」の時代へ

ここでは、一九七〇年代の遺伝子組換え技術の登場から、二一世紀のヒトゲノム解読終了後までの三〇年余りの遺伝学の変化を振り返っておく。

まず、一九七〇年代から八〇年代にかけての「遺伝子を個別に研究する」時代には、「遺伝子組換え技術」という新しい方法が登場し、それまで困難だった人間を含む複雑な動物や植物の遺伝子研究ができるようになった。しかしながら、当時の研究者は一つないし数個の遺伝子を対象に研究を行うことで精一杯であった。

その状況は、ヒトゲノム計画の登場とともに大きく変化する。がんなどの複雑な病気を理解するために、遺伝子を個別に研究するのではなく、ヒトゲノムに含まれる遺伝子の情報をすべて解読する国際プロジェクトが一九九〇年にスタートした。当初の予定よりも二年早い二〇〇三年四月に完全解読が終了し、人間の遺伝子の数は予想されていた約一〇万個よりもはるかに少ない二万数千個であることなどが明らかになった（服部 二〇〇五）。

研究のスタイルは大きく変わったが、その一方で、ヒトゲノムの解読は期待したほど多くのことを教えてくれなかった。多数の遺伝子がどのように人間の体を作るのか、どの部分がどう変化するとがんになるのか、詳しい理解は進まなかった。なぜなら、解析されたのはほんの数人分のゲノムだったからである[3]。

そうした状況を踏まえ、二〇〇〇年代の初頭から本格的に始まったのが、「ヒトの遺伝的多様性（human genetic variation）の研究」である。病気のなりやすさや薬剤の効きやすさなどのさまざまな形質がゲノムの個人差のどの部分に起因するのかを調べることが研究テーマとなり、何万、何十万人の人から採取された試料を分析し、統計的に解析する研究手法が使われるようになった。

一例として、二〇〇七年にイギリスの研究グループが公表した研究では、一万四〇〇〇人のさまざまな病気を持った人と三〇〇〇人の健康な人のゲノムが比較され、糖尿病や心臓病などの病気になりやすくする遺伝的要因がいくつも発見された（Wellcome Trust Case Control Consortium 2007）。この成果は、二〇〇七年の科学誌『サイエンス』の年間一〇大ニュースの第一位となったことからも、大きな進歩と受け止められていることがわかる。

ただし、こうした研究でわかった遺伝的要因のほとんどは、それを持つと確実に病気になるのではなく、持たない人に比べて発症しやすくなるという程度のものである。病気になるかどうかは、遺伝的要因に加え、食習慣や生活習慣などの環境要因が重要な役割を果たす。したがって、「アフリカ系アメリカ人には心臓病が多い」、「〇〇病は日本人に多い」といった記述は遺伝的要因によるとは限らず、社会的・経済的格差から生まれる環境要因による可能性も十分にあることを覚えておく必要がある（竹沢 二〇〇五：七〇―七一）。

2　ゲノムから系統を探る

ヒトゲノム研究と人種・エスニシティ概念の関わりを考える際には、もう一つのことを知っておく必要がある。ヒトゲノムに含まれる遺伝的多様性には大きく分けて二種類あることである。

前項で述べた病気の遺伝的要因に関する研究などでは、個人のゲノムの違いのうち、どの部分が病気のなりやすさや薬剤の効きやすさ、副作用の出やすさなどに影響するかが研究のテーマであった。すなわち、ゲノムの中の「機能的な違い（働き方の違い）」を明らかにすることが目指されている。

一方、ゲノム中には機能を持つ（なんらかの働きを持つ）遺伝子の情報とは別に、機能を持たない情報が大量に含まれている。それらの配列はたとえ差があっても意味はなく、病気の罹りやすさなどには影響しないが、そのゲノムを持つ人の系統を辿るのに使えるのである。

これまでの研究から、ヒト（ホモ・サピエンス）という種は、約二〇万年前にアフリカで生まれ、まずヨーロッパに、そしてアジア、オーストラリア、アメリカ大陸へと広がったと考えられている。詳細については種々の説があるが、アフリカが起源であること、その後世界に拡散した点ではほぼ一致している。

多数の人のゲノムが実際に調べられ、明らかになってきたのは、拡散の歴史を共有する人々同士は、ゲノムの配列がお互いに似ていることである[(4)]。ある人のゲノムがアフリカにとどまった人に近いのか、アジアに移動した人たちに近いのかはもちろん、同じ地域内の違いを見ることもできるようになった。最近の研究によると、一四〇〇人のヨーロッパ系の人のゲノムが調べられ、数百から数千キロ以内という驚くほどの精度で祖先がヨーロッパのどの地域に由来するかが予測できている(Novembre et al. 2008)。

これらのことはしかし、系統ごとにゲノムの機能的な部分が異なることを意味するわけではない。ゲノムのほとんどは機能とは無関係であり、それらを合わせたゲノム全体の情報を用いて、系統の解析が行われている。さらに、系統を辿ることができても、違いが連続的であれば、集団全体をカテゴリーに分けることはできない(竹沢 二〇〇五：七二)。

ヒトゲノム研究と人種・エスニシティの議論が複雑になる理由は、前項で述べた「病気は遺伝的要因と環境要因が重なって起こる」という点と、ここで述べた「ゲノムの情報で系統を辿ることができる」という点が複雑に絡まるからである。

二　米国を中心とした世界の動き

1　ヒトゲノム研究の始まりと人種問題

それでは、前節で述べたような遺伝学研究・ヒトゲノム研究が進められていく中、人種やエスニシティの問題はどのように扱われてきたのか。本節では、米国と国連を中心に見ていく。

まず、一九八〇年代の末にヒトゲノム計画が始まろうとしていたとき、一つのことが定められた。プロジェクトを進めるに当たって生じると予想される社会的課題に取り組むために、米国内のＮＩＨ（米国国立衛生研究所）やＤＯＥ（米国エネルギー省）から拠出される研究費の三％を割いて、ゲノム研究の倫理的・法的・社会的課題（Ethical, Legal and Social Implications）に関する研究を実施することが義務付けられたのである（頭文字を取り、「ＥＬＳＩプログラム」と呼ばれる）。この決定がなされた理由は、当時米国のヒトゲノム計画の代表で、ＤＮＡの二重らせん構造の解明でノーベル賞を受賞したジェームス・ワトソンが、官僚たちの反対を押し切って必要性を主張したことだといわれている（ウィンガーソン　二〇〇〇：三〇五）。

この決定の結果、今日に至るまで巨額の研究費が法学者・文化人類学者・哲学者などによる、個人や集団に対する差別はどのような形で起こりうるのか、防止のためには何が必要かといった課題についての研究に投じられてきた。

ＥＬＳＩプログラムが設定された背景には、優生学や人種差別の歴史が直接に関係していることが記録に残っている。最も明確なのはワトソン自身の言葉である。ワトソンは、自らが所長を務める米国のコールド・スプリング・ハーバー研究所の一九九六年の年報（出版は一九九七）[5]で、次のように語っている（Watson 2000: 202）。

> 一九八八年の一〇月、私がヒトゲノム計画の世話役として四年間の任期をスタートさせた時点で、私はＮＩＨの（ヒトゲノム計画のための）研究費の三％[6]は、新しく生まれる遺伝学的知識が引き起こす倫理的・法的・社会的課題に関する研究と議論をサポートするために使うべきであると主張した。もっと少ない割合であれば表面的なものと見なされたであろうが、もっと多くしたのでは使い道に困ると考えた。三％という私の提案のもと、約六〇〇万ドル（二億ドルの三％）が最終的に用意されることになった。その額はこれまで米国政府が生物学的研究の倫理的課題に使ってきた額よりもはるかに大きいものであった。
>
> ゲノムという課題にそれほど素早く倫理を持ち込んだのは、私自身の個人的な恐れに対処するためであった。私は、かつて社会的に大きな論争の的となった「優生学記録所（Eugenics Record Office）」が設置されていたコールド・スプリング・ハーバー研究所の代表であり、そのことを、批判的な立場に立つ人たちがすぐに指摘することは間違いなかった。ゲノムの倫理のプログラムをただちに設置しなければ、私は隠れ優生学者であって、長期

的な意図は、社会的・職業的に人々を分類し、さらには人種差別を行うことをはっきりと可能にする遺伝子を見つけることだと批判される可能性があった。だから物事を先取りし、ＥＬＳＩプログラムの目的は、遺伝的なサイコロで不運な組み合わせを引くことから生まれる社会的不正と闘うことであると、はっきりと提示する必要があった。

もう一つの動きは国連によるものである。国連の一機関であるユネスコは、ヒトゲノム解読の進展に伴う社会的差別や医療の格差などに関し、問題を先取りして世界に提示するために、一九九三年、ユネスコ内部の組織として「国際生命倫理委員会(International Bioethics Committee(ＩＢＣ))」を設置した。ＩＢＣが四年におよぶ検討を行い作成した「ヒトゲノムと人権に関する世界宣言」は、一九九七年の国連総会で採択された(位田 一九九九)。宣言の中には、「象徴的な意味において、ヒトゲノムは、人類の遺産である」、「何人も、その遺伝的特徴の如何を問わず、その尊厳と人権を尊重される権利を有する」という条文が盛り込まれ、後者は、個人についても集団についても、遺伝的要因によって差別を受けてはならないと謳っている(7)。

二〇世紀前半に遺伝学が社会にもたらした負の影響の大きさを考えるならば、遺伝学の発展形として始まったヒトゲノム計画が、再び人種差別を含む社会的問題の原因となることは避けるべきと多くの人が考えたのは当然であった。優生学の反省や人種差別の回避という課題はヒトゲノム研究の中で重要な位置を占めていたのである。

ただし、ＥＬＳＩプログラムやユネスコの宣言は人種差別のみを念頭においたものではなかった。遺伝的な理由で特定の病気になりやすいことがわかると、医療保険の加入や雇用において差別が起こる可能性がある。個人に対する差別を防ぐ仕組みを整備することもヒトゲノム研究にとって重要な課題であった。

実際、ヒトゲノム計画の開始からしばらくの間、人種やエスニックな集団間の違いに関する研究は、遺伝学においては必ずしも多くなかった。反対に、集団の違いの探求につながる研究を意図的に抑制する動きも起こっていた。一九九八年に公表された文書では、米国国立ヒトゲノム研究所がゲノムの多様性を調べるために用意した四五〇人分の研究試料(8)について、ヨーロッパ系、アフリカ系、ラティノ系、アジア系、先住アメリカ人の五種のアメリカ人集団中(9)

のどれに由来するかという情報をはずす決定をし、それらの試料を使う研究者に対して、試料のエスニシティを同定しないことを求めることになったと述べられている(Collins et al. 1998)。

2　ヒトゲノムの概要配列発表

一九九〇年代の終わり、ヒトゲノムの解読がある程度進みだした頃、公的機関による国際プロジェクトに対抗して、バイオベンチャーがヒトゲノムの解読に乗り出すという出来事が起こり、メディアは解読競争が始まったと書きたてた。事態を憂慮した関係者は、両者がどちらも解読に成功していることを示すために、共同の記者会見を設定した。それが二〇〇〇年六月のビル・クリントン、トニー・ブレアという米英の両首脳によるヒトゲノムの概要配列解読終了の発表である。[10]

記者会見では、クリントン大統領、公的プロジェクトを率いた米国国立ヒトゲノム研究所所長のフランシス・コリンズ、公的プロジェクトと競争を演じたバイオベンチャー・セレラ社の社長であるクレーグ・ヴェンターが並び立ち、ヒトゲノムの概要解読の終了が宣言された。英国首相のブレアは衛星回線でロンドンから参加した。

まずコリンズが、ヒトゲノムの解読は生物学・医学の歴史に残る偉業であることを誇らかに述べたのち、「人種にかかわらず、ヒトのゲノムは九九・九%以上が同じである」と述べ、ヴェンターは「セレラ社が用いた方法では五人の方の遺伝的暗号を決定しました。私たちがゲノムの配列を解読したのは自らがヒスパニック、アジア系、コーカソイド、アフリカ系アメリカンと称している三人の女性と二人の男性です。私たちはこれらの対象を他のグループを排除するためではなく、アメリカが持つ多様性に敬意を表し、かつ、人種の概念が遺伝的・科学的根拠を持たないことを示すために選んだのです」と述べている。[11]

これらの発言について二つのことを述べることができる。一つは、ヒトの遺伝的多様性の研究が大きく進んだ現在(二〇〇九)の時点において、「人種の概念が遺伝的・科学的根拠を持たない」という主張自体は、この問題をある程度しっかりと検討している研究者たちのコンセンサスとなっているということである(第四節第1項参照)。しかしながら、当時得られていたほんの数人のゲノムのデータ、しかも概要解読のデータは、人種の違いに遺伝的根拠があるのか、ないのかを示すのには不十分であったはずである。[12] つまり、記者発表における人種に関する発言の内容は、十分なデータがないままに政治的な懸念から作られたものだといえる。

記者会見が行われた二〇〇〇年頃は、ヒトゲノム解読に関して、コリンズが率いる公的プロジェクトと、ヴェンターが率いるバイオベンチャーが激しく競争し、大きな注目を浴びていた時期であった。その中で、ヒトゲノムの解読はあくまで科学や医療の進歩のためのプロジェクトであり、人種の違いといった複雑な社会的問題とは関係ない印象を与えることが重要であったことは容易に想像できる。

実際には科学的な根拠が十分でないにもかかわらず、社会的・政治的な理由で研究の進め方や研究者の発言が影響を受けていることに関し、ヒトゲノム計画の創始者の一人であり、ヒト遺伝学の研究者であるメイナード・オルソンは、最近出版された論考の中で「ヒト遺伝学者たちが人種に関して「怯えている(gun-shy)」ことは否定しがたい」と述べている(Olson 2008: 87)。科学者が社会からの圧力によって、言動だけでなく、研究の進め方にまで気をつかう様子に対して批判的だ。

ワトソンが長く所長を務めたコールド・スプリング・ハーバー研究所の出版局は、二〇〇八年、アメリカの優生学運動の指導的立場にあったチャールズ・ダベンポートの著書 *Heredity in Relation to Eugenics* を復刻版として出版した(Witkowski and Inglis 2008)。オルソンの論考は、そこに同時に掲載された医学・生物学者や法学者などによる九本の論考の中の一つである。

オルソンは、ダベンポートが科学研究の成果を社会的に誤用した過程を強く非難した後、ヒトの遺伝的多様性の研究が急速に進む二一世紀には、ダベンポートと同じ過ちを犯す危険性が非常に高まると警告している。彼は、「実際のところ、集団ごとの遺伝的な違いがどの程度、生物学的に重要な特徴に影響を与えているか、我々はまだほとんど何も知らない」と述べ(Olson 2008: 87)、政治や社会的圧力に振り回されない冷静な研究を進め、医学の発展や人間理解につなげることの重要性を主張している(Olson 2008: 94–98)。

三　医学研究と人種・エスニシティ概念——米国における研究制度

1　人種・エスニシティの違いを医学に利用する——政府機関が主導する人種特異的薬剤の登場

ヒトゲノムの解読が人種の違いに根拠はないことを示したという言説が表明されるのと平行して、その反対に、人種やエスニシティの違いを医学に活用することを奨励する動きが米国では起こっていた。

特に、ヒトゲノムの完全解読が終了した二〇〇三年頃からは、第一節で述べたヒトゲノムの多様性を解析する研究プロジェクトが次々と進み始め、集団の違いを取り扱う研究が多数生まれるようになった。

それに先立つ動きとして、ヒトゲノム研究を含む医学研究全般に関わって、一九九〇年代に、ＮＩＨが人間を対象とする医学研究に関して定めた規則に言及しておく。米国の国立機関であるＮＩＨでは、米国政府の方針によって女性やマイノリティの人種・エスニック集団に対して不利にならないように配慮することをさまざまな分野で強制している。その方針が医学研究にも適用された結果、ＮＩＨから支給される研究費で人間を対象とする医学研究を行う際には、女性やマイノリティの集団を必ず取り上げなければならないことが定められたのである(Office of Management and Budget 1997)。しかも、その際のカテゴリーは、国勢調査局が用いているものを使うこととされた。結果として、ラティノ系やアジア系、そしてアフリカ系アメリカ人などの集団が意図的に研究の対象集団として取り上げられるようになった。

一見矛盾するヒトゲノム研究コミュニティの対応と医学研究全般における動きとが同時に起こった理由の詳細はわからない。同じ米国の政府系機関にも多数の分野があり、深い連携を取らずに動いていたことが一因ではないかと思われる。

ともあれ、こうした動きの延長上で重要な出来事が起こった。二〇〇三年一月、ＦＤＡ(米国食品医薬品局)が、薬剤の開発者に対して、治験(人を対象にした薬効の検査)の際の対象集団を国勢調査局が用いるracial categoryを使って報告するように指示を出したのである。指示の背景には、人種やエスニシティによって薬剤の効果や副作用に違いがあることが明らかになってきたという考えがある。二〇〇三年に公表されたニュース・リリースには以下のようにある(FDA 2003)。

いくつかの研究によって、薬剤への応答性が人種によって違うことが示されている。米国においては、白人のほうが、アフリカ系やアジア系の由来を持つ人に比べて、さまざまな治療に用いられる薬剤、例えば、抗うつ薬や抗精神病薬、βアドレナリン受容体遮断薬などを代謝する酵素の働きが異常に低いレベルにある可能性が高い。別の研究では、黒人は、βアドレナリン受容体遮断薬やアンジオテンシン変換酵素阻害薬など、いくつかの種類の降圧薬に対する反応が相対的に弱いということも明らかになっている。加えて、アジア系の由来を持つ人では、心理療法に用いられる薬剤の代謝が、白人や黒人に比べて遅いという報告もある。これらの違いの要因は複雑であり、遺伝的な要因もあれば、食習慣、環境要因への曝露、社会文化的な要因、あるいはこれらの要因の組み合わせなどが考えられる。

ここでは、ヒトゲノム研究者のコミュニティが人種に関して「怯えている」のとは対照的に、「白人」「黒人」という表現が躊躇なく使われている。ただし、集団間の違いの要因は遺伝的要因、環境要因、経済的要因などが組み合わさったものだと記されている。

二〇〇五年六月、ＦＤＡは、この考えを基礎に、慢性心不全の薬バイディル(BiDil)を、アフリカ系アメリカ人を対象に認可した(FDA 2005)。特定の人種やエスニシティ集団を対象に薬剤が認可されたのはこれが初めてで、〝特定人種用医薬(race-specific medicine)〟として世界中が注目することになった。

バイディルが特定の人類集団を対象に認可されたことに関しては、賛否両論がある。一般的に低いレベルの医療しか受けられていないアフリカ系アメリカ人のコミュニティの人たちの一部は、自分たちを対象にした医薬品が認可されたことを歓迎したという。発展途上国の医療に強い関心を持つカナダの研究者、ダーとシンガーも賛意を示した。

彼らは、英国の雑誌『ネイチャー・レビューズ・ジェネティクス』に発表した論考で、遺伝的な差異に応じて特定の集団に効果的に効く医薬品が見つかれば、十分な医療を受けられない発展途上国の医療水準を向上させるのに役立つと述べている(Daar and Singer 2005)。

一方、二〇〇七年の『サイエンティフィック・アメリカン』誌上で、ジョナサン・カーンは、バイディルがアフリカ系アメリカ人によく効くことを裏付ける十分な科学的根拠はないと批判している。ＦＤＡが用いたデータは、アフリカ系アメリカ人と自称する人たち約千人を対象に行われた大規模な治験としては一回きりのもので、他の集団との効果の違いなどを改めて調べる詳しい検証がなされていないという(Kahn 2007)。

実際、ダーとシンガーたちの論考をよく読むと主として想定されているのは人種よりも相対的に小さいエスニックな集団であることがわかる。さらに、「研究が進めば人種やエスニシティなどの社会的論争を生む集団ではなく遺伝学的な系譜に基づく新しい集団が見えてくるかもしれない」といった記述もあり、古くから使われてきた大集団を指す人種のカテゴリーは、適切ではないことが認識されている。

2　公民権運動が生み出した医学研究の指針——パトリシア・キングの講演から

ここまで見てきたように、米国の医学研究においては、ヒトゲノム研究のコミュニティのように人種やエスニシティの違いに関して慎重になる動きと、政府機関であるＮＩＨによるマイノリティを積極的に研究対象にする方針が、相互に関係しながらも独自の動きをとってきたといえる。

後者については、もともとは、経済的、社会的な理由で低レベルの医療しか受けられないマイノリティの集団に注意を向けさせる意図があったと思われる。例えば、アフリカ系アメリカ人に心臓病や高血圧が多いことは古くから知られていたが、その理由を解明する必要があった。こうした病気の発症率などの差には、本来、食事や生活習慣などの環境要因と遺伝的要因のいずれもが原因になりうるはずだった。にもかかわらず、そうしたマイノリティに目を向ける政策が、やがて集団間の遺伝的な違いを探求する研究を必要以上に奨励するようになったことは否めない。

二〇〇八年五月、米国クリーブランドでヒトゲノム研究の倫理的・法的・社会的課題（ＥＬＳＩ）に関する国際会議が開催された。(13) そこで、米国政府の種々の政策立案にも関与した法学者で、一九八九年にヒトゲノム研究のＥＬＳＩプログラムを立ち上げるために設けられた計画策定委員会の一人であったパトリシア・キングが歴史を振り返って基調講演を行った。(14)

ＥＬＳＩプログラムの大御所といえるキングは、筆者を含む三〇〇人の聴衆を前に、人種問題が当初から非常に重要な課題であったこと、一九六四年に公民権法が制定され、人種差別は制度上終わりを告げたが、実質的な不平等は残っており、七〇年代に明るみに出た、黒人が医学の人体実験の対象となったタスキギー事件(15)をきっかけに自分は生命倫理の分野に入ったと述べた。さらに、八〇年代初期にはアフリカ系アメリカ人の研究者は非常に少なく、ほとんどの医学研究が白人を対象に行われていたこと、そして一九八五年には政府の中に人種の不平等を指摘するタスクフォースが設置され、その結果、一九九四年に議会が生物医学研究にマイノリティを含める法案が成立したことなどを、自らの経験を振り返りながら述べた。

キングの講演からわかることは、マイノリティ集団を医学研究の対象に含める制度ができたのは、公民権運動を含む人種差別撤廃運動の直接の結果だということである。キングは、こうした経緯について、「よかったことも多くあるが、払った代償も大きい。人々はレンズを通して違いを見るようになってしまった」と、当初は社会的差別という環境要因から生じた差異に注目していたはずなのに、結果的に人種やエスニシティなどのカテゴリーの使用を通して、集団の遺伝的な違いを調べる研究を進めてしまったと述べている。そして、社会的・経済的な要因（socio-economic factors）にもっと目を向ける必要があることを強調し、講演を終えた。

前節と本節では、米国における遺伝学研究・医学研究の状況を広く見渡してきた。ヒトゲノム研究のコミュニティの振舞いを見ても、医学研究の制度を見ても、本来客観的かつ中立的な研究を行うとされる科学者たちが、さまざまな社会的影響のもとに研究に携わっていることが見えてきたといえるだろう。

四　続く論争とワトソンの人種差別発言

1　二つの論集にみる科学者・専門家の意見

二〇〇〇年代に入ると、ヒトの遺伝的多様性の研究は本格的に進み始めた。その結果、人種とヒトゲノム研究についての議論が九〇年代とは違う形で活発に行われるようになっている。ここでは、二〇〇四年と二〇〇六年に刊行された二つの論集を見る。

二〇〇三年五月には、米国でアフリカ系アメリカ人が多数在籍する大学としてはトップクラスのハワード大学で、「Human Genome Variation and 'Race'」と題した会議が開催され、論考集が二〇〇四年一一月に『ネイチャー・ジェネティクス』誌から発行された（Nature Genetics Supplement 2004）。この会議は、ヒトゲノム計画をサポートした米国エネルギー省が財政的な援助をし、国際プロジェクトのリーダーであったフランシス・コリンズなどを含む、著名な研究者が多数参加した。論考からは、生物学的に厳密な人種は定義できないことが全体としての共通意見だといえる。その上で、人種の違い――遺伝的要因よりも社会経済的な要因によって生まれた違い――を社会的事実としてどのように使うべきかについて意見が分かれている。

もう一つの論集は、二〇〇六年六月にSocial Science Research Council（ＳＳＲＣ）がWeb上で刊行したものである[16]。二〇〇五年三月、英国の進化発生生物学者のアーマンド・レロイが『ニューヨーク・タイムズ』の公開論説に、「最近の生物学や社会科学の研究によって、人種の違いが遺伝学的に同定できることがわかった」という内容の文章を発表した（Leroi 2005）。これに対し、おそらく論説の主張を広く検討する必要があると考えたＳＳＲＣが、生物学・医学から人文・社会科学までの広範囲の研究者に論考の執筆を依頼し、一四本が掲載された。

論集全体を見てみると、寄稿者たちは、①レロイの主張とは反対に、人類集団にはかなりの遺伝的多様性があるが、その多様性は人種のカテゴリーとは一致しないと考えていることがわかる。自然人類学者のアラン・グッドマンは

「レロイの間違いは人種とヒトの多様性を混同したことだ」と批判し(Goodman 2006)、ダンクリーやスティーヴンスたちも、レロイが人種の科学的根拠として前述の『ネイチャー・ジェネティクス』誌の論集を引用していることに対し、同論集には「人種の科学的根拠を示す論考はなかった」と指摘している(Dunklee et al. 2006; Stevens 2006)。そして、②そうした多数意見があるにもかかわらず、レロイをはじめとする少数の研究者が人種に遺伝的な根拠があるとかたくなに主張し続けていることや、③遺伝的根拠はなくても、社会経済的な事実として人種の違いは存在し、差別の健康への影響を調べることが重要だと社会疫学の研究者が主張していること(Krieger 2006)、などがわかる。

そもそも疫学分野においては、遺伝的背景が同じであっても環境の違いで病気の発症率が異なることを示した研究は多数存在する。例えば、米国にいるアフリカ系アメリカ人と、彼らが由来する地域であり、遺伝的に似た性質を持つ西アフリカの人たちの間では高血圧の発症率に大きな違いがあり、西アフリカの人たちの発症率は米国の白人たちよりも低い(Cooper et al. 2005)。

ＳＳＲＣの論集の中ではもう一つ重要な点が指摘されている。人類集団を安易にカテゴリーに分けることの危険性である。第一節の最後で述べたようにゲノムの分析によって人類の系統を辿ることができるようになったが、そのことがそのままカテゴリー分けを可能にする訳ではない。ましてや古典的な人種に対応するカテゴリーには分けられないというのが論考の筆者たちの考えである。筆者の一人、進化遺伝学者のジョセフ・グレーヴスは、以下のように指摘している(Graves 2006)。

ヒトの遺伝的多様性の研究に用いられる試料の集め方自体が、結果の解釈を限定してしまっている。世界の人々の遺伝的多様性を正確に反映させるためには、世界の異なる領域間の距離に応じてシステマティックに試料を集めなければならない。加えて、個々の領域について適当な数の個人を調べる必要がある。この点は、頻度の低い遺伝的変異を見つけるためには特に重要だ。一例として米国の製薬会社による研究では、しばしばアフリカ系アメリカ人(サブサハラのアフリカを代表する)、ヨーロッパ系アメリカ人(ヨーロッパのさまざまな地域を代表する)、およびさまざまなアジア系アメリカ人という、三種類の地域に祖先を持つ人々が対象とされる。そうした試料収集方法を取れば、それらの人々が三つのグループに分かれることは当然になる。なぜなら、ヒトの遺伝的多様性の分布のうち、上記以外の地域の人々が研究から排除されているからである。

同じことを社会学者のトロイ・ダスターも指摘している。ダスターは今回の論集に、学術雑誌『サイエンス』に発表した「人種と科学における実体化」と題した論考を寄稿し、同じ号に掲載された科学論文に言及しながら、人種のカテゴリーが科学研究において「実体化」されていく危険性を指摘している(Duster 2005)。言及された論文では、アフリカ系アメリカ人、ヨーロッパ系アメリカ人、および中国の漢集団の人たち計七一人からDNAの試料が集められ、集団ごとのゲノムの特徴が複数の表で示されている(Hinds et al. 2005)。ダスターが警告したいのは、三つの集団が暗に人種のカテゴリーを示唆し、違いが見つかった際に人種の違いと解釈され、やがて本来は科学的に定義できない人種の概念が「実体化(reification)」していく危険があることだ。

ここで注目すべきことは、グレーヴスやダスターが、科学研究そのものの進め方、つまり科学研究者が研究活動の中で使うカテゴリーの妥当性について警鐘を鳴らしている点である。科学者が科学の成果を社会にどう伝えるかではなく、科学の営み自体の中身が問われている(竹沢 二〇〇五)。

一方、研究プロジェクトによっては、古典的な大集団としての人種のカテゴリー名を意図的に使わなかった例もある。「国際ハップマップ計画」というヒトゲノムの多様性の基本地図を作るためのプロジェクトでは、①ナイジェリアのイバダンのヨルバ人、②東京在住の日本人、③北京在住の漢民族系中国人、④北ヨーロッパや西ヨーロッパから来た祖先を持つ米国ユタ州の住民合計二七〇人から試料を入手して、研究が行われた。その際に、不用意な一般化を避けるために、それぞれの集団に、YRI(Yoruba in Ibadan の略)、JPT(Japanese in Tokyo の略)、CHB(Chinese in Beijing の略)、CEU(CEPH samples collected in Utah の略)[17]といった記号による名称がつけられ用いられることになった(The International HapMap Consortium 2005)。「アフリカ系、アジア系、ヨーロッパ系」などの呼称が使われないように配慮したのである[18]。

人種の科学的・社会的位置づけについて議論が続くなかで、一つの事件が起こった。

2　ワトソンの人種差別発言

二〇〇七年一〇月、出版する本の宣伝で英国に滞在していたジェームス・ワトソンが、黒人は生まれつき知性が劣っているという発言をしたのである。新聞記事によれば、ワトソンは、「私はアフリカの可能性について悲観せざるを得ない。われわれの社会政策はすべて、アフリカ人の知能がわれわれと同じだという前提に基づいているが、実験結果はすべてそうでないことを示している」と発言したという(19)。

発言を受けて、ワトソンが所長を務める米国のコールド・スプリング・ハーバー研究所は彼の職務を停止し、米国人類遺伝学会は非難声明を出した(20)。

ワトソンはなぜこのような発言を行ったのか。本当の理由はわからないが、ある程度の推測は可能である。ワトソンは、人間の精神活動に遺伝子の影響はないと主張する学者たちに対して、精神活動や性格、行動には何らかの遺伝的要因が関わると主張してきた(Watson 2000: 205)。ワトソンによると、そうした学者の多くは左派に属し、肉体は別として、人間の精神は生まれながら完全に平等だという間違った主張をしている。確かに、人間の精神活動に遺伝要因が関与し、なんらかの形で個人ごとの違い(多様性)を生んでいることは科学者コミュニティの一般的コンセンサスだが、その違いがワトソンの中で人種の違いと結び付いているのである。

いずれにせよ、ヒトゲノム研究のＥＬＳＩプログラムの生みの親がこうした事件を起こしたことは悲惨だと言うべきだ。ＥＬＳＩプログラムは、社会の中の差別といかに闘うかを何年もかけて検討してきたが、プログラムの生みの親のワトソン自身の中に人種差別思想が存在することが明らかになったのだから。こうなると、ワトソンがＥＬＳＩプログラムを作り出したのは、本気で倫理的問題に取り組む必要性を考えたからではなく、自らの考えに対する批判をかわすためだったという推測もできる。

ワトソンの考え方や振舞い、そして前節で取り上げた議論を見ると、結局、米国社会は、人種やエスニシティの科学的・社会的位置付けについて、コンセンサスを作れないままに、右往左往しながら議論を続けているといえるだろう。

五　日本の状況

前節まで長々と米国を中心とした状況を見てきたが、ひるがえって日本の状況はどうか。日本では、人種が話題になる機会が米国に比べはるかに少ない。そのことは、人種に関わる問題が存在しないことを意味するのではなく、本書の論文の多くが指摘しているように、人々の間にある差異という形で問題は厳然と存在する。しかし、人種問題が表立って話題になることが少ないことは確かであり、そのことがかえって全体像を見えにくくしている。そのため限られた情報に基づく議論であるが、日本人の中には人種の違いに関する単純化された思い込みがあるようだ。

その思い込みには二種類ある。一つは、「白人」「黒人」「アジア人」などのカテゴリーに実体があるというものであり、もう一つは、カテゴリー間にさまざまな性質に関する、生まれつきの遺伝的な差異が明確に存在するというものである。本書第一一章の川島論文が指摘しているように、日本では「黒人は運動能力が高い」という考えが流布しているが、科学的な根拠はなく、二つの思い込みの典型例だといえる。特徴的なのは、深い議論がないままに受け入れられていることだ。

遺伝学研究・医学研究の中でも同様の状況は見られる。ヒトゲノム研究において、近年、薬剤に対する応答性や副作用の個人差が語られる場面が多いが、それらに関する論文や文書の中で、「○○に関する応答性には人種差がある」、「○○の遺伝子多型（遺伝子の多様性）の頻度には人種差が見られる」といった表現はごく普通に見られる。

とりわけ指摘しておきたいことは、政府機関の文書にも同様の表現が見られることである。血液凝固阻害剤のワルファリンについて、厚生労働省所轄の独立行政法人・医薬品医療機器総合機構から出された文書に以下のようなものがある(医薬品医療機器総合機構 二〇〇七)。

このワルファリンの治療効果に関する遺伝子多型の頻度には、人種差が報告されている。ワルファリン感受性が高いと言われるVKORC1のH1、H2タイプの頻度は、アジア人では九割程度と、欧州人で約四割、アフリカ人で約一割であるのに比べて高いという報告がある。一方でワルファリンの代謝能を低下させるCYP2C9の遺伝子多型の頻度は、日本人では五%未満と言われており、他の人種で一—二〇%程度であるのに対し高くはないが、総じて、日本人にはワルファリンに対する感受性が高く、投与量が低用量ですむ人が多いことが予測される。

新聞記事やその他の報道関係の文章にも、同様の表現が見られる。日経BP社が運営するバイオテクノロジーに関する情報サイト「Biotechnology Japan」のWebマスターである宮田満は、二〇〇五年六月二二日号のメールニュースで以下のようにコメントしている。

さて、明日(米国時間で六月二三日)は個の医療にとって極めて重要な意味を持つ日となるだろうと考えます。実はアフリカ系アメリカ人の心不全に対して有効な医薬品「BiDil」を認可するかどうか、最終決定を米国食品医薬品局(FDA)が行う日なのです。

人種という極めて生物学的に曖昧な(人種を越えて、子孫を作ることができるので生物学的な種でもありません)マーカーを基準に臨床試験をして、有効性を示してしまった医薬品がとうとう発売寸前になっているのです。

〔中略〕

人種をバイオマーカーにするとは科学的には判然としませんが、人種によって薬効や副作用、罹患率などが違うという医学研究は山のように存在することも事実です。こうした研究の積み重ねが、今回の人種をマーカーとした個の医療の幕開けの背景でもあります。本来なら、〇〇遺伝子にあるSNPsが薬効に関係し、人種間でSNPsの頻度に差があるという説明がほしいところですが、まだ科学は追いついていないというのが現状です。

しかし、「君はアフリカ系アメリカ人か?」という医師の質問で「Yes」と答えるだけで、「BiDil」が投薬されるという個の医療も、コストがかからず、有効性が証明されているから、いいのではないか? と思うようになってきました。

宮田は科学系の記者らしく、人種というカテゴリーが生物学的に曖昧だという意見はしっかりと表明している。だが同時に、人種間の違いをテーマにした研究自体に関しては疑問を呈していない。

このメールニュースを見ても、厚生労働省系の審議会の議事録などを見ても、ＦＤＡが薬剤の治験の際の対象集団を racial category を使って報告するように指示したという情報が日本の関係者に伝わり、人種の違い、特に遺伝的な違いを見ることが重要であるという考えが広まったことが推測される。

科学的言説と社会的言説――結びにかえて

前節までの議論を通して伝えたかったことは、遺伝学研究・医学研究における科学者の振舞いや言説が、実にさまざまな社会的要因から影響を受けているということである。

個々の事象について、何がどの要因の影響を受けているかの詳細を示すことは簡単ではない。だが、いくつもの社会的影響の中でさまざまな言説が作られていることは確かだといえるだろう。影響を与える要因には、個人の心情から、個々の科学者が育ってきた学問的・社会的背景、医学研究を規定する社会制度に至るまで、さまざまなものがある。

科学者は、しばしば市民・非専門家の科学に関する知識が足りないと主張する。しかし、それ以上に重要なことは、科学者の活動が実は社会からのさまざまな影響のもとにあるという事実を、科学者を含む社会の多様な構成員が認識することではないか。言い換えれば、客観的な「科学的言説」と思われるものの多くが、実は社会的影響を受けた「社会的言説」だと知ることだ。

米国のように、さまざまな議論があり、時に研究制度が社会的理由で構築される状況においてはもちろん、日本のように深い検討なしに人種概念を受け入れている状況下での科学者や専門家たちの発言も、社会の状況に影響を受けたある種の「社会的言説」とみなすことができるだろう。

科学技術社会論では、こうした科学研究と社会との相互作用を「共−生成（co-production）」という概念で捉えている（Jasanoff 2006）。研究推進のための政治的制度、研究機関の在り方といった社会体制面から、科学者が用いる用語そのものに至るまで、科学と社会がどのように相互作用し、科学研究が作られているかを分析しようというのである。私たちに与えられた課題は、まさに、遺伝学研究における「人種・エスニシティ言説の共−生成の過程」を分析することだ。

同様に、ＳＳＲＣのWebフォーラムに寄稿した著者グループの一つである、ダンクリー、レアドン、ウェントワースたちも、「何が科学的に正しいか」を問うだけでなく、「どのようにその状況が生まれたのか」を問うことが議論を生産的な方向に向かわせる、と述べている（Dunklee et al. 2006）。「人種は実体《リアル》か（Is race real?）」という問いを掲げ、賛成派と反対派の間で不毛な議論をただ続けるのではなく、「どのような経緯で人種（の概念）が使われることになったのか」と問うことだという。日本でしばしば見られる「○○という薬剤に対する応答性には人種差がある」という言説はどのような経緯で生成されるに至ったのか。人種概念の歴史や人類集団の遺伝的多様性について詳しい検討を行った上で用いられているのか、あるいは米国における一部の議論を単純に輸入しただけなのか。真っ先に検討すべき課題になる。

ヒトゲノム研究はいよいよ多数の人を対象に本格的な研究を行う段階に入っている。体重や身長など、さまざまな人間の性質に関する遺伝的要因の影響を調べる研究も次々と報告されている[21]。日本人の集団と世界中のさまざまな集団とが比較される機会が増えることも確実だ。

また、今回話題にした米国と日本以外に、中国やアジアでもヒトの遺伝的多様性の研究は急速に進展し、集団のカテゴリー化は問題になっている（Sleeboom-Faulkner 2006）。それらの研究がどのような社会的・政治的影響を受けているかを見ることも、今後、重要になるだろう。

ダンクリーらは、「ゲノム研究の革命的重要性に関する主張は随所に見られる。けれども、ゲノム研究を語り解釈するための言葉や概念が革命的な変化を起こしていることは、ほとんど知られていない」と述べ、人類集団の遺伝的多様性を表現するためのカテゴリーについて、批判的な検討の重要性を主張している(Dunklee et al. 2006)。日本においても、「白人」「黒人」などの古典的な人種に対応する表現はもちろん、「日本人」「中国人」「インド人」といった国という政治的な単位をもとにした表現の妥当性を検討する作業が必要になるだろう。

その際に重要な点は何か。第二節で取り上げたゲノム研究者のオルソンの指摘が参考になる(Olson 2008: 93–94)。社会的価値と科学を混同することは一九一一年において危険なことであったし、現在においても危険なことに変わりがない。私たちは、次第に広まろうとしている、そうした混ぜ合わせが避けがたく、かつ、望ましくさえあるという考えには断固として反論しなくてはならない。以下で〔次の項で〕議論するように、ヒトの遺伝的多様性および、遺伝子型と表現型の関係に関する客観的な知識を得ることがヒトの遺伝学の基礎科学における目標でなければならず、それこそが人々に思いやりがあり、かつ効果的な応用へとつながる鍵となる。

多くの科学的言説が社会との相互作用によって生み出される中で、客観的科学知識の追求が果たして可能かという疑問もあるだろう。だが、筆者は、科学的言説が社会の影響を受けるからこそ、それを切り分け、客観的で科学的な知識を追求することが重要と考える。科学的言説の多くは社会的言説であり続けることは間違いない。その事実を受け入れた上で、できるだけ冷静に客観的知識を追求しようと主張しているのである。

ヒトゲノム研究は未だに当初科学者たちが約束したほどの利益を社会にもたらしていない。だからこそ、ヒトゲノムの多様性を虚心坦懐に分析し、医学の発展や人間の理解につなげる営みが重要になる。ゲノム研究者および医学研究者は、社会に対して過剰な成果を約束せず、政治的・社会的・経済的圧力に踊らされず、質の高い科学研究を進める責任がある。そうした研究の先に、人類集団内の遺伝的多様性がどこまで連続的か、どの程度カテゴリー化できるのかが見えてくる。その知識こそが個人の違いに合わせた医療を発展させるのに役立つだろう。

加えて、本章で取り上げたような問題に関して、多様な分野の人々が参加するオープンな議論の場を設けることの重要性は繰り返し強調する必要がある。自然科学、人文学、社会科学の研究者から、政策関係者、多様な立場の市民など広範囲の人々が参加した上で、物事を批判的に、かつ徹底的に検討しなくてはならない。そこでは、歴史や言説の専門家である人文学の研究者は、科学者を含む参加者に対して広い視点を提供し、議論を深めるためにとりわけ重要な役割を担うことになるだろう。人類集団の呼称など、科学の営みそのものを人文学の視点から鋭く分析し、科学者と対等に議論できる研究者の存在が求められている。

注

(1) ヒトが持つ遺伝情報の全体のこと。その情報をもとに体が作られ、働く。詳細は、加納(二〇〇八)を参照。
(2) 「人種」「エスニシティ」の定義に関しては、竹沢(二〇〇五)を参照。
(3) 四〇人ほどの匿名の提供者のＤＮＡが断片的に配列決定され、最終的に一セットのゲノムの情報が解読された。
(4) 交配が起こらない時間が長くなると、次第にゲノムの配列の違いが大きくなっていくためである。
(5) 二〇〇〇年に出版されたワトソンの著書には出版年が記載されていないが、同じ文章がWitkowski and Inglis(2008)に収録されており、注と出版年は一九九七年であると記載されている。
(6) 数年のうちに五%になった。ウィンガーソン(二〇〇〇[1998]：三〇七)参照。
(7) 宣言の全文は、ユネスコのウェブサイトを参照(http://portal.unesco.org/shs/en/ev.php-URL_ID=1881&URL_DO=DO_TOPIC&URL_SECTION=201.html)。日本語訳は、位田(一九九九)参照。
(8) 実際には四五〇人の提供者から得られた細胞のこと。そこからＤＮＡを抽出すればゲノムの分析ができる。
(9) ラティノ系は国勢調査局ではエスニック集団、ここに記述されているその他は人種集団と定義されている。
(10) ヒトゲノムの約九〇%の配列が解読(決定)できた状態であり、その後、二〇〇三年までかかって完全解読が行われた。
(11) 米国エネルギー省のウェブサイトに記者会見の際の二人の首脳とコリンズ、ヴェンターのコメントが全文掲載されている(http://www.ornl.gov/sci/techresources/Human_Genome/project/clinton2.shtml)。
(12) たとえば、米国のホワイトヘッド研究所のゲノム研究者エリック・ランダーは二〇〇〇年八月三〇日の『ニューヨーク・タイムズ』の記事において、ヒトゲノムの研究はまだ始まったばかりであるために、ヒトゲノムの中に人種の差に対応する情報がまったくみつからないと断定することは(この時点では)できないと述べている(同時に、人種の差を見つけようとする人々こそ苦労するだろう、とも述べている)。

(13)　Translating Ethical, Legal and Social Implications of Genomic Research, Cleveland, May 1-3, 2008.
(14)　キングの講演のタイトルは、"The Past as Prologue, Revisited: ELSI from 1990-2008".
(15)　黒人が梅毒の病原体を治療と称して植えつけられ、実際には治療せずに研究のために観察されたという事件。詳細は金森(二〇〇三)参照。
(16)　この論集の存在は竹沢泰子氏にご教示いただいた。
(17)　一九八〇年に、北および西ヨーロッパに祖先をもつ人々の試料がCentre d'Etude du Polymorphisme Humain(ＣＥＰＨ)という研究機関によってユタ州で集められており、それが使われた。
(18)　こうした略号による名称を使うという決定には、プロジェクト内に設置された筆者を含む「ＥＬＳＩグループ」による検討が重要な役割を果たした(詳細は発表準備中)。
(19)　『サンデー・タイムズ』二〇〇七年一〇月七日の記事。
(20)　http://www.ashg.org/pages/statement_nov07.shtml
(21)　身長や体重の違いに関わる遺伝子の例として、Sanna et al.(2008)やFrayling et al.(2007)がある。

参照文献

位田隆一　一九九九　「ユネスコ「ヒトゲノム及び人権に関する世界宣言」の考察」『法学論叢』京都大学法学会、第一四四号、一―七〇頁。
医薬品医療機器総合機構　二〇〇七　『医薬品・医療機器等安全情報』No.二三五。
ウィンガーソン、ロイス　二〇〇〇［1998］『ゲノムの波紋』牧野賢治・青野由利訳、化学同人。
加藤和人　二〇〇四　「生命誌から見た遺伝子」奥野卓司編『市民のための「遺伝子問題」入門』岩波書店。
金森修　二〇〇三　『負の生命論――認識という名の罪』勁草書房。
加納圭　二〇〇八　『ヒトゲノムマップ』京都大学学術出版会。
榊佳之　二〇〇一　『ヒトゲノム――解読から応用・人間理解へ』岩波新書。
竹沢泰子　二〇〇五　「人種概念の包括的理解に向けて」竹沢泰子編『人種概念の普遍性を問う』人文書院。
服部正平　二〇〇五　『ヒトゲノム完全解読から「ヒト」理解へ――アダムとイヴを科学する』東洋書店。

松原謙一　二〇〇二『遺伝子とゲノム――何が見えてくるか』岩波新書。

米本昌平・松原洋子・橳島次郎・市野川容孝　二〇〇〇『優生学と人間社会』講談社現代新書。

Collins, Francis S. et al. 1998. “A DNA Polymorphism Discovery Resource for Research on Human Genetic Variation”, *Genome Research*, Vol. 8, pp. 1229–1231.

Cooper, Richard S. et al. 2005. “An International Comparative Study of Blood Pressure in Populations of European vs. African Descent”, *BMC Med.*, Vol. 3–2.

Daar, Abdallah S. and Peter A. Singer. 2005. “Pharmacogenetics and Geographical Ancestry: Implications for Drug Development and Global Health”, *Nature Reviews Genetics*, Vol. 6, pp. 241–246.

Dunklee, Brady, Jenny Reardon and Kara Wentworth. 2006. “Race and Crisis”, in *‘Is Race “Real”?’—A Web Forum organized by the Social Science Research Council.* (http://raceandgenomics.ssrc.org/)

Duster, Troy. 2005. “Race and Reification in Science”, *Science*, Vol. 307, pp. 1050–1051.

Frayling, Timothy M. et al. 2007. “A Common Variant in the FTO Gene Is Associated with Body Mass Index and Predisposes to Childhood and Adult Obesity”, *Science*, Vol. 316, pp. 889–894.

Goodman Alan. 2006. “Two Questions About Race”, in *‘Is Race “Real”?’—A Web Forum organized by the Social Science Research Council.*

Graves, Joseph L. Jr. 2006. “What We Know and What We Don’t Know: Human Genetic Variation and the Social Construction of Race”, in *‘Is Race “Real”?’—A Web Forum organized by the Social Science Research Council.*

Hinds, David A. et al. 2005. “Whole-Genome Patterns of Common DNA Variation in Three Human Populations”, *Science*, Vol. 307, pp. 1072–1079.

Jasanoff, Sheila. 2006. “Ordering Knowledge, Ordering Society”, in Sheila Jasanoff (ed.), *States of Knowledge*, Routledge, pp. 13–45.

Kahn, Jonathan. 2007. “Race in a Bottle”, *Scientific American*, Nov. 2007, pp. 26–31.

Krieger, Nancy. 2006. “If “Race” is the Answer, What is the Question?—on “Race”, Racism, and Health: a Social Epidemiologist’s Perspective”, in *‘Is Race “Real”?’—A Web Forum organized by the Social Science Research Council.*

Leroi, Armand Marie. 2005. “A Family Tree in Every Gene”, *New York Times*, 14 March.

Nature Genetics Supplement. 2004. *Nature Genetics*, Vol. 36.

Novembre, John et. al. 2008. “Genes Mirror Geography within Europe”, *Nature*, Vol. 456, pp. 98–101.

Office of Management and Budget (OMB). 1997. Standards for the Classification of Federal Data on Race and Ethnicity (Revised).

Olson, Maynard V. 2008. “Davenport's Dream”, in J. A. Witkowski and J. R. Inglis (eds.), *Davenport's Dream,* pp. 77–98.

Sanna, Serena et al. 2008. “Common Variants in the GDF5–UQCC Region are Associated with Variation in Human Height”, *Nature Genetics,* Vol. 40, pp. 198–203.

Sleeboom-Faulkner, Margaret. 2006. “How to Define a Population: Cultural Politics of Genetic Sampling in the People's Republic of China (PRC) and the Republic of China (ROC)”, *Biosocieties*, Vol. 1, pp. 399–420.

Stevens Jacqueline. 2006. “Eve is from Adam's Rib, the Earth is Flat, and Races Come from Genes”, in *‘Is Race “Real”?’ — A Web Forum organized by the Social Science Research Council.*

The International HapMap Consortium (including Kato, Kazuto). 2005. “A Haplotype Map of the Human Genome”, *Nature*, Vol. 437, pp. 1299–1320.

U. S. Food and Drug Administration (FDA). 2003. “FDA Issues Guidance on Race and Ethnicity Data”, *FDA Consumer Magazine*, May–June 2003 (http://www.fda.gov/fdac/features/2003/303_race.html).

———. 2005. “FDA Approves BiDil Heart Failure Drug for Black Patients”, *FDA News* (http://www.fda.gov/bbs/topics/news/2005/new01190.html).

Watson, James D. 2000. “Genes and Politics”, in *A Passion for DNA — Genes, Genomes, and Society*, Cold Spring Harbor Press.

Wellcome Trust Case Control Consortium. 2007. “Genome-Wide Association Study of 14,000 Cases of Seven Common Diseases and 3,000 Shared Controls”, *Nature,* Vol. 447, pp. 661–678.

Witkowski, Jan A. and John R. Inglis. (eds.) 2008. *Davenport's Dream — Twenty-first Century Reflections on Heredity and Eugenics,* Cold Spring Harbor Press.

Ⅳ　21世紀を歩み出した対抗表象

第9章　「黒人」から「アフロ系子孫」へ

――チャベス政権下ベネズエラにおける民族創生と表象戦略

石橋　純

はじめに

四〇年以上にわたってベネズエラ国内の人気を集めつづけるダンス・バンド《グアコ》のヒットソングに「カラカス娘に首ったけ」（一九八三年発表）という曲がある。多くのミスコン覇者を輩出したことでも知られるこの国の、首都カラカスを闊歩する女性たちを称えたご当地ソングだ。

僕はカラカスの女の子に首ったけ／歩いたり、踊ったりする姿にドキッとする
白い子、小麦肌、黒い子、金髪、褐色の子／カラカスの子なら、みんな同じように大好き
西部の子も（好きだな）カティアの子なら（いい感じ）／「一月二三日地区」なら（うひゃ！）ヤバすぎるぜ
カリクアオにも、かわいい娘が（たくさんいる）／東部に戻れば真珠のようなお嬢サマも大好き

国民の多くが「ミルクコーヒー《カフェ・コン・レチェ》」、つまり黒人と白人の混血という言葉でみずからの人種・民族認識を表象する国ベネズエラ。この国の男性が、女性の選好にあたって人種的差異に無関心であることを、グアコの歌詞は表現してい

るかのようにみえる。ところが、この歌は、ベネズエラ人女性のステレオタイプを、形質と階層の両面から再生産し、それを都市の景観に附置して表象してもいるのだ。

ベネズエラでは、社会の最上層が白人的外見の人々によって独占され、下層には黒人的外見の人々が偏在する。東西に延びる谷間に位置する首都カラカスの街並みを、端から端まで往来してみれば、誰もが人種化された階層分化のありさまを実感することになる。有名企業や高級住宅地の立ち並ぶ東部の近代的市街を活動拠点とする人々の大多数は白人的顔立ちである。大衆住宅が集中する西部旧市街に近づくにしたがい、浅黒い肌色の人々が増加していく。社会基盤整備からとり残された山肌に点在する「バリオ」と呼ばれる最下層地域社会の住民は、黒人的外見の人々が圧倒的多数を占める。

グアコの歌に登場する「一月二三日地区」は、市内でもっとも有名なバリオのひとつである。歌のなかで使われる「ヤバすぎる」(candela pura：直訳は「灼熱の炎」)という表現は、黒人女性の性的奔放さを含意する紋切り型であり、「治安・風紀の悪い地区」を形容するためにも使われる。そんなバリオを経由して、カティア、カリクアオと褐色肌・小麦肌の女性が目につく西部の市街地を抜け、高速道路に乗って一足飛びに東部に戻れば、カフェのオープンテラスで「真珠のような(白い肌の)お嬢サマ」が談笑し、先進国の都会と見紛う別世界が待ち受けている。

ベネズエラ社会では、居住地・学歴・職歴・形質的特徴が密接不可分に結びついた人種＝階層の複合表象が数世紀にわたり再生産されつづけてきた。にもかかわらず、公論の場においてその事実が問題として取りあげられることは一九八〇年代まで稀であった。

二〇世紀をつうじてベネズエラは産油国として近代化を推進してきた。一九五〇年代末から三〇年以上にわたり継続した二大政党制のもとでは、政党エリートが石油収入を下層民衆にばらまくことにより階層間の亀裂を棚上げにさせ、多階級融和を標榜する社会民主的なポピュリスト政治が安定した。こうした環境下、「白い肌でも黒い肌でもわれわれはみな混血のベネズエラ人だ」と意識する「混血ナショナリズム」が、国民各層の意識に内面化された。グアコの歌詞は、八〇年代までのベネズエラ都市の気分をよく表している。

経済危機を経験した一九八〇年代、こうした体制にほころびが生じた。八〇年代末、ベネズエラ政府は新自由主義的政策転換に活路を見いだそうとした。それまでばらまきによって懐柔してきた最下層民衆を、構造調整によって一気に切り捨てた。下層民衆の怒りは、八九年のカラカス暴動として爆発し、さらには九二年にクーデタ(未遂)が起きる要因となった。九〇年代のベネズエラでは石油収入に依存する多階級融和幻想と人種平等神話が決定的に崩壊した。こうして白日のもとにさらされた社会亀裂と階層対立を好機として台頭した政治家が、ウゴ・チャベスである。九二年クーデタの首謀者であり、その後特赦を受けて選挙戦略に転じたチャベスは、一九九八年、下層民衆の圧倒的支持を得て大統領選挙に当選する。それまでの二大政党制を根本から否定し、ラテンアメリカ解放の父の名を冠した「ボリバル主義革命」を推進することになる。

本章では、チャベス政権下ベネズエラにおいて史上はじめて可視化したアフロ系民族政治運動をとりあげる。その前提として、まずベネズエラにおける「黒人」表象の不可視化とステレオタイプについて確認し、「混血ナショナリズム」が典型的に浸透した社会における人種主義の実践を素描する。つぎに多文化主義を宣言したチャベス政権下ベネズエラにおけるアフロ系運動と人種主義の新展開を紹介する。さらにアフロ系運動の表象戦略を検討し、「混血」社会ベネズエラにおいて、アフロ系民族が創生する可能性を展望したい。

一　「人種平等」の国の人種主義

アメリカ大陸のスペイン語・ポルトガル語圏諸国(以下「ラテンアメリカ」と呼ぶ)では、二〇世紀を通じて自国を均質な混血社会であるとみなす人種・民族意識が普及してきた。これは社会的実態としての形質的混血ならびに文化的混淆の反映によるものというよりは、むしろ一九二〇年代から四〇年代にかけてラテンアメリカ諸国において確立した「混血ナショナリズム」の反映である。(1)

いずれも、一九世紀後半に世界を席巻した西欧中心・白人優位の「科学的」人種主義に対抗し、白人・黒人・アメリカ先住民が混血したラテンアメリカ人を、知性においても身体的特性においても優れた人種であるとする思想であった。その背景には、近代的国家を創建し、それにふさわしい国民を創造しようという当時のエリートの悲願があった。

ラテンアメリカの混血ナショナリズムは、先住民ならびにアフリカ系人と彼らの子孫が社会の最下層に偏在するという事実を、レトリックの上で隠蔽してきた。「肌の色は白・黒・褐色とさまざまだが、わが国民はみな混血である」と表現することにより、社会的格差の背後に人種主義による排除の要因が働いているという事実を人々の意識の外に追いやった(Stutzman 1981)。

しかし、混血ナショナリズムは、いわゆるカラーブラインドな社会の構築には寄与しなかった。ラテンアメリカ各国においては、皮膚色や毛髪の形状あるいは相貌の特徴にもとづき、形質特徴を微細に識別する民俗語彙が発達している(グアコの歌詞にはその一例が見られる(2))。こうした用語法は、例外なく、白人的形質を肯定的なものとして捉え、非白人的身体特徴を否定的な価値とともに表現するために使われる。たとえば、黒人的な身体特徴のひとつと認識される縮毛は、スペイン語ベネズエラ方言では「悪毛(pelo malo)」と呼ばれる。ラテンアメリカの混血思想は、「白人」を優位とする序列を含みこみ、混血を重ねることによりかぎりなく白人に近づく国民を想定しているのである。

こうした価値観の下では、奴隷制労働の歴史とつながるアフリカ人の子孫の存在は、不可視化された。人口動態調査にその片鱗をうかがうことができる。プランテーション労働や鉱山開発のために、奴隷化されたアフリカ人労働力を大量に導入した多くの地域において、近代国家成立以降アフリカ人の子孫の存在はセンサスの調査対象から外されてきた。そのため、こんにちラテンアメリカ全体に何人の「黒人」あるいは「アフリカ系人」が居住しているかという素朴な疑問は、それ自体、簡単には解答の出せない設問となる(3)。「肌色にかかわらずわれわれは混血である」と皆が考え、人種・民族構成の統計から「アフリカ人の子孫」の範疇が消された社会においては、黒人差別の存在も認知されにくくなり、人種差別を告発する社会運動も成立しにくくなる。

ベネズエラは、こうしたラテンアメリカ的「混血」社会の一典型である。国外で入手可能な統計によれば、ベネズエラ国民の約七割が混血、約二割が白人またはヨーロッパ系、一割弱が黒人あるいはアフリカ系であるという(図1)。

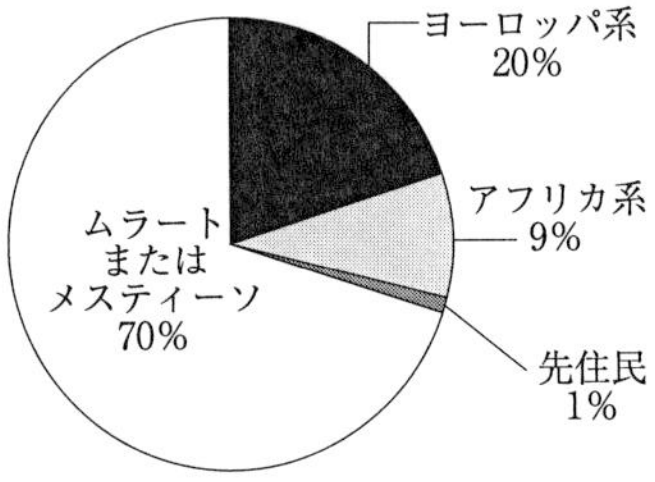

図1　ベネズエラにおける民族デモグラフィ
（出典：*Britannica* CD-ROM 版, 2003）

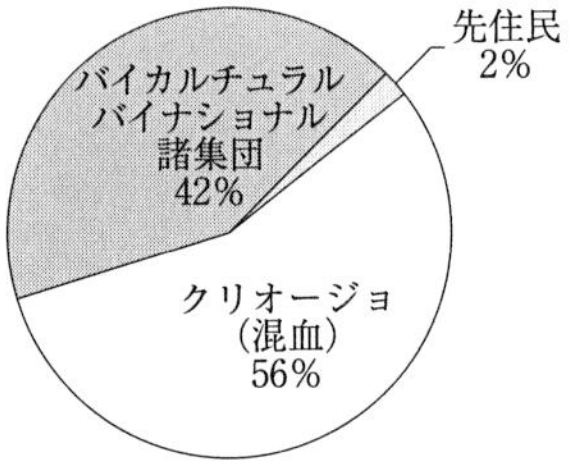

図2　ベネズエラにおける民族の大枠
（出典：González 1991）

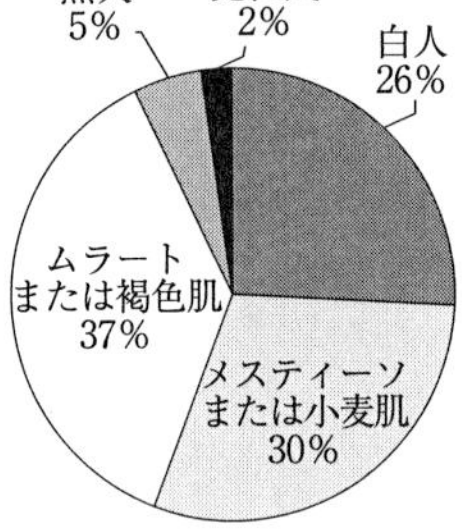

図3　2004年ベネズエラにおける主観的肌色認識
（出典：Briceño León 2005）

だがこうした数字には根拠がない。ベネズエラにおいては一九世紀の建国以来「白人」「黒人」「混血」の人口をセンサスにおいて調査したことがないからである。こんにちのベネズエラには、「黒人」「アフロ系ベネズエラ人」と他者から名ざしされ、あるいはみずから名のり、他の多数派集団と自集団の間に社会的境界を策定する民族的少数派集団は存在しないといわれる（石橋 二〇〇六：第一章）。こうしたベネズエラ人の民族的自己認識を反映した推定が図2である。これによれば、国民の半数強が混血の土地っ子を意味する「クリオージョ」とみずからを認識しているとされ、アフリカ人の子孫はこの混血層に溶けこんでいると考えられる。いっぽう、既述のとおり、ベネズエラの人々は個人の人種的形質特徴を詳細な語彙によって区別する。全国規模のサンプリングにより、こうした民衆的な人種意識を自己申告にもとづいて調査した結果が図3である。図2と3は二枚一組で、（その齟齬もふくめて）ベネズエラの人種・民族状況を端的に表わすといえる。

ベネズエラの主流社会が構築してきた混血ナショナリズムのもとでは、奴隷化され強制連行されてきたアフリカ人とその子孫たちの存在は、国民表象から意図的に削除・隠蔽されてきた。たとえば、二〇〇八年現在採用されている歴史教科書のなかには、アフリカ系ベネズエラ人が国造りに果たした貢献についての記述は見当らない。ベネズエラは、スペイン語圏有数の放送コンテンツ生産と輸出を誇る。だが「人種差別のない混血国」であるはずのこの国のテレビに登場するおもな俳優・タレント・キャスターは、そのほとんどが「白人」の顔立ちである。八〇年以上の歴史を誇るミス・ベネズエラ・コンテストのなかで、「黒人」女性が覇者となったのは一度きりである。美・衛生・健康と関わる広告において「黒人」タレントがキャラクターとして露出することは皆無である(石橋 二〇〇七a)。「黒人」排除の状況は、教育や雇用の現場にもみられる。名門私立大学や理系の最高峰といわれる国立大学のキャンパスで「黒人」の教員・学生を目にすることは稀である。外交官・医師・裁判官といった高度専門職業人はもっぱら白人的容貌の個人にかぎられる。大手民間企業において、広報・広告・接客など企業イメージを担う部門において、「黒人」男女スタッフをみることは、まずない。

こうした「黒人」排除の根底にあるのは、植民地期いらい連綿と継承されてきた「白人＝美麗・洗練・富裕の象徴」「黒人＝醜悪・粗野・貧困の象徴」という人種化された価値序列である。

統計資料こそ存在しないが、ベネズエラ社会の最上層を白人的外見の人々が独占し、下層には黒人的外見の人々が偏在することは明白である。にもかかわらず、この国の社会問題として人種主義が存在することを人々は否定する。「混血国ベネズエラに人種差別はありえない」というのである。こうした発言において想定される「人種差別」とは、人種分離政策あるいは人種集団間の暴力的対立である。このような制度や対立が存在しないベネズエラは人種主義と無縁の社会であると考えられている。いっぽう、黒人的外見の人々が社会の最下層に集中し、社会の肯定的価値を担う表象から「黒人」が暗黙裡に排除されているという事実は、人種主義と関連づけて理解されない。

黒人的外見を持つ個人に対する差別も、社会慣習の深層に潜行し、無意識化されてきた。差別される側さえ黒人的外見に対する劣等感を内面化してきたため、主流社会が再生産する人種主義的価値観に異を唱える言論は公共の場を得られなかった。一九七〇年代以降、先駆的知識人が繰り広げた人種差別告発は、現実ばなれした急進主義として非難され、世論を動かせなかった。二〇世紀を通じて「アフロ系ベネズエラ人」が社会集団として自律するにいたらなかった事実は、このような混血思想の浸透と表裏一体の関係をなしていた。

二　多文化主義、民族運動、政局の人種化

1　アフロ系運動の可視化

ベネズエラにおける混血ナショナリズムと民族状況に変化のきざしが見えはじめたのは一九九〇年代のことである。社会的弱者の政治参加を促す「ボリバル主義革命」を標榜し政権についたチャベスは、公選による制憲議会を招集し、一九九九年、新憲法を公布した。同憲法はその前文において「多民族・複数文化社会としての共和国再創建」を宣言した。中南米諸国において、一九八〇年代いらい多文化主義的な国民観にもとづく憲法改正があいつぎ、その結果としてブラジル・コロンビア・エクアドルなど近隣諸国の憲法条文上で先住民ならびにアフロ系人が民族的マイノリティとしての認知を受けるにいたった。こうした潮流に、ベネズエラは後ればせながら参入したことになる。

多文化主義の国是のとおり、新憲法はその条文において政治参加枠をはじめとする先住民の諸権利を保障した。一方、制憲議会の時点で全国組織を欠いたアフロ系運動は、新憲法に「アフロ系」の文言を盛りこむ交渉に失敗する。この苦い経験がアフロ系諸団体の結束を促し、初の全国組織《アフロベネズエラ系組織ネットワーク》(Red de Organizaciones Afrovenezolanas(ＲＯＡ))が二〇〇〇年に発足した(表紙カバー)。

ＲＯＡの設立ならびにその後の全国運動を主導したのは、一九八〇年代いらいアフロ系民衆文化の研究と普及、黒人女性のエンパワメント、あるいはバリオにおける住民運動などの分野において実績をつんできた活動家たちである。その多くは首都在住者であり、大卒ないしは大学進学の学歴をもち、高校・大学在籍時の一九七〇年代に学生運動あるいは新左翼政治運動の経験を持つ一九五〇―六〇年代生まれの知識人たちである。

代表的指導者であるチューチョ・ガルシア(4)は、制憲議会からＲＯＡ設立にいたる転換点について、「文化偏重の素朴な運動段階から、民族政治プロジェクトへと質的飛躍をとげた」と述べている。この言葉どおり、創立間もなくＲＯＡは対政府交渉力を発揮し、二〇〇一年の国連反人種主義・人種差別撤廃世界会議(ダーバン会議)に際しては、ベ

ネズエラ国内の社会問題として人種差別が存在することを初めて国に公式認知させた。二〇〇五年には「アフロベネズエラ記念日」(五月一〇日)が制定され、翌〇六年には教育スポーツ省内に「人種差別予防と撲滅のための大統領諮問委員会」が設置された。

近隣諸国のアフロ系運動と比べれば成果は小さいものの、チャベス政権の一〇年間、「アフリカ人の子孫」という主体が、目に見える存在として、ベネズエラの市民像のなかにようやく姿を現わしたといえる。

2　人種化する社会対立

ベネズエラ国家が多民族・多文化社会の構築を宣言し、先住民・アフロ系運動が可視化されたのと同時期、これまでのベネズエラにおいては見えにくかった人種主義の表現が、公論の場に露出しはじめた。チャベス政権成立以来、その改革政策への支持・不支持を対立軸に、ベネズエラ社会は二分された。対立は、二〇〇二年から〇三年にかけて政権転覆を狙ったゼネストやクーデタ(いずれも失敗)などの紛争を生んだ。〇四年には大統領罷免投票が実施され、チャベスが追認された。この間、全国紙と地上波民放テレビを中心とするメディア企業は、中立報道の建前を捨て、反政府活動の主体性を担った(石橋 二〇〇八)。こうした状況下、メディアにおいて顕著となったのが、政権当事者や支持層に対する人種主義的な誹謗中傷の発言である。一例を見てみよう。

反チャベスの立場を貫くマスメディアのひとつに、ケーブルテレビ局「グロボビシオン」がある。同局は、チャベスがホスト役をつとめた二〇〇四年の非同盟諸国首脳会議の模様を報ずる番組のなかで、参加首脳のひとりであったジンバブエのムガベ大統領を映画『猿の惑星』の登場人物にたとえて嘲笑した。このような人種主義言説に対してアフリカ諸国公館は文書で抗議したが、局側は「ユーモアの表現にすぎない」とこれを一蹴した(石橋 二〇〇七b)。

じつのところ「黒人」の容姿や身体能力・知的能力をステレオタイプ化しグロテスクに誇張し、類人猿にたとえて侮蔑する表現は、ベネズエラの二〇世紀を通じて「ユーモア」の文脈で、さかんに実践されてきた(Wright 1993; Montañez 1993)。チャベス政権下のベネズエラでは、こうした表現が、世間話やパーティジョークの領域を越え、時事番組における「識者」の発言としてメディアに露出するようになったのである。
　インターネット空間に目をむければ、「ユーモア」という隠れ蓑をまとうこともなく、政治対立が人種化されて表現される露骨な事例をまのあたりにすることができる。「低学歴」「文盲」「貧乏人」「社会的なひがみ屋」「臭いやつら」といった表現とならんで「インディオ」「サンボ」「黒人」「猿」「劣等人種」といった侮蔑表現が、「俺たち反チャベス派」から「おまえらチャベス派」にたいして向けられている（石橋 二〇〇七b）。

3　政権当事者の人種主義認識

　反政府派からの人種主義的言論攻撃にさらされる当事者は、どのような反応を示しただろうか。チャベス大統領本人の発言を引用してみたい。事例は、毎週日曜日にチャベスが出演して生放映されるテレビ番組『もしもし大統領（Aló Presidente）』のひとコマである。番組は、二〇〇二年三月、石油公社の役員総入れ替え人事を特集した。大統領は、典型的「黒人」の容貌を持つ新役員に呼びかけ、次のように発言した。

〔石油公社には〕人種差別があるみたいだね。だって私〔チャベス〕が黒人でありインディオだからって、私のことを毛嫌いする連中がいるんだから。〔公社内反政府派の〕扇動者たちが君〔黒人新役員〕の昇進に反対したんだろう?〔中略〕君のような肌色は、そこ〔石油公社上級職〕では少数派だ。〔中略〕一九七三年、油田工学修士号取得。〔中略〕すごい学歴じゃないか。にもかかわらず、〔昇進人事をめぐって彼は〕槍玉に挙げられているんですよ！〔中略〕黒人だからじゃないの?（『もしもし大統領』第一〇〇回。二〇〇二年三月一七日放送）

　二〇〇二年のクーデタに先立つことひと月。このとき反政府派は「石油公社の成果主義人事の伝統を守れ」と主張した。これに対してチャベスは、「石油公社の成果主義は特権エリート層にのみ適用されてきた」と反論した。みずから抜擢した新役員の高学歴と皮膚色を大統領が引きあいに出したのは、こうした議論を裏づけるためである。

チャベスの発言には、ラテンアメリカにおける人種(主義)的階層分化のありさまを、言い当てた側面がある。農村や都市下層において単純労働に従事しているかぎりは、人種的特徴が職業差別につながることは少ない。しかし、専門職業人として高学歴にふさわしい地位を求めて労働市場に参入するとき、非白人的外見の個人は有形無形の排除の圧力にさらされるのである(Silva 1985)。こうした問題の核心に近づきながら、これを政局に転写し、世論を身方につけるために安易に利用したのがチャベスの発言であった。大統領もまた社会対立を人種化する時代の風潮に加担したといえよう。

ある閣僚は政局の人種化を次のように評している。

チャベスを「サンボ」と侮蔑し、大統領の肌色や容貌をあげつらって、人種差別の毒を吐く反政府派の人々は、旧体制で享受した特権的な地位を奪還する機をうかがっているのだ。彼らの怒りの矛先は、チャベスの血に流れるアフリカ人や先住民の遺伝子そのものに向けられているのではない。もし大統領が彼らの権益を守るために配慮するなら、誰もチャベスを「サンボ」と呼ばなくなるはずだ。(5)

この閣僚の議論は、〈差別する側〉と〈される側〉の権力関係いかんによって人種主義の実践に調整が加えられることを看破している。しかしながら、チャベスに向けられるのと同質の人種観こそが、数世紀にわたって黒人的・インディオ的外見の多くの人々を社会の最下層に押しとどめる要因になってきたという観点は欠落している。

そもそも特定の遺伝的特徴・民族的出自の人々が社会の最下層に偏在するという事実は、数世代にわたって特権の寡占と社会上昇機会の制限が構造的に実践されてきたことの証左なのである。にもかかわらず先祖代々社会の最上層を占めてきた白人的外見の人々までが「私もまたインディオ・黒人の血を引く」とみずから宣言するベネズエラ流混血ナショナリズムにより、こうした排除の実践は巧妙に隠蔽されてきた。チャベス時代のベネズエラにおける人種主義の台頭は、そうした特権がゆらぐ状況に晒された社会層のなかから、人種主義的言動をもって新興社会層を攻撃する人々が出現した現象と解釈することができよう。

いっぽう、貧困層の社会開発を優先課題と定め、民主的な「革命」を遂行しようという政権当事者にしてなお、ベネズエラにおける社会格差の人種(主義)的要因を歴史認識にもとづいて理解しようとはしない。メディアにおいて顕著となった人種差別の言論・表現は、一部の反政府派言論人のヒステリックな攻撃性を示す事例として扱われ、皮相な批判の対象とされる傾向が著しいのである。

4　アフロ系運動をとりまく状況

これまでのベネズエラ社会においては、公共の場における人種主義的な言動はタブーとされてきた。また、人種主義の実践は集団に対してよりもむしろ非白人的容貌の個人にむけられていた。しかも人種差別が明示的な攻撃として表現されることは稀で、暗黙裡の排除というかたちで実践されてきた。こうした慣習からはずれて、メディアを通じて「反チャベス派層」から「チャベス派層」にむけて遺伝形質・社会階層ならびに文化的差異を本質化した言論攻撃がむけられるということは、チャベス政権下ベネズエラにおける人種主義状況の新展開を示している。

こうした状況下、「親チャベス派は黒人・インディオ・貧困層かつ人種差別の犠牲者であり、反チャベス派は白人・富裕層かつ人種主義者である」と一括りにする議論も出てきた。だが、これもまたステレオタイプの産物である。二〇〇六年の大統領選挙におけるチャベスの得票率は六割以上。その数は七〇〇万票を超える。これほど多くの市民を、人種・民族・階層などの属性において一枚岩の集団として括るのは、そもそも不可能なことである。反チャベス派のなかにも黒人的・インディオ的外見の個人は多数存在する。もちろんチャベス派市民のなかにも「黒人」「インディオ」にたいして人種偏見を持つ者は存在する。さらにいえば、「ベネズエラには民族的少数派としてのアフロ系人など存在しない」と考える人々こそが、いまなお社会の大勢を占めている。農村や都市最下層に暮らす黒人的外見のチャベス支持者でさえ、このような混血国民観を信奉しつづける人々が、じつは大多数なのである。

ベネズエラにおける人種主義・人種差別には根ぶかいものがある。それは、政治・経済への参加から疎外されてきた人々の家系・出身地域・遺伝形質が、世代を越えて明確に傾向づけられてきた社会のしくみと密接に関連している。貧困層を対象とした社会開発を主要政策としてきたチャベス政権でさえ、人種主義の是正を優先課題としていない。二〇〇六年までの第一次チャベス政権下、アフロ系運動を支援するために実施された諸政策は、記念日制定・叙勲・名誉職任官など、実効性を欠くものにかぎられている。次節では、こうした状況を乗り越えるためにアフロ系運動家が展開した戦略を、その問題点とともに紹介したい。

三 「アフロ系子孫」の自己表象戦略

二一世紀に入り、ベネズエラ社会において民族創生のための明確な活動を立ち上げたアフロ系知識人・運動家は、全国規模の運動を展開するうえで、まず明確な自己表象の思想にもとづく新しい概念を構築していった。こうした思想を行動に移し、アフロ系ベネズエラ人の民族創生を現実のものとする戦略として、ロビー活動に優先順位がおかれた。一般民衆へのアウトリーチ活動は二〇〇八年現在ようやくその緒についた段階である。

1 自己表象の新概念

ラテンアメリカのアフロ系運動が直面する共通の問題は、混血ナショナリズムの浸透により、国民の表象からアフロ系人のイメージが消去され、黒人的身体特徴を持つ個人ですら混血意識を身につけているということである。これと表裏一体をなすのが、黒人的身体を持った個人が自己嫌悪し、他の「黒人」を差別する傾向(人種的自己嫌悪 endo-racismo)である。人種的自己嫌悪を克服することなしには、アフリカ系の出自を肯定する意識を構築することはできない。その過程で重要な意味を持つのが、「黒人(negro)」という否定的含意が染みついた用語を排除すること、そしてそれに代わる肯定的自称を開発することであった。こうして提唱されたのが「アフロ系子孫(afrodescendiente)」という自己表象の新概念である。

「アフロ系子孫」という新語は、国連反人種主義・人種差別撤廃世界会議に先立つ二〇〇〇年のアメリカ大陸準備会議（於チリ、サンティアゴ）において、ラテンアメリカ各地のアフロ系運動家による熟議により採択された。その定義は、「一五世紀末より四〇〇年のあいだに大西洋奴隷貿易によってサハラ以南のアフリカから強制連行され、奴隷化され、その後の抵抗過程を経て今日のアメリカ大陸諸社会の創建に寄与した人々の子孫」である（ROA 2006）。

第一節でも述べたとおり、アフロ系運動が超克しようとするラテンアメリカ各国のナショナリズムの根幹には「混血《メスティサヘ》（mestizaje）」概念がある。この用語は遺伝形質の表象だけでなく文化表象としても使用される。しばしば「混血」という語が指し示すのが、遺伝形質にかんする事柄なのかあるいは文化実践なのか判別がむずかしい、曖昧な使われ方をされる。いっぽう「アフロ系子孫」という用語も、形質と文化の両要素を包摂し、なおかつ歴史的視点を喚起する。現代のアフロ系文化に共感しない個人でさえ、大西洋奴隷貿易の過去と建国の歴史に自己の出自を照合するとき、「アフロ系子孫」の範疇にみずからを位置づける可能性が開かれる。「混血」という曖昧な概念に対抗するうえで、きわめて有効な可塑性・多義性を「アフロ系子孫」という表象は備えている。

こうした戦略が的を射て、「アフロ系子孫」という用語は、提唱いらい急速に普及し、二〇〇八年現在ラテンアメリカ各国において教養市民層の自称あるいは「政治的に正しい」他称として、「黒人」を代替するに至っている。[6]

2　ロビー戦略

「アフロ系子孫」という自己表象の新概念が、国際会議による熟議によって採択され、戦略的な普及がなされたという事実は、注目に値する。じつのところラテンアメリカにおけるアフロ系運動の行動計画は、各地の民族運動間の相互交流を通じて他地域の経験を積極的に学習することを通して立案されてきたのである。

ブラジル、コロンビア、エクアドルなど、南米大陸におけるアフロ系民族運動の先例に見るかぎり、民族意識の覚醒は「上から」進展するのが常である。つまり、憲法条文における民族としての地位と権利の保障がまず実現し、それに促される形で、草の根民衆のアフロ系意識が急速に覚醒するのである（石橋 二〇〇五）。こうした事例にならい、ベネズエラのアフロ系指導者は、民族創生運動の優先順位を、ロビー活動とりわけ法的地位の獲得に定めた。運動を進めるうえで、国際機構の勧告・国際条約による拘束・国際金融機関による条件付けが政府への圧力として有効なことも、近隣諸国の経験から学習された。

これらの知見にもとづき、アフロベネズエラ系組織ネットワーク(ROA)は二〇〇四年以降ロビー活動の重点課題を次の六点に絞りこんでいる(Mata 2007)。

(1) 憲法改正によるアフロ系子孫の法的認知
(2) 国内全教育課程におけるアフロ系子孫にかんする教材の導入
(3) ダーバン会議行動計画にもとづく反人種差別立法
(4) センサスにおけるアフロ系子孫の人口調査ならびに世帯別生活実態調査の実施
(5) UNESCO文化多様性条約にもとづく行動計画
(6) アフロ系運動メンバーの中央行政への参加

なかでも最重要課題とされた改憲の機会は、二〇〇七年に訪れた。二期目の政権を始動させ、「二一世紀の社会主義構築」を宣言したチャベスが、そのための手続きとして改憲を唱導したからだ。ROAは大統領の呼びかけに応じ、他の市民社会に先んじて改憲案を国会に提出した(7)。

ところが、「社会主義化」「大統領職の多選認可」など、体制を根幹から見直す改憲条文案をめぐる激しい議論の影に隠れて、アフロ系民族の認知と権利保障の問題は世論を喚起するにはいたらなかった。議会においても、アフロ系の議題は等閑視された。議決された案文では、民衆文化にかんする一条項においてのみ「アフロ系子孫」の一語が、歴史的・社会的文脈とは切り離されたかたちで唐突に挿入された。「アフロ系子孫」という文言が憲法に記載されることを重視したROAは、それでもなお、改憲案を支持した。しかし結局、二〇〇七年一二月の国民投票では、僅差ながら改憲案そのものが否決される顚末をむかえた。こうしてベネズエラにおけるアフリカ人の子孫は、「法制上存在しない」という地位をあまんじて継続することとなった。

改憲過程で明らかになったのは、チャベス政権が票田として開発する「疎外された民衆」の概念に、黒人ないしはアフリカ人の子孫という表象＝代表《レプレセンタシオン》の枠組みは想定されていないということである。そしてまた、そのような政府の認識にたいして、抗議の声を挙げる世論もじゅうぶんには形成されていないという事実である。未達成に終った二〇〇七年の改憲過程を通じて、アフロ系運動は、ロビー活動に偏重した運動の限界と大衆動員の課題を再認識するところとなった。皮肉にもこのことこそが、改憲プロジェクトから得られた最大の学習成果だったといえるだろう。

3　アウトリーチ戦略

たしかに二〇〇七年改憲運動において、アフロ系運動はその大衆動員の未熟さを露呈した。しかしながら、チャベス政権という歴史状況を好機としてとらえ、乏しい運動資源を最大限に活用し、アフロ系民族創生をめざす草の根の活動が端緒についていることも指摘しておかねばならない。ここではそうしたおもな事例を紹介しておこう。

●女性開発銀行によるアフロ系民族意識覚醒プロジェクト

チャベス政権は、発足とともに国立女性局を設置し、女性の社会参加のための政策窓口とした。同局は、のちに設立された女性開発銀行と提携し、無職あるいはインフォーマル経済に従事する女性を対象に、小規模事業あるいは協同組合事業を促進するための少額融資(一件一〇万円から一〇〇万円程度)のインセンティブを展開している。

ROAは、二〇〇七年、国立女性局ならびに女性開発銀行の予算枠を獲得し「アフロ系ベネズエラ人女性のための融資プラン」を展開しはじめた。これは、住民の大多数が「黒人」で占められる地域社会の女性を対象とする事業であり、アフロ系意識ならびに自尊心構築のワークショップと、事業開発・経営指導のセミナーが抱き合わせで実施されるプログラムからなる。「アフロ系子孫」としての自覚を獲得した地域社会の女性たちは、地域に伝承されているアフロ系文化を自尊心とともに捉え直し、これらを資源として、手芸・陶芸・裁縫・美容・仕出し・食堂・製菓など自宅を職場として経営可能な事業を起こすのである。

首都のバリオ（最下層地域社会）において保育士として働きながら、このプログラムのファシリテーターとして活動する女性指導者ノルマ・ロメーロは「アフロ系女性の民族的自己肯定の過程は、たやすくはない」と語る。

アフロ系人口がほとんどを占める農村部やバリオでも、大部分の人は「混血」と自己認識したがるのです。自分が被差別者であるとは、認めたがりません。ワークショップでは、彼女たちと対話し、積年の被差別体験の抑圧された記憶を掘り起こします。その過程で多くの女性が困惑し、苦悩し、涙します。そののちカタルシスが訪れ、アフロ系の文化や歴史の意識を口承伝統や日ごろの体験から引き出す作業に移ります。こうして彼女たちはみずからのアフロ性を肯定していくのです。（筆者によるインタビュー、二〇〇七年九月一七日）

●アフロ系放送プロジェクト

ベネズエラでは、一九八〇年代後半より、独立自由ラジオ放送ならびに地域テレビ放送の運動が興隆した。その前身は、一九六〇年代の社会主義革命運動とともに展開した非合法ラジオ、あるいは家庭用ビデオの普及とともに八〇年代に勃興したシネクラブ（代替映画上映サークル）運動にさかのぼる。こうした運動は、大手メディア企業に対抗する志をもった市井の言論人・知識人ならびにフリーランス・ジャーナリストの自律的活動によって支えられてきた。

一九九九年の新憲法は、放送通信メディアの多様性を保障し、メディアへのアクセスを万人に開く文言を盛り込んでおり、二〇〇〇年には「地域放送の促進と援助」を目的に掲げた「放送通信法」が施行された。これらの政策が急展開するきっかけは二〇〇二年のクーデタにあった。反政府派により国営放送が封鎖され、民放が反チャベス報道を一方的に放送するなか、人々はチャベスの安否と去就を、口コミ・携帯電話・インターネット・衛星放送そして無認可地域放送など、文字どおりの「代替メディア」を通じてかろうじて知った。こうした代替メディアは、チャベス復帰を求める大衆動員が成功するうえで決定的な役割を果たしたといわれる。

この経験に学び、政府は地域放送促進を急いだ。全国各地で無認可放送局の合法化、初期機材供与・貸与、非課税特典、政府広告出稿等の支援策がはかられたのである。二〇〇五年末までに、全国で一四七のラジオ局、二五のテレビ局が認可され、認可申請中の局はさらに三〇〇以上にのぼるといわれる(Tanner Hawkins 2006)。

こうした地域放送の先駆例に、カラカス市内のバリオ「ペドロ・カメーホ」地区に設立されたFMラジオ「ネグロ・プリメーロ自由放送」がある(二〇〇二年認可)。「黒人《ネグロ》一番兵《プリメーロ》」ことペドロ・カメーホは、一九世紀の独立戦争期に活躍した下士官であり、ベネズエラ正史に登場する数すくないアフリカ系人である。その名を冠した「ネグロ・プリメーロ自由放送」は、マスメディアが関心を寄せないバリオの歴史・文化ならびにアフロ系子孫がかかえる諸問題を積極的にとりあげる。地元商店・企業、中央政府ならびに地方行政から得られる広告収入を財源として運営され、ニュース・時事評論・音楽・トークなど、都心の下層地域社会に暮らす住民に有益な情報と娯楽を提供している。

開局いらい続く看板番組に『黒人男女専科《ソロ ネグラス イ ネグロス》』がある。アフロ系運動の活動状況を広報し、ベネズエラ社会における人種差別の問題を議論することを目的とした番組で、毎週金曜日の正午から三〇分枠で放送される。パーソナリティをつとめるエクトル・マデーラは「人種問題について人々を感化するのは、息の長い仕事だ」と語る。

番組開始当初は「ベネズエラに人種差別はない。おまえこそが人種主義者だ!」と罵倒の電話を受けることもしばしばあった。そうした電話を私はできるだけオンエアするようにした。電話をかけてくる人はリスナーなのだし、そのほとんどが近隣住民だ。放送をつうじてバリオの隣人同士の対話の輪を開き、問題を可視化することこそが大切だと考えたのだ。(筆者によるインタビュー、二〇〇七年九月一七日)

こうした経験を発展させる形で、首都近郊のミランダ州バルロベント地方に、「アフロ系子孫テレビジョン(略称アフロTV)」が開局準備中(二〇〇九年開局予定)である。バルロベントはベネズエラのなかでもっともアフリカ系住民が多い地域のひとつといわれる。エスニシティを前面にうたった放送局の開局はベネズエラで初の試みとなる。アフロＴＶの運営母体は、ベネズエラにおけるアフロ系運動の先駆的組織であるＮＧＯ《アフロアメリカ財団》である。基本的インフラの整備には、中央政府、地方行政ならびに外国政府・ＮＧＯの資金供与を受けている。

理事のルイス・ペルドーモは、アフロＴＶの役割を次のように語る。

マスメディアには、アフロ系子孫の姿が、犯罪加害・被害者、天災被害者など否定的な文脈でしか露出しません。実在のアフロ系子孫が、社会貢献しながらみずからも成長していく、その姿が放送されれば、視聴者もまたアフロ系子孫として社会貢献し、自己実現する意欲を持つはずです。（筆者によるインタビュー、二〇〇八年五月二四日）

ここに紹介したアウトリーチ活動はいずれも緒についたばかりである。はたして、民衆のアフロ系意識構築の突破口となりうるのか。いまだ予断は困難である。本章を終えるにあたり、ベネズエラにおけるアフロ系民族創生の可能性を示唆する出来事を私のフィールドノートから抜き書きし、議論を未来に繋ぎたい。

民族創生の臨界――むすびにかえて

二〇〇八年五月二四日、アフロＴＶの開局準備を見聞するため、ミランダ州バルロベントに赴いた。目的を遂げた翌日、帰途についた私は、停車場のバスの中で早朝のひと時をすごすことになった。田舎の乗りあいバスは満席になるまで発車しない。日曜の始発ともなれば、いつとも知れない発車を、根気よく待たねばならない。乗客は、私をのぞいて全員が「黒人」だ。だが、その容貌・髪型・服装・表情・ふるまいから、彼ら・彼女らが「アフロ系」の民族意識を持っているか否かを、推しはかることはできない。

緩慢な時間が流れる車内に、ボストンバッグを抱えた四〇代半ばの男が乗りこんできた。田舎のバスにつきものの、飲食物の行商だ。やはり「黒人」の外見を持つ男は、最前列に立ち、乗客に挨拶すると、訛りの強いスペイン語で漫談をはじめた。話芸は、発車を待つ客と運転手へのサービスであり、重要な販促活動でもある。

四行詩の定型にのせ、脚韻を踏みながら、男はまず車内の女性を誉めちぎる。「われわれ男性の宝、それはあなたのようなお方」と恰幅のいい中年女性が指名されるオチに、車内はドッと湧く。当の女性も照れ笑いを隠さない。巧みな話芸により、男は教訓譚・艶笑噺・健康法など多彩なネタをくりひろげる。「ベネズエラのアフリカ」と呼ばれるこの地方の日常に口承文化が息づく様子をまのあたりにし、私は思わず耳をそばだてる。流れるような弁舌を、男は次のように締めくくった。

もうすぐ六月二四日、洗礼者聖ヨハネの祭りがやってきます。われらが故郷バルロベントが誇る最高の伝統文化です。カラカスで、お友達・お仲間に祭りのことを話してください。そして観光に来てもらおうじゃありませんか。誇りをもって郷土のホスト役をつとめましょう。私たちアフロ系子孫は、ふるさとの文化と歴史に自信をもたなきゃいけません。世間には人種差別があります。だから、私たちの文化と先祖に胸を張りましょう。そして人間を卑屈にさせる人種差別をはね返そうじゃありませんか！

車内には拍手が起こった。首尾よく車内販売を終え、男は降車していった。座席を不規則に揺らしてエンジンが始動し、排気ガスのにおいが車内に立ちこめた。バスは首都に向かって発車した。

その日の午後、全国ネットのテレビ・ニュース映像に、ブラジル帰りのチャベスの姿が映し出された。二日前の五月二三日、EUやNAFTAに対抗する地域連合「南米共同体」（UNASUR）が、四年越しの協議の末に発足した。その定款調印のため、南米一二カ国の首脳がブラジリアで一堂に会したのだ。南米共同体のなかで、ベネズエラは「南米銀行」担当という重責を買って出た。シモン・ボリバルの夢を現代に繋ぐと宣伝される「南米共同体」設立の旅からの帰国報告のなかで、チャベスは次のように述べた。

私たち南アメリカ人は、ラテン系アメリカ人またはイベリア系アメリカ人と呼ばれることもある。だが、私は、イベリア系アメリカ人というよりもはるかに先住民系アメリカ人だと感じるし、ラテン系アメリカ人というよりはよっぽどアフロ系アメリカ人だと感じている。

チャベスが政権につき、ベネズエラ国家が多文化主義を宣言してから一〇年がすぎた。この体制下、はじめてアフロ系民族運動が可視化された。とはいえ、いまだにこの国の法的枠組みのなかに、アフリカ人の子孫を表象する民族範疇は、明示されていない。ベネズエラには何人のアフロ系子孫がいるのか？——答えは、不明のままである。だが、かつて冗談まじりに自分を「黒人」だと述べ、政局を人種化する時代の潮流にたいする安易なリアクションをみせた大統領が、六年後、地域共同体設立の歴史的瞬間に際しては、多文化主義憲法の精神にふさわしいことば使いで、自己の出自に言及した。閣僚経験者のなかには、アフロ系子孫の自己認識を公にし、アフロ系運動への積極的な関与の姿勢をとりはじめた者もある。こうした変化は、アフロ系運動のロビー活動の成果といえるだろう。

二〇〇〇年のサンティアゴ会議で提唱された「アフロ系子孫」という自己表象の新語は、八年後、ベネズエラの片田舎でさえ使われるようになった。乗りあいバスの行商人は、人種主義に抗する意思と自民族の歴史・文化への誇りをこめて「私たちアフロ系子孫」という言葉を使った。これこそまさに、アフロ系運動家が希求した活動成果であろう。

ベネズエラにおけるアフロ系子孫が、民族として認知されるのは、いつ、いかなる状況か……。いまだ、誰にもわからない。だが、その時は、確実に近づきつつある。

注

（1） 代表的な思想家に、「宇宙的人種」論を説いたメキシコのホセ・バスコンセロス、「人種民主主義」を唱えたブラジルのジルベルト・フレイレらがいる。

（2）　主要な遺伝形質特徴を識別する語彙として現在ベネズエラでいっぱんに使われるものに、白人(blanco)、金髪(catire)、褐色肌(moreno)、小麦色肌(trigueño)、黒人(negro)、白肌・縮毛(bachaco)、褐色肌・直毛(culi)、インディオ(indio)、東洋人(chino)などがある。詳細については、石橋(二〇〇七a)参照。

（3）　ある推計によれば、ブラジルにおける黒人人口は国民総人口の三三―七七%、ベネズエラの黒人人口は国民総人口の九―七〇%と、きわめて大きな振幅でゆらいでいる(石橋　二〇〇六：第一章)。

（4）　本名ヘスス・ガルシア(一九五四―)。在野の歴史家、民衆音楽研究家、文筆家。NPOアフロアメリカ財団代表。一九八〇年代にユネスコの資金を得てコンゴ共和国(ブラザヴィル)に留学。いらい、国際会議にアフロベネズエラ代表としてたびたび参加。米州各地のアフロ系運動の情勢を知るところとなる。ガルシアをその典型とするアフロ系運動指導者たちが、共産党や労組ナショナルセンター主導による階級闘争にコミットした経験をもたず、そうした運動が凋落した時代に活動を開始したことは、ベネズエラにおけるアフロ系運動の性格を考察するうえで重要である。

（5）　筆者は当時国会議長だったウィリアム・ララ。日刊紙『エル・ムンド』二〇〇二年九月一六日論説欄掲載。

（6）　労働力搾取の関係を本質化する「奴隷(esclavo)」という用語に代わり、奴隷制労働を歴史化し、アフロ系子孫が継承した主体性を明確化する用語「奴隷化された者(esclavizado)」も普及しつつある。

（7）　二〇〇七年三月に提出されたROAの提案は、憲法前文において建国の父祖として「アフリカ人と彼ら・彼女らの子孫たち」を明言すること、ならびに土地使用権、アフロ系宗教実践の認知、義務教育の標準教科内容としてアフロ系文化の導入、アフロ系伝統文化・知識にもとづく知的財産権の保護、人種主義・人種差別撤廃の具体的施策、アフロ系人の国会議席枠確保など六カ条におよんだ(石橋　二〇〇七b)。

参照文献

石橋純　二〇〇五　「暴力状況下の民族創生――アフロ系コロンビア人のたたかい」藤岡美恵子・中野憲志編『グローバル化に抵抗するラテンアメリカの先住民族』反差別国際運動(IMADR)グァテマラプロジェクト、現代企画室、八六―九五頁。

――　二〇〇六　『太鼓歌に耳をかせ――カリブの港町の「黒人」文化運動とベネズエラ民主政治』松籟社。

――　二〇〇七a　「ベネズエラの人種差別にかんする開かれた議論に向けて――マスメディアにみる「黒人」の排除とス

テレオタイプ」「民族創生の臨界点――コロンビア太平洋岸地方・カリブ海岸地方ならびにベネズエラにおけるアフロ系民族運動の比較研究」平成一三年度―平成一六年度科学研究費補助金（基盤研究（Ｂ））研究成果報告書、三五―七一頁。

――― 二〇〇七ｂ「チャベス政権下ベネズエラにおける多文化主義と人種主義」「民族創生の臨界点――コロンビア太平洋岸地方・カリブ海岸地方ならびにベネズエラにおけるアフロ系民族運動の比較研究」平成一三年度―平成一六年度科学研究費補助金（基盤研究（Ｂ））研究成果報告書、九九―一二二頁。

――― 二〇〇八「叛乱の記憶、路上の政治――チャベスの革命とベネズエラ民衆」『現代思想』第三六巻第六号（二〇〇八年五月増刊号）、二二八―二四五頁。

Briceño León, R., A. Camardiel, O. Ávila, y V. Zubillaga. 2005. Los grupos de raza subjetiva en Venezuela, En Hernández, O.(ed.), *Cambio demográfico y desigualdad social en Venezuela al inicio del tercer milenio,* II Encuentro Nacional de Demógrafos y estudiosos de la población, Caracas: AVEPO.

González Ordosgoitti, Enrique Alí. 1991. En Venezuela todos somos minoría, *Nueva Sociedad,* No. 111, pp. 128–140.

Mata, María Gabriela. 2007. Diálogo con Jesús “Chucho” García — Red de organizaciones afrovenezolanas: en pie de lucha, entre la confrontación y la persuasión, *Revista Humania del Sur,* Año 2, No. 3, pp. 139–146.

Montañez, Ligia. 1993. *El racismo oculto en una sociedad no racista,* Caracas: Fondo Editorial Tropycos.

Red de Organizaciones Afrovenezolanas. 2006. Somos la Red de Organizaciones Afrovenezolanas, Proyecto Bacumbe, Colección Mfumbi, Ministerio de la Cultura, Caracas.

Silva, Nelson do Valle. 1985. Updating the Cost of Not Being White in Brazil, in Pierre-Michel Fontaine(ed.), *Race, Class and Power in Brazil,* Los Angeles: Center for Afro-American Studies, pp. 42–55.

Stutzman, Ronald. 1981. El mestizaje: An all-inclusive ideology of exclusion, in Norman E. Whitten Jr(ed.), *Cultural transformation and ethnicity in modern Ecuador,* Urbana: University of Illinois Press, pp. 45–94.

Tanner Hawkins, Eliza. 2006. Community media in Venezuela. Paper presented at the 2006 Meeting of the Latin American Studies Association, San Juan, Puerto Rico, March 15–18, 2006.

Wright, Winthrop. 1993. *Café con Leche: Race, Class, and National Image in Venezuela,* Austin: University of Texas Press.

第10章　ポスト多文化主義における人種とアイデンティティ
——アジア系アメリカ人アーティストたちの新しい模索

竹沢泰子

はじめに

人種主義が、二一世紀に入った今も、アメリカ合衆国が抱える大きな課題のひとつであることに変わりはない（総論参照）。だが今、「ポスト人種《レイス》」「ポスト・アイデンティティ」という言葉が、一部の若者たちの心を捉えつつある。二〇世紀末の激しい多文化主義論争を傍らで見ながら育った若者たちは、アメリカ社会が次の段階に移行することを予感してきた世代である。多文化主義からの脱皮を求める「ポスト・アイデンティティ」志向の若者たちにとって、「人種」や「アイデンティティ」はもはや無用なのだろうか。

本章は、多文化主義がすでに衰退したとされる芸術界の前線において現在活躍中の、アジア系アメリカ人若手アーティストたちに目を向ける。具体的には、全米規模のあるアジア系アメリカ人アート展に選ばれたアーティストたちへのインタビューから、彼らがどのように人種主義的表象にも、また旧世代の自己表象にも抵抗しながら、自己のアイデンティティを表現するのかについて考察する。本章は、第九章の石橋論文と同様、社会的少数派の抵抗と主体的表現に視点を定めるものだが、合衆国の場合、反人種差別闘争の歴史がベネズエラより古く、この間のネオリベラリズムの興隆という世界事情と多文化主義批判といった国内事情の変化も相俟って、新旧の人種主義にどのように抵抗するかが注目されるのである。

芸術、とりわけビジュアル・アートは、保守的な世界で、キュレーター（学芸員）や芸術評論家など芸術の中心を牛耳るのは白人男性だといわれる[1]。また、常に社会や政治状況に敏感な現代アートに身を置く若手芸術家たちの世界観は、アメリカ社会の人種・エスニック関係のゆくえを占う上でひとつの参考材料を提供してくれると考えられる。文化人類学の立場からあえて若手芸術家たちの世界観に踏み込むのはこのような理由からである[2]。

一　アジア系アメリカ人という「人種」

アジア系アメリカ人は、合衆国では国勢調査《センサス》をはじめとして、あらゆる領域において公的に認知されている「人種」である。日系、フィリピン系、インド系など、出自背景が著しく異なるこれらの集団が、なぜ同一の人種を構成しているのか。その理由のひとつに、過去一世紀に遡る彼らの共通した差別経験がある。アジア移民は、少なくとも第二次世界大戦まで一律に押されていた「帰化不能外国人（alien ineligible for citizenship）」という烙印によって、本来、帰化し市民権を獲得すれば保護されたはずの、土地所有権をはじめとするさまざまな基本的権利をことごとく剝奪されていた（竹沢 一九九七）。

一九六〇年代末、公民権運動に触発された若い世代が、「アジア系アメリカ人」という旗印のもと、運動を展開するなかで、アジア系が共有してきた人種差別の記憶を呼び覚まし、かつ現存するさまざまな人種差別を摘発することによって、彼らの権利拡大を要求していった。一九七七年、アジア系アメリカ人は、合衆国政府が人種差別の実態把握を目的として公式に定めた人種のひとつとして定義された。こうしてアジア系アメリカ人は、中心社会からも当事者たちからも是認されてきた、きわめてリアルな人種なのである。

ところが、この数十年間でアジア系アメリカ人の顔ぶれは大きく入れ替わっている。かつては、日系や中国系がその実質的代名詞であったが、今日ではインド系、ベトナム系、フィリピン系など南アジア系・東南アジア系の急増とその目覚ましい社会進出によって、いっそう多様な面々へと変化している。さらに今や移民などの外国生まれが三分の二を占めるまでに至り、公民権運動や高潮期のアジア系アメリカ人運動を知る世代は少数派となった。このような人口の変化に伴い、誰が「アジア系アメリカ人」なのか、そもそも「アジア系アメリカ人」というカテゴリー自体が有効なのかをめぐっても激しい揺らぎを見せている。(3) 他方、若い世代であっても、日々の生活のなかで、職場における昇進差別から、道で浴びせられる差別用語に至るまで、人種主義から逃れられていない。二〇世紀末型のような連帯による抵抗運動が困難になっている今日、新しい人種主義に対する新しい抵抗のかたちは見出せるのだろうか。

二　芸術における多文化主義の興亡

アジア系アメリカ人の芸術家たちの活動は、いうまでもなくアメリカ社会における現代アートの潮流に大きく左右されている。ここではまず導入として、一九八〇年代以降のアメリカ合衆国の芸術の流れを、とくに人種やアイデンティティとの関連で概観することとしたい。

1　多文化主義の隆盛と「壊滅」

一九六〇年代に高潮期を迎えた公民権運動や女性解放運動、またそれに続く同性愛者らの運動は、芸術界にも新風を吹き込み、型破りな芸術作品を次々と誕生させた。個々人のアイデンティティの表現を模索した第二次世界大戦後の表現主義とは対照的に、一九八〇年代から九〇年代前半は、個人が帰属する集団やその文化に根ざした多文化主義の芸術(アイデンティティ・ベースの芸術)が脚光を浴びるようになった(Robertson and McDaniel 2005; Joselit 2003)。

多文化主義の芸術の代名詞とされるのは、次の二つの美術展である。一九九〇年にニューヨークの三つの美術館で同時開催され話題を呼んだ「一〇年をふりかえって——一九八〇年代のアイデンティティの枠組み(The Decade Show: Frameworks of Identity in the 1980s)」展、もうひとつは、ホイットニー美術館で開かれた一九九三年のビエンナーレ

(隔年開催の定例美術展)である。これらの美術展は、それまで疑問視されることのなかった白人男性異性愛者らの絶対的権威に対して異議申し立てを行うものとして、芸術界に大きな衝撃をもたらした。

ところが開催後まもなく、一九九三年のビエンナーレは、芸術界の中心にいる美術評論家たちの酷評にさらされることとなった。「被害者芸術(victim art)」、すなわち人種差別や性差別、性的指向による差別に苦しんできたという被害者意識を露骨に表現した三流芸術であるという批判である。今日、若手芸術家たちの間では、一九九三年のビエンナーレの後、芸術における多文化主義は「壊滅《クラッシュ》」したと表現される。社会的少数派の若手芸術家を大量に登用し、画期的な美術展としてアメリカ美術史の一頁を飾るはずであったこのビエンナーレは、皮肉なことに、多文化主義を衰退に追いやったメルクマールとして記憶されることになった。(4)

2　ポスト・アイデンティティ

二〇〇〇年前後からハーレムを中心に、「ポスト・ブラック」「ポスト・アイデンティティ」と呼ばれる作風を手がける新しいタイプの黒人若手芸術家たちが頭角を現し始めた。『アフリカ系アメリカ人芸術国際評論』は次のようにその特徴を記している。

若い世代の人たちは、いまや、一九八〇年代、九〇年代のアイデンティティ・ポリティクス、また肯定的でかつ政治的な対抗を意識した黒人美学の創造といったものには拒絶感を示している。代わって、それを打破し新しい表現方法を開拓しようとする意気込みが見られるようになってきた。それは、鋭い市場調査を交えながら実験的に試みるものであり、黒人コミュニティを文化的だけでなく財政的にも向上させようとする意思の表れでもある。

(*The International Review of African American Art*, 2004, p. 3)

「ポスト・ブラック」は、二〇〇一年にハーレム・スタジオ美術館で開催された「フリースタイル(Freestyle)」展で一躍注目を集めた後、その延長線上に位置づけられた「フリークエンシー(Frequency)」展(二〇〇五—二〇〇六年同館開催)においてもさらに話題を呼んだ。「ポスト・ブラック」は、「ポスト・アイデンティティ」として、他の社会的少数派集団の若手アーティストらにも影響を及ぼし、多文化主義やアイデンティティ・ベースの芸術の衰退に拍車をかけることとなった。

三　アジア系アメリカ人アートの二つの展示

「ポスト・アイデンティティ」の動きは、一部のアジア系アメリカ人若手芸術家の間でも広まり、それとともにテーマや媒体《メディア》も多様化した。その結晶とも言える美術展が、「ワン・ウェイ・オア・アナザー――アジア系アメリカ人アートの現在(One Way or Another: Asian American Art Now)」(二〇〇六)である。以下この美術展に選ばれた芸術家を考察の主たる対象とするが、その前に、それと対照して語られる「アジア／アメリカ――現代アジア系アメリカ人アートにおけるアイデンティティ(Asia/America: Identities in Contemporary Asian American Art)」(一九九四)について簡単に紹介しておこう。アジア系アメリカ人にスポットを当てた美術展は西海岸では珍しくないが、全米規模となると、アジア協会が主催したこの二つの美術展に限られている。

1　「アジア／アメリカ」

企画当初は多文化主義の全盛期であったこの美術展も、開催はアイデンティティ・ビエンナーレの翌年となった。この美術展が目的としたのは、アジア美術に重点を置くアジア協会の伝統に鑑みて、アジア生まれの移民アーティストたちがいかに「二つの世界に生きる」か、そのいくつかの表現をとりあげることであった。アジアとアメリカを接合する「／」によって、アジア系コミュニティの最先端で生じている、トランスナショナリズム、アジア系ディアスポラ、アメリカ社会のなかでのアジア移民のポジション、東西文化の交渉などの意味が象徴的に表現された。

作品1は、ニューヨークのアジア系アーティストのコミュニティで中核的メンバーとして活動してきたケン・チューの《おい、チンクタウン！　俺のオヤジをよくも殺したな》である。日米戦争やベトナム戦争など、合衆国で生きる彼らとは無縁な過去を持ちだし、罵声を浴びせかけるという人種差別。多くの中層・下層アジア系アメリカ人男性が日常的に経験する差別を表現した。

作品2は、日本から若くして渡米し、ハワイを基盤に活躍する寺岡政美による作品である。同展を企画したマーゴ・マチダの解説によると、浮世絵風の技法で日本人と西洋人の接触から生じる現代的な社会問題を取り上げる寺岡は、ここでは日本人女性の観光客がハワイのビーチで突然アメリカ人男性に出会い、男性と好奇や欲望のまなざしを交わしつつ、故郷で待つ恋人への想いに揺れる心情を描いたものである(Machida et al. 1994)。

しかしながら、「アジア/アメリカ」は、芸術界の中心からもアジア系芸術コミュニティからも痛烈な批判を浴びることとなる。前者からは、政治色が強すぎて芸術センスに欠ける、方向性がない、と酷評を受け、後者からは、アメリカ生まれのアジア系アーティストを排除するもの、エキゾチックなイメージはステレオタイプを再生産するもの

作品1 “Hey, Chinktown! You killed my father”, Ken Chu(1990)

作品2 “Kyoto Woman and Gaijin, from New Wave Series”, Masami Teraoka(1991)

だと批判された。自己表象がいかに困難であるか、キュレーターや関係者らは大きな挫折を味わうこととなったのである。(5)

2 「ワン・ウェイ・オア・アナザー」

こうした過去の経緯から、汚名を返上するべく、アジア協会において「ワン・ウェイ・オア・アナザー」(以下OWOA)が企画された。OWOAは、二〇〇六年秋にアジア協会でオープンした後、二〇〇八年夏まで全米五都市を巡回し、この種の美術展としては未曾有の規模となった。六カ所のなかで、アジア系コミュニティの美術館で開催されたのがロサンジェルスの全米日系人博物館のみであったことに象徴されるように、念頭におかれた観客層は、アジア系アメリカ人よりむしろ一般客層であった。(6) 表題は、ロックバンド、ブロンディの一九七八年にヒットした同タイトルの曲にかけたものである。ポップ／ディスコ／パンク／レゲエといったいくつものジャンルを横断するハイブリッドな音楽は、今日のアジア系アメリカ人アートを象徴し、アジア系アメリカ人の芸術に唯一無二の解釈や方法など存在しないという強いメッセージが込められている。それは今日のアジア系アメリカ人の多様性を理解せず、えてして一枚岩であるかのごとく扱う、一般社会に見られるステレオタイプ的な表象に対する対抗表象でもある。出展は、従来独占しがちであった東アジア系に偏ることなく、東南アジア系や南アジア系、西アジア系、また同性愛者らも含まれ、(7) すでにさまざまな美術展や画廊で頭角を現していた若手二〇代から三〇代前半の芸術家たちが選ばれた。さらに媒体《メディア》も、絵画や写真、ビデオから、立体《スカルプチャー》、インスタレーション(空間全体を作品とする芸術)まで、多種多様となった。企画を手がけた同協会のメリッサ・チウ、全米日系人博物館のカリン・ヒガ、カリフォルニア大学デイヴィス校のスゼット・ミンの三人の女性キュレーターは、その意図を次のように述べている。

一九九〇年代にみられた、統一性や、時に集団性をもつ芸術運動であるとみられたものは姿を消し、現代はより個人の作風が重視される傾向にある。この展覧会の構想と構成は、この変化を明示するものである。この展覧会は、特定の芸術運動や流行に重きをおくものではなく、個々のアーティストたちがそれぞれに受けた影響を自由

に表現するものである。(Chiu, Higa and Min 2006: 8　強調は引用者)

ＯＷＯＡは、メディアや芸術批評家らからは、アイデンティティ・ベースを超越した美術展として各地で軒並み賞賛された(8)。展示作品を一瞥する限り、一、二の例を除いて、政治的色彩や人種・アイデンティティといったテーマを見出すことは難しい。アジア系アメリカ人の芸術の多様性《ダイヴァーシティ》を訴えながらも、それは多文化主義の芸術とは大きく一線を画している。アジア系アメリカ人の現代アートが、多文化主義の興亡と自らの多様化とともにいかに大きな変容を強いられているかを、ＯＷＯＡは物語っている。

四　「アジア系アメリカ人アーティスト」のポジショナリティとアイデンティティの表現

――芸術家たちへのインタビューから

批評家たちが賞賛するように、ＯＷＯＡではたしかに一時代前に見られたような多文化主義の芸術は姿を消している。しかし出展したどのアーティストにとっても、自らのアイデンティティ(identities)そのものが、創作力やアイデアの源になっていることはインタビューから確認された。そこで本節では、彼らへのインタビューをもとに、差異のアイデンティティ、ホームランドの記憶、アメリカ人としてのポジショナリティなどの問題を抽出することによって、「アジア系アメリカ人」という人種カテゴリーとそれに付随する問題を考察する。以下いくつかのテーマにそって彼らの世界観や関連作品の特徴を考察するが、それは彼らやその芸術を分類するものではなく、今日の彼らの表現のあり方を多面的に照射することが狙いである。

1　「アジアらしさ」の不在と沈黙の挑戦

ミカ・タジマはインタビューで、テキサスで過ごした子ども時代の人種差別や、芸術の世界に入ってからの、白人

作品３　“Microwave Oven #1(Marilyn Manson)”, Kaz Oshiro(2003-04)

男性キュレーターらから受けた屈辱的なジェンダー差別について堰を切ったように語った。ＯＷＯＡで彼女を担当したアシスタント・キュレーターからは、「アイデンティティの問題は入っていないし、彼女から聞いたこともない」と聞いていた。しかしタジマに言わせれば、アイデンティティこそが創作の原点であるという。

　ミカ・タジマの展示作品は、鮮やかな色の大型ボードを三層に重ね、その奥に反射鏡をおいた三次元のインスタレーションである（表紙カバー）。作品としては静的だが、観客が歩くと、鏡の反射によりぐるぐる回るような影の変化が楽しめる。傍のスピーカーからは、エレキギターの三本の弦が三層に呼応するかのように高・中・低の音で響き、三つの音が絡み合ったり、重なったりして、立体感や変化する感覚を効果的に増幅させている。

　　あらゆるものが多面的なスタンスをもっているというアイデアは、私のアイデンティティと深く関係しているんです。……私の作品は、いつもポジショナリティや機能がころころかわって、カテゴリー化から飛ぶように離れていくんです。まるで私みたいにね！（筆者とのインタビューより。以下同じ。二〇〇七年八月一二日）

　タジマの芸術作品は、常にカテゴリーを攪乱させる、ポジショナリティの多元性を主題としている。巨大な素材でインスタレーションを創作するのも、自分の他にそれを手がけている女性やマイノリティを知らないからだという。

　　私が何か創作する時、その創作自体が、すでにある意味、政治的なスタンスでもあるんです。……人々の想像する像におよそ当てはまらないという意味で。このアーティストは女性じゃない、日系アメリカ人じゃない、アジア系アメリカ人でもないだろう、というような。日系人なら日本の細かな情景でも描くのだろうと思われていますからね。（同）

ＯＷＯＡには、日本人もひとり含まれていた。大城康和(通称カズ)である。大城自身はアジア系アメリカ人と題した美術展に合衆国で投票権さえもたない自分が含まれることに当初は抵抗を感じたという。しかし、彼のようにアメリカ国籍を取得することなくアメリカで生きるアジア系も、今日のアジア系アメリカ人の実像の一部であると説得され、[9]参加することにしたという(二〇〇七年三月一九日)。スピーカーやキャビネットなどを描いた彼の作品(作品3)は、近くからみても本物に見間違うほどの精巧さである。空洞となっている裏側を見ない限り、それが三次元に折り曲げられたカンバスだとは気づかない。描かれた「汚れ」さえあまりにリアルで、あるコレクターの家で家政婦が誤ってクリーナーをかけてしまったという逸話が残っているほどである。年季が入っているかにみえるステッカーは、指で触れると僅かな厚みを帯びている。すべてペイントとサンドペーパーによる手作業の繰り返しから生まれたものだ。

大城の原点は、芸術科に籍をおいた大学時代にある。教師の大半が白人で、周囲の白人学生がたとえ知識がなくとも発言すれば評価され、寡黙で英語で自由に発言できない自分は不気味な存在だと思われていたという。孤独と葛藤の末に、「表現しない表現」もありうるはずだと考え、辿り着いたのがこの作風だった。「自分ではとても日本的なつもりでやっているのですけどね」と大城は言う。彼が思い描くのは、黙々と質にこだわりモノを創り続ける日本の伝統職人である。大城の作品は、言語同様、感情や感性をストレートに表現することを規範とする、ヨーロッパ中心的な価値観と、美術界を支配する白人の文化的覇権――これらに対抗する彼独自の表現である。

タジマと大城の芸術に共通するのは、エスニシティの痕跡や「アジアらしさ」は不可視でありながら、レイシズムやセクシズム、白人(男性)文化の覇権に対する鋭い挑戦が深層レベルで込められていることである。

2　エスニシティの横断と「まなざし」の客体化

マリ・イーストマンの作品には、動物や草花が描かれており、墨絵のような筆遣いと柔らかな色遣い、光沢材の使用によって、彼女の言葉を借りれば「女性らしい」「美しい」輝きを放っている。日本人の母親とヨーロッパ系アメリカ人の父親をもつ彼女は、日本滞在中に自分と同じような「ハーフ」に多く出会ったことにより、「ハーフ」とし

作品4　"Bird on Flowering Spray: Porcelain Cup, Chieng-lung Period (1736–1759)", Mari Eastman (2004)

ての出自に誇りを抱くようになったという（二〇〇七年三月二〇日）。

作品4は、大皿の骨董品のうえに彼女がさらに手を加えたものである。キャプションに書かれた年号は、歴史的事実からいえば誤った年号が含まれている。しかしイーストマンにとって、それは西洋で流通している中国芸術のイメージの再表象（re-representation）である。すなわち一つの古典の芸術の上に、現代の自らの芸術を重ね、かつ西洋で他者化され、誤りに満ちた「中国芸術」をさらに客体化する、それがイーストマンの意図なのである。

アンナ・ソーホイは、中国系のニュージーランド人で、今もその国籍を維持している。彼女の作品に多用されている岩石や木の枝、縄やビーズなどの素材は、「アジア的な雰囲気を醸し出す」ものだとされる。岩石のくぼみは女性器のメタファーであり、レズビアンであったかつてのアイデンティティが表現されている。先住アメリカ人に伝わるドリームキャッチャーも、作品のひとつである。ソーホイは、この他、巨大なわさびの彫刻など、ユーモアの交じった「日本」のポップ・カルチャーの作品を創作している。

私自身は特定の民族について触れたことは一度もないのだけれど、ただ私のことを、わさびを作っているから日本人だろう、と観客に思わせるだけよ（笑）。人々の思い込みを遊んでいるの。……私は中国的なものも、先住アメリカ人のものも使う。日本的なアイデアも。結局、気負いなくこうしたもの、文化的なモノやアイデアを自分の彫刻にとりいれるの。（二〇〇七年三月二一日）

ソーホイもまた、日本人と中国人の見分けもつかない一般社会のステレオタイプを冷ややかに客体化している。

イーストマンもソーホイも、中国や日本、あるいは先住アメリカ人の伝統芸術を愛するからこそ、その美しさや面白さを表現する。従来の多くのマイノリティ・アーティストとは異なり、関心をそそられれば、自らのエスニシティの境界を超えて創作することを躊躇しない。マイノリティの伝統芸術とされるものが当事者でなければ「真正性」をもたないとされてきた、本質主義的な言説を覆すのである。

3　アメリカ生まれのアジア系としての世界観

一七人の作品のなかで、アメリカ生まれのアジア系の世界観を表現した数少ない作品のひとつは、中国系二世のイ
ンディゴ・ソムによる南部のチャイニーズ・レストランの写真である。白人居住地で思春期を過ごしたソムは、学校ではつねに孤立し、友人関係も上手くいかなかったが、東部の名門女子大学に入学後、初めて自分のアジア系という人種アイデンティティ、女性としてのアイデンティティ、そしてレズビアンという性的指向に目覚めていった。その結果自分がなぜ中高時代、周囲との人間関係に悩んだか、理解できるようになったという。

写真に撮ったレストランは、アメリカの南部を運転中に「発見」したものだ。どんな片田舎であれ、その土地土地のランドスケープの一部として溶け込んでいる中国料理店は、合衆国の隅々に至るまで根を下ろし、アメリカ人へと変容していく中国系アメリカ人の経験を表しているかのようである。ソムが語るには、アジア人の気配がない田舎道を何時間も運転し、突然中国料理店を見つけたときに込みあげてくる懐かしさや嬉しさは、白人クラスメートに囲まれていた中高時代、ようやくアジア人や中国人に出会った時の感覚に似ているという(二〇〇七年八月一八日)。

ジーン・シンは、OWOAでは、「アジア系アメリカ人コミュニティ」の友人たちから集めた毛糸のセーターの古着をコーナーの壁二面に貼り、実際の人間関係に即して、セーター間をほどいた糸でつなぎ、最後はすべての糸が虹色の帯をなして入り口を飾る、というインスタレーションを手がけた。セーターの寄贈者のなかには、アジア協会の白人や他の非アジア系のスタッフも、また当時ボストンに住んでいた筆者とその家族も含まれていた。白人と結婚し、「ダブル」である幼い息子をもつシンにとって、アジア系アメリカ人コミュニティとは、血や国籍で決定されるものではない。本質的な概念から解き放たれたアジア系アメリカ人のコミュニティやネットワークを作品で表現しようとした(二〇〇六年三月八日)。

作品5　“Dead, from the LIFE”, Binh Danh (2006)

4　ホームランドの記憶とＵＳＡ

ＯＷＯＡの出展作品を特色づけるひとつの要素は、ホームランドを扱う作品の多さである。その作り手の出自は、東南アジア、南アジア、中東といった、いずれも最近までアジア系アメリカ人としてのプレゼンスが低かったエスニック集団である。世代も、移民一世、幼少時に渡米した移民「一・五世」、二世と、アジア系コミュニティのなかでは歴史の浅い世代である。

ビン・ダンは、文字通りの「ボートピープル」として二歳の時に家族と共にベトナムからアメリカに逃れた。大学時代に受講したアジア系アメリカ人研究の授業に啓発され、自分の家族やコミュニティの歴史に強い関心を寄せるようになった。作品5は、一九六九年の『ライフ』誌に掲載されたベトナム戦争の戦死者の顔写真を、特殊加工した熱帯樹の葉の上に焼きなおしたものである。写真という媒体《メディア》の選択は、ベトナム戦争というテーマと同様、ダンのポジショナリティと密接な関係をもっている。

　家族の歴史というのは、いつも写真を通して語られるものだと思うのです。でも自分にはそれがないわけですよね。家族が故郷を後にして渡米したとき、写真などまったく持っていませんでしたから。だから一連の作品に取り組んだとき、自分のアイデンティティや歴史を問うきっかけとなって、まさに目から鱗のような体験でした。

（二〇〇七年三月二三日）

しかしダンがよりこだわるのは、合衆国における彼のホームランドの表象である。アメリカ社会におけるあらゆる価値観は、白人中心で、アジアに根ざしていないと断言する。合衆国と祖国が交えた戦争の記憶を扱うのは、そのような白人中心の世界観に僅かでも風穴をあけ、自分の解釈するホームランドの記憶を織り交ぜて新たな表象を創造したいからである（同）。

マイク・アルセガは、一〇歳の時に家族と共にフィリピンからロサンジェルスに移住し、大学時代からはサンフランシスコ、ベイ・エリアに住んでいる。白人中心の芸術界で活動するために、フィリピン系芸術家たちとネットワークを築き、美術展を開催した。それが引き金となり、以来フィリピンの植民地主義、カトリック教会と国家など、政治問題を手がけている。フィリピンを扱うひとつの理由は、合衆国とスペインの植民地主義が、現在の合衆国の対イラク政策に通ずるものだからだという。「誤った行為に光をあて」ながらも、悲壮感を漂わすのではなく、それをパロディ化し、ユーモアを込めた作品に仕立てる、それが彼の目標である。そのユーモアには、フィリピン人のアクセントを交えている。作品6のタイトルは、アクセントによってスペイン語の「植民者(el conquistadores)」と英語の「ばか(dorks)」をかけている。

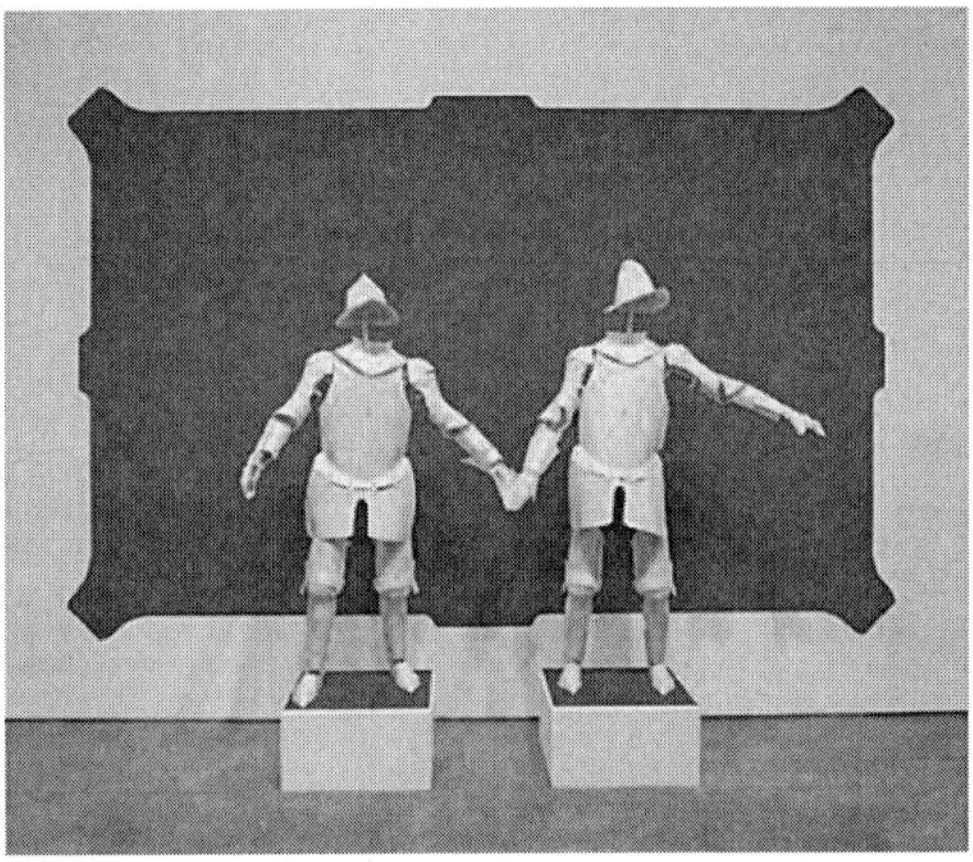
作品6 “El Conquistadorkes”, Mike Arcega (2004)

最初にアメリカに来たときは、アクセントが恥ずかしくて、必死で直そうとしましたよ。でも、大人になると、気がついたんです。「ああ、アクセントって自分をユニークな存在にするもののひとつなのだな」と。だから今はアクセントを大切にしているんです。いつも僕の作品の土台となっていますよ。(二〇〇七年三月二四日)

ジェラルディン・ラオは、古地図をスキャンした後、コンピュータ・グラフィックスでデザイン化し、壁に色テープで再現していく手法をとる。「中国系」で「ニューヨーカー」だという彼女にとって、故郷シンガポールは、あまりにも短期間にインフラストラクチャーの急激な変化を遂げた国である。だからホームランドへの郷愁はあるが、帰りたいとは思わない。

瞼に焼きついている祖父の家とか慣れ親しんでいた場所、そう

作品7　“Elemental”, Ala Ebtekar（2004）

いったところが全部ことごとく変わってしまったからです。……私が育ったのは、とっても美しいコロニアル様式のバンガローハウスだったのですよ。それに私たち〔の家族〕は田舎に土地や果樹園や農地を持っていたのですが、今はもう何も残っていないんです。だからシンガポールに帰ると、〔まるで知らないところに突然連れてこられたかのような〕ディスローケーションの感覚に陥ります。でもそれがまさに私の仕事の原動力になっているのです。（二〇〇七年八月一六日）

ラオがOWOAに出展した作品は、シンガポールで入手した航海用地図をもとにしたもので、中国南部からシンガポールに移住した彼女の祖先のように、アジアにおいて国境を越えるトランス・マイグラントの移動性が表現されている（同）。

イラン系二世のアラ・エプテカーは、イランのコーヒー・ハウスをアメリカ生まれの二世の視点で再構築した（作品7）。すべて白一色に塗られ、床にはナイキのスニーカーが無造作に置かれている。

〔あのインスタレーションを〕全部白に塗ったのは、それが土台で、僕が言おうとしていることや僕自身の土台となるような構造なんだけど、アメリカ人の僕には細部や色はわからないんだよね。……知らなくてはいけないことだと思っている。だから〔この作品は〕、むしろそんな主張みたいなものなんだ。（二〇〇七年八月一八日）

彼は、自分は「イラン系アメリカ人」ではなく、「イラン人」であり、かつ「アメリカ人」であるという。

僕からイラン的なものを取り払うことはできない。アメリカ流のものも取り除けない。僕が興味をもっているのは……現在の出来事が歴史や神話と出会う交差点《クロスロード》をほんの少し見せることなんだ。過去と現在、フィクションとノンフィクション、これらが全部交差して一つになるこの瞬間だよね。（同）

以上の作品は、いずれも合衆国でディアスポラとして生きる彼らのポジションを意識させるものである。他の何人かのアーティストも、ホームランドの問題を介在させたうえで合衆国の対外政策を風刺している。その場合も、ユーモアやウィットで批判をオブラートに包むといった、より洗練された形のアートである。彼らは、自らのもつ文化資源を利用しつつ、きわめて自由に、ホームランドの記憶やアイデンティティを表現している。

5　「顔」の見えない美術展

このように賞賛を受けたOWOAには、「アジア／アメリカ」や他のアジア系アメリカ人アートの展覧会と比べて、どのような特徴がみられるのだろうか。これまで芸術批評家らによって指摘されたことのない、以下の三つの特性を考えてみたい。

最大の特徴は、アジア系アメリカ人の顔や身体が作品にほとんど登場しないことである。顔や身体が表れる二、三の作品についても、より人間の普遍的課題を扱っている。意図的か否かは別として、観客にとっては、作者の背景を意識することなく芸術作品に感情移入しやすくなる。顔や身体が人種アイデンティティや移民経験を表現する媒体として多用された「アジア／アメリカ」とは対照的である。

第二に、東南アジアや南アジア、中東など、いまだアメリカ社会では馴染みの薄い地域に出自をもつ芸術家の多くが、ホームランドの記憶をテーマの主軸に据えていることである。この点で、東アジア系の芸術家たちとは対照的である。しかしそのホームランドは、戦死者を扱ったダンの作品を除いて、人間ではなく物質文化やランドスケープをとおして表現されている。

第三に挙げられるのは、東南アジアや南アジア、中東アジアに出自をもつアーティストたちの作品では、いずれもアメリカ人としてのポジショナリティやまなざしがより洗練された形で表現されていることである。たとえばダンの『ライフ』誌の写真の使用は、アメリカというロケーションを意識させる。エプテカーは、白いインスタレーションやナイキの靴によって、「真正性」にはおよそ縁遠いアメリカ生まれの二世の視点を表現している。アルセガの作品に込められた政治批判は、パロディやフィリピン・アクセントを交えたキャプションなどのアメリカ的なユーモアで包まれている。ポップ・カルチャーをふんだんに取りいれる現代の若手アーティストらしい嗜好が滲み出ている。

五　新たな対抗から新たな芸術へ

1　「アジア系アメリカ人」というラベル

前述のマチダは、「ステレオタイプや人種主義に立ち向かうために、文化
、や芸術
、を使っ
、て、自分たちの歴史と現在の状況を表現しようとした」と当時の心境を筆者に語った（二〇〇六年三月九日。強調は引用者）。アジア系アメリカ人運動に触発された世代であるマチダにとって、芸術は手段であり、人種主義への抵抗やアジア系コミュニティの権利拡大は芸術とは不可分のものである。アジア系アメリカ文学や芸術批評で知られるエレーン・キムも、「人種は彼らにとって無視できないアイデンティティの要素である。アメリカの芸術界で、誰が芸術を創るのか、どのような作品を実際に見せることができるのかは、相変わらず重要な問題だからである」と、アジア系の芸術家にとっての人種の重要性を指摘している（Kim 2003: 32）。本章では省略したが、筆者がインタビューした「旧世代」の芸術家の多くや、若手ながらアイデンティティ・ベースの芸術を手がけている芸術家たちにとって、「アジア系アメリカ人」というラベルなくして人種主義への抵抗やそれを表現する芸術はありえない。

ところが、ＯＷＯＡの「アジア系アメリカ人アートの現在」という副題に違和感を抱いた出展者は少なくなかった。この副題を問題視した者、自分の好みではないと答えた者、これらをあわせたアーティストが大半を占めたといっても過言ではない。ここで再びアーティストたちの声を引用してみたい。

タジマは同じく出展したチトラ・ガーネッシュとともに、この副題について憂慮していた。

あなたも知っているように多文化主義が完全に壊滅《クラッシュ》した後だから、私たちはみんな恐れていたのよ。……この美術展が「これがアジア系アメリカ人アートというものです」というような、そんなふうになるんじゃないかと

恐れていたの。〔ＯＷＯＡが〕突然一九九三年のホイットニーの展覧会のようになったらどうしようってね（笑）。
（二〇〇七年一二月三日）

実際ある批評では、彼女の作品は「日本の漆の箱を思い起こさせる」ものと書かれており、彼女を憤慨させた。
ガーネッシュは、カテゴリーと周縁化された集団の有徴化をめぐる問題を指摘している。

周縁化された集団やその人たちの努力によって生み出されたものは、いつも徴のついたカテゴリー。……女性や有色人種によるアート作品が全部アイデンティティ・ベースのものだと決めつけられるのは嫌ですね。（同）

ＯＷＯＡのキュレーターの一人であるメリッサ・チウは、アーティストたちがいかに「アジア系アメリカ人」というラベルを嫌がるかを次のように表現する。「こういうとおかしいけれど、ほとんどのアーティストは、生涯をかけてラベルと闘っているんですよ」（二〇〇七年三月二〇日）。だからこそＯＷＯＡの意義は、「アジア系アメリカ人という言葉の不十分性を際立たせる」ことにあるのだというのは、同じく企画したカリン・ヒガの言葉である。美術展を訪れた観客は、「なんでもありだな」と思うにちがいないからだと（二〇〇六年一月一二日）。

アジア系アメリカ人の芸術が「一枚岩」でなく多様であることを訴えるためには、一見、自己矛盾に見えはするが、「アジア系アメリカ人のアート」というラベルは不可欠なのである。

しかし、「アジア系アメリカ人」というカテゴリーやラベルも、彼らには多義性をもったものである。「そういったラベルは過去のものにしたい」というソーホイも、「その半面、そういうラベルを持つ者同志で連帯したいという気持ちもあるのよね」と、このカテゴリーに対する心の揺れを露呈している。

できることなら「アジア系アメリカ人」という形容詞のない、ただの「アーティスト」として認知されたい。しかし、芸術の中心コミュニティでアジア系アメリカ人の芸術家が十分に登用されていない《アンダーリプレゼンティド》現状では、「アジア系アメリカ人のアート」という看板を掲げることによって、自分たちのプレゼンスを高めることが可能となるのである。

アジア系のアイデンティティ・ベースや政治的作品を手がけてきた代表的アーティストの一人であるヨンスン・ミンによれば、アジア系に対する人種差別は減じていないが、表面的には緩和されているように見えるために、かつて旧世代が強く感じた「政治的企てとしてあったあの緊迫感」が若い世代では喪失している。そのうえで、現在はきわめて複雑で面白い時期だという。社会変動の影響を受け、アジア系アメリカ人であることの意味づけをいかにするかは、ますます困難になっている。しかしミンは、そのような「弁証法的な緊張や拮抗」は「健全なこと」だと評する。「常に疑い続けること、この構築が誰にとって何を意味するのかを問い続けること」こそ最も重要なのだと(二〇〇七年三月二一日)。

2　新しい芸術の創造

このような現代におけるアジア系アメリカ人の微妙なポジションは、アーティストとしての表現の欲望と、主流社会の反応に対する不安と期待、この二つの間の絶え間ない交渉《ネゴシエーション》をいっそう要求するものである。しかしまさにこの交渉が、新しい現代アートの創造のアリーナとなっていることに注目したい。筆者の観点からすれば、彼らの新しい芸術はおよそ二つのアリーナを中心に生み出されているように思われる。その二つは、合衆国での歴史が比較的短くホームランドを題材としている第三世界に出自をもつアーティストたちと、合衆国における既存の「東洋美術」につきまとうステレオタイプの問題を回避できない東アジア系アメリカ人のアーティストたちの、それぞれの芸術作品の傾向と強い関連性をもっている。

芸術界における多文化主義が衰退した一九九〇年代中葉以後、芸術界ではさまざまな変化が生じた。国内の景気回復にともなって芸術市場《アート・マーケット》が活性化し始めたことに加え、加速するグローバル化の下で第三世界「文化」の大量商品化が始まった。(10) ポップ・カルチャーと芸術、日常品と芸術作品の境界の曖昧化も、その商品化をさらに促進したといえる。ジュリアン・スタラブラスは、冷戦終結によってもたらされた資本主義の勝利、加熱する「文化戦争」、ネオリベラリズムと「自由貿易」の名の下で拍車がかかる第三世界「文化」の商品化、これらすべてが、芸術における「文化的差異」の需要と消費を高めているのだと分析する(Stallabrass 2004: 35)。

この問題をOWOAの芸術家たちに引きつけて論じるなら、第三世界「文化」の商業化によって、今日版のオリエンタリズムのまなざしをもっとも直接的な形で受けるのは、東南アジア、南アジア、西アジアのホームランドを題材とするアーティストたちである。これらの地域の芸術は、日本や中国の場合と異なり、アメリカ社会ではまだ馴染みが薄く、「エキゾチック」であると一般にみなされている。

移民の多いラティノ系の芸術をめぐる議論には、アジア系のそれとしばしば類似した点が見出される。スザーナ・リヴァルは、主流に迎え入れられるラティノ系の芸術家たちの抱えるジレンマを克明に論じている。主流に入ることは、ラティノ系の芸術団体という閉ざされたコミュニティから離れ、より開かれた空間に身をおくことを意味する。しかし芸術界の中心が欲しているのは、民族的で宗教的で原始的な芸術である。すなわちアーティストたちは、自らが意識しているか否かは別として、「〔同化して主流の〕流行をとる」か、あるいは「〔主流社会の欲する芸術を拒絶し、コミュニティで〕目立たぬ存在のままでいる」のかという難しい選択を迫られるというのである (Leval 1990: 150)。

しかし二一世紀初頭の今、はたして選択は、同化か隔離か、すなわち主流芸術界に迎合するのか、あるいは主流社会から距離をおき自らのコミュニティ内という狭い範囲で活動するのか、というこの二者択一しかないのだろうか。OWOAの若手アーティストたちが切り開こうとしているのは、第三の道ではないのだろうか。

若い世代とはいえ、大半が自ら何らかの人種差別を体験してきたOWOAの芸術家たちは、中心社会の支配的なまなざしや、グローバル経済と結託した、言わば新しいかたちのオリエンタリズムに対して無自覚であるわけではない(11)。確かに第三世界にルーツをもつ彼らは、一方において間接的にせよネオリベラリズムの恩恵に与っていると言えるだろう。それは、前述の、若手黒人アーティストたちが、「ポスト・アイデンティティ」という新しい表現方法を探求しつつも、鋭い市場調査を欠かさないことに通底するものである。アジアのなかの第三世界は、芸術市場ではまだ開拓が進んでおらず、資本家たちにとっては投資価値が見出されるからである。

しかし他方、合衆国で生きる彼らは、白人男性が覇権を握る芸術市場において、そのようなオリエンタリズムと無縁ではない第三世界文化の消費に、自分たちの作品が呑み込まれることには抵抗しなければならない。彼らにとってその抵抗を表すかたちが、自らのアメリカ人としてのポジションを記号化するポップ・カルチャーの挿入なのである。

すなわち、この「アメリカ人」としての記号によって、第三世界から輸入される消費文化と一線を画し、自らの主体性を表現しているのである。

それでは、アメリカ社会での馴染みがより深い日本や中国、韓国に出自をもつ芸術家たちの場合はどうであろうか。馴染みがより深いとは、ステレオタイプ的表象がより豊富に存在することをも意味する。大城の言葉を借りるなら、アメリカで目につきやすい、日本人だとすぐにわかるような作品は、「テリヤキ・チキン」のようなものである。日本には存在せず、アメリカで美味しいとされるもの。しかしその結果は「基となっている理解が一切ないという悲劇が待っているだけ」である。そのような主流社会の欲する表象は彼には受け入れられない。そこからくるジレンマを、「表現しない表現」という新しい作風の芸術で超越しようとしている。

タジマやシンのように、人種やジェンダーのカテゴリーを攪乱する作品もあれば、ソーホイやイーストマンのように、出自にもとづいた「真正性」に囚われることなくエスニシティの境界を自由に横断し、美や面白さを追求するかたちもある。あるいはイーストマンのように、欧米社会で流通している表象をさらに「再」表象することによって、表象の危うさといった、より普遍的に訴えるテーマを鋭く描き出すかたちもある。このように芸術における本質主義や主流社会の期待するステレオタイプからの回避を目指す試みが、彼らの新しい芸術を生み出している。

おわりに――同化も隔離も超えて

本章で扱ったOWOAに出展したアーティストたちは、白人男性中心の芸術界に受け入れられつつある、新進気鋭のアーティストたちである。[12] 人種やエスニシティ、ジェンダーなどのアイデンティティを真正面から表現しない彼らに対しては、「同化した芸術家たち」と見なす見方がある。主流社会の美術展に迎えられる機会があっても、マイノリティへの道が開かれたと思うほど楽観視はできないという見方もある。対照的に、今や実力さえあれば一般の美術展においても十分に活躍できる場はあると考える人々もいる。その解釈もまた一様ではない。

ＯＷＯＡの若手アーティストたちにとって、作品の表面上の姿とは異なり、人種やエスニシティ、ジェンダー、性的指向といったアイデンティティはけっしてその重要性を失ってはいない。主流社会が欲するまなざしに迎合することは彼らのプライドが許さない。しかし多文化主義やアイデンティティ・ポリティクスを通して表現する芸術が、一部の助成金やコミュニティ・ベースの形態以外に受け入れられないのであれば、コミュニティ内と一部の白人支援者のなかでの内部消費、縮小生産へと向かい、本来伝えるべき相手にその声を届けるすべを完全に失うことになる。それよりは、新しい作風で主流芸術界の片端にでも参入する方が、アジア系アメリカ人の芸術やアジア系アメリカ人そのものに対する理解を深めるひとつの近道となりうる。だからこそ、抵抗する表現方法もそれに応じて変化させなければならなかったのである。

彼らの作品に見られる斬新性は、まさにこうしたアリーナから誕生したものである。日常は「アジア系アメリカ人」というカテゴリーに束縛されることなく、多様な顔を持つ個々人として活動する。しかし、アジア系のプレゼンスを強調するためには[13]、あるいはさまざまなステレオタイプの前提となる「一枚岩」のイメージを打破するためには、カテゴリーは必要不可欠とされる。すなわち類似した経験や価値観を共有する仲間とのネットワークを常に求め、維持し、必要な時に必要な方法で、自分たちの表現をより広い世界に伝えるための手段としてカテゴリーを用いるのである。「アジア系アメリカ人」は社会的にリアルに存在しながらも、多元的なポジショナリティを意識するなかで、それをストレートに表現することも、それに基づいて政治的な連帯をくむことも困難になっている現代。同化でもなく隔離でもない、「アジア系アメリカ人」という差異のアイデンティティを新しい抵抗のかたちで操る若者は、今、徐々に増えている。

注

（1）　芸術界で常識とされる白人男性の覇権については、インタビューでもさまざまな対象者が語るところであった。ほかにKim et al.(2003)；ブルーム（二〇〇〇［1999］）；荻原（二〇〇二）、『ニューヨーク・タイムズ』二〇〇一年七月二九日などを参照。

(2)　本章は、二〇〇六年一月から二〇〇七年一二月にかけて四一名に対して行ったインタビュー調査に基づいている。ニューヨーク、ロサンジェルス、サンフランシスコ、シアトル等の都市を度重ねて訪れ、アジア系アメリカ人アーティスト三一名およびキュレーター一〇名に対してインタビューを行った。特に焦点を当てるのは、二〇〇六年秋にニューヨークのアジア協会美術館で開催された「ワン・ウェイ・オア・アナザー——アジア系アメリカ人アートの現在」に選ばれた若手アーティスト一三名とそのキュレーター四名である。「ワン・ウェイ・オア・アナザー」については、遠隔地居住者や連絡不能であった四名以外は全員インタビューを行った。なおインタビューのテキストの一部、作品(カラー)等については、以下のサイトで公開している。(http://kyodo.zinbun.kyoto-u.ac.jp/race/theme_takezawa.htm)

(3)　それはかつてスチュアート・ホールが「ニュー・エスニシティーズ」という概念でもって提起したイギリスにおける「ブラック」をめぐる問題に類するものである(ホール 一九九八 [1988])。

(4)　むろん現実には、過去三〇年近い間に、文化的多様性に配慮した美術展やマイノリティの芸術家・キュレーターの登用は確実に増えている。しかしアイデンティティ・ベースの芸術は、少なくとも芸術界の主流においては、ごく限られた芸術家として地位を確立した層を除けば、今や旧式の、それもしばしば三流の芸術とみなされるようになったのである。

(5)　人種アイデンティティをテーマとするアジア系アメリカ人の美術展について、ヤンは、本質主義に陥る危険性を伴い、人種やそれにまつわる政治が他の問題との関係でどのように位置づけられるかを曖昧にしてしまうと批判的に論じている(Yang 1998: 97–98)。

(6)　キュレーターらによると、アジア系コミュニティに対しては、エスニック・メディアやコミュニティ博物館への働きかけなどは、基本的に行わなかったという。

(7)　三人のキュレーターはそれぞれ個別のインタビューにおいて、アーティストの選択はあくまでも芸術性を第一とするもので、エスニシティによる代表性は、最終段階で一名追加した以外は、一切考慮しなかったという。

(8)　例えば、『ニューヨーク・タイムズ』では、「媒体という点では最新のものをカバーしている。他方アイデンティティの問題はすっかり形を変えたか、完全に姿を消している」(二〇〇六年九月六日)。同様の批評は、『ザ・ウィーク』二〇〇六年一〇月六日、『ロサンジェルス・タイムズ』二〇〇八年三月一一日などにも見受けられる。

(9)　従来アジア系アメリカ人コミュニティでは、「永遠《フォーエバー》の外国人《フォーリナー》」としてのまなざしを向けられてきたゆえに、アジア系アメリカ人とアジアにいるアジア人は明確に区別されてきた。カンディス・チューは、そのような考え方は、距離を差異に置き換える、「ヨーロッパ中心的な、「他者化する」知のありようを支持するものである」と批判し、「それにとって代わるトランスナショナルな空間配置は、そのような植民地的様式に挑む可能性を持っている」と提唱している(Chuh 2003: 90)。

(10) グローバル化により、現代中国アートや日本のポップ・カルチャー(たとえば村上隆のアニメ風作品)に対する需要も急速に高まるようになる。

(11) たとえOWOAの多くのアーティストたちのように、主流社会の美術展に含められる機会があっても、マイノリティへの道が開かれたと楽観視できる状況ではないことは彼らの多くも自覚している。それはしばしば、タジマが言うように、「お飾り《トークン》的な」文化的多様性であり、ごく少数の同じ顔ぶれが毎回のように集うことになる。『ニューヨーク・タイムズ』二〇〇一年七月二九日の芸術欄の論説「多文化主義を超えて、自由?」は、いみじくもそのような状況を言い当てている。「間もなくこれらの芸術家が、選ばれなかった「その他」のすべてのマイノリティを代表《リプレゼント》するようになるだけだ」と。

(12) 二〇〇九年にスミソニアン美術館での個展が予定されているシンや、ホイットニーでの二〇〇八年のビエンナーレに出展したタジマ、十分なコレクターが存在し芸術だけで生計を立てられるという数人のアーティストから、複数のアルバイトの傍ら時折、美術展に出展するというその他のアーティストまで、主流社会への参入度には個人差がある。

(13) 冒頭に述べたさまざまなステレオタイプの温床は、アジア系アメリカ人が均質ではないことを明示すれば解体へと向かう。この点についてはロウの議論が参考になる(Low 1996)。

参照文献

竹沢泰子　一九九七　「アジア人移民の帰化権問題と「人種」」三輪公忠編『日米危機の起源と排日移民法』論創社、二一九―二五五頁。
竹沢泰子編　二〇〇五　『人種概念の普遍性を問う――西洋的パラダイムを超えて』人文書院。
萩原弘子　二〇〇二　『ブラック――人種と視線をめぐる闘争』毎日新聞社。
ブルーム、リサ編　二〇〇〇[1999]『視覚文化におけるジェンダーと人種――他者の眼から問う』斉藤綾子他訳、彩樹社。
ホール、スチュアート　一九九八[1988]「ニュー・エスニシティズ」『現代思想』臨時増刊号、大熊高明訳、第二六巻第四号、八〇―八九頁。

Anthias, Floya and Cathie Lloyd.(eds.) 2002. *Rethinking Anti-racisms: From Theory to Practice*, London: Routledge.

Chiu, Melissa, Karin Higa and Susette S. Min.(eds.) 2006. *One Way or Another: Asian American Art Now*, New Haven: Asia Society in association with Yale University Press.

Chuh, Kandice. 2003. *Imagine Otherwise: On Asian Americanist Critique*, Durham: Duke University Press.

Golden, Thelma. 2001. "Introduction", in *Freestyle*, exhibition catalogue, New York: Studio Museum in Harlem.

Joselit, David. 2003. *American Art Since 1945*, London: Thames & Hudson Ltd.

Kim, Elaine H., Margo Machida and Sharon Mizota.(eds.) 2003. *Fresh Talk Daring Gazes: Conversations on Asian American Art*, Berkeley: University of California Press.

Leval, Susana Torruella. 1990. "Identity and Freedom: A Challenge for the Nineties", in Thelma Golden, David Deitcher, Guillermo Gomez-Pena(eds.), *The Decade Show: Frameworks of Identity in the 1980s*, pp. 146–161, New York: New Museum of Contemporary Art.

Low, Lisa. 1996. *Immigrant Acts: On Asian American Cultural Politics*, Durham: Duke University Press.

Machida, Margo, Vishakha N. Desai and John Kuo Wei Tchen. 1994. *Asia/America: Identities in Contemporary Asian American Art*, New York: Asia Society Galleries and New Press.

Robertson, Jean and Craig McDaniel. 2005. *Themes of Contemporary Art: Visual Art after 1980s*, New York: Oxford University Press.

Stallabrass, Julian. 2004. *Art Incorporated: The Story of Contemporary Art*, Oxford: Oxford University Press.

Yang, Alice. 1998. *Why Asia?: Contemporary Asian and Asian American Art*, New York: New York University Press.

第11章　人種表象としての「黒人身体能力」
——現代アメリカ社会におけるその意義・役割と変容をめぐって

川島浩平

はじめに——『ベル曲線』論争再訪

一九九〇年代中葉、『ベル曲線』(Herrnstein and Murray 1994a)という一冊の書籍が、人種間の知的差異の存在を示唆して大論争を巻き起こしていた頃のことである。アメリカ合衆国(以下アメリカ)では、知力とは対照的に位置づけられる能力、すなわち「運動能力」[1]にも、人種間に差異があるのではないかという印象を、強化するような現象が進行しつつあった。それは、スポーツ界のいくつもの競技種目でアフリカ系アメリカ人(以下「黒人」を同義で用いる)[2]アスリートが台頭し、当時までに、全人口に占める同集団の比率を凌駕する高い割合を占めるに至った状況を指す。

この状況を、いわゆる三大プロスポーツのベースボール、アメリカンフットボール(以下アメフト)、バスケットボールでみると、次の通りである。一九九四年末の時点で、登録総選手数に占める黒人選手の比率は、ＭＬＢ(ベースボール)において一八%(一九九〇年代初頭から一ポイント増)、ＮＦＬ(アメフト)において六八%(同六ポイント増)、そしてＮＢＡ(バスケットボール)において八二%(同七ポイント増)であった。上昇率に相違はあるが、同時期の全人口に占める黒人人口比率(約一二%)比で一・五倍、五・七倍、六・八倍に達していた。

アメリカ全土の注目を集めるスポーツの檜舞台において、黒人アスリートはなぜかくも増加したのか。この問いは、すでに一部のジャーナリストが、黒人選手が大挙して出現するようになった一九七〇年代に投げかけ、取り組んだものである。しかしそれは、九〇年代になると、黒い肌のアスリートの圧倒的なプレゼンスゆえに、国民的関心事へと発展を遂げた。そんな中で、多くの国民は、人種差別的意味合いの強い答えを好んで選択したのである。曰く「黒人の運動能力が天性のものだからである」、あるいは「人種間に生来の運動能力の差異が存在するからである」と。

このような返答は、スポーツ大国のご当地に限られたものではない。否、太平洋のこちら側では、これらの先天主義的な主張に与する風潮がむしろ強いように感じられる。日本では、今日でも多くの報道において、「黒人」と呼ばれる人々に固有の運動能力があるとする暗黙の了解、つまり、黒人が本質的に、身体を使って行う遊戯や競技を実践する能力に秀でているとの想定が潜んでおり、一般の人々も、少なからずこの想定を共有している。それに基づいて私たちは、黒人は「スポーツがうまい」、「運動能力や身体能力に長けている」などと繰り返し発言してきた。

この想定は私たちに、「人種」という概念を社会的リアリティとして意識させる上で大きな影響を及ぼしているようである。それは、最近のメジャーリーグ人気を考えるとなおさら頷けるであろう。日本の視聴者はかの地のスタジアムで繰り広げられる「天性のアスリート」黒人、それ以外の「白人」、そして「われわれの代表」である「イチロー」や「ダイスケ」による三つ巴の対抗関係に胸をときめかせるのである。この単純な図式は、「白対黒対黄色」の三人種区分が日本社会に根強く居残る一因を成しているといえるかもしれない。

では先の返答には、どれほどの真実が含まれているのだろうか。この点について、現代の科学者の結論は明快である。「「人種」による遺伝的、先天的優越性を示唆するような科学的証拠はいまだ存在しない」というのがそれである(Pitsiladis and Scott 2005: 516)。しかし、黒人固有の運動能力に対する強い思い込みは社会に広く浸透し、一般人の会話で、あるいはメディア報道の言説として、日々繰り返し反芻され、再生産されている。ここでは、科学的根拠が存在しないこと、しかし一つの言説として広く受け入れられていること、これら二つの点に鑑み、「黒人として表象される人間集団、つまり「人種」には生まれつき固有の運動能力・身体能力が備わっている」との言説を「黒人身体能力神話」と呼び、以下において特に断らない限り、「身体能力神話」や「神話」などを同じ意味で用いるものとする。

『ベル曲線』が引き起こした論争に話を戻そう。それは、知能検査の結果を表す数値である知能指数（ＩＱ）をめぐって展開したものであり、その中で運動能力が目立った役割を果たしたことはなかったとの印象は拭えない。たしかに同書において、運動能力への言及は皆無だったといってもよい。しかし、知力の対極に位置づけられるこの能力が、著者たちの意識に潜在していたことを示唆する証拠もある。

その一つに、出版直後にリベラル派の雑誌『ニューリパブリック』が組んだ本書に関する特集がある。この中で著者のＣ・マレイとＲ・ハーンシュタインは、まずＨ・Ｌ・ゲイツ・ジュニア、Ｇ・ローリー、Ｒ・ニスベットら知識人による批判に「弁明」と題して反論しているが、問題の証拠はその中にある。二人は、各集団の自尊心は、さまざまな性質の組み合わせに基づいていると述べ、こう続ける。各集団は、こうした性質のうち、自らが優れていると見なすものに独自のアルゴリズムによって加重することで、自尊心を高揚させ、自信を持って世の中に立ち向かうことができるのであると。そして、アフリカ系アメリカ人のすぐれた性質がいかなるものであるかは、黒人アスリートの優越からも自明であると（Herrnstein and Murray 1994b: 36）。これはまさに、知的能力における劣等と運動能力における優越を組み合わせて扱う二人の思考が、露呈した一節である。

もっともこのような組み合わせは、二人の論者に限られたものではなく、西洋の近代思想に深く潜む前提として、帝国主義が全盛の時代から存在していたことが確認されている。『ニューリパブリック』での「弁明」は、こうした二元論が底流に脈打つ最近の事例の一つに過ぎないのである。しかるに、『ベル曲線』出版から十余年が経過した今日、二元論の一翼をなす知的能力が、良きにつけ悪しきにつけ学界の注目を浴びてきたのに対し、運動能力に関する思惑は、なお底流に潜んだままのようである。

前者の例として、ノーベル賞を受賞した分子生物学者Ｊ・ワトソンが引き起こした舌禍騒動がある。彼は、「アフリカの可能性について悲観せざるを得ない。われわれの社会政策はすべて、アフリカ人の知能がわれわれと同じだという前提に基づいているが、実験結果はすべてそうでないことを示している」と発言して非難を浴び、コールド・スプリング・ハーバー研究所所長職の辞任にまで追い込まれた（本書第八章参照）。

他方対極にある運動能力は、これまでごく稀にしか、真剣な知的議論の題材として取り上げられることはなかった。現在でも研究者が、黒人アスリートの活躍を社交的サロンやパーティで口にすることはあっても、それを学会での発表や討論のテーマに設定することは、一部の例外を除いてまずありえない。総じて知的能力と運動能力は、人種間差異が顕在する領域として言及される時、ポジとネガの関係にあるといえるだろう(3)。

本章は、このネガの位置にある能力にあえて焦点を合わせる試みであり、その目的は以下の通りである。すなわち、第一に、一九九〇年代中葉までに、アメリカにおいて黒人アスレティシズムが興隆し(第一節)、それに伴って身体能力神話が浸透する一方で、神話に対する懐疑と批判が高まる状況を概観すること(第二節)。そして第二に、かくして、スポーツのスタジアムやアリーナなどにおける偉業や快挙の現実を解釈する装置として構築された神話と、その批判とが拮抗するなかで、黒人アスリートの身体能力がいかに表象され、それが変化したのかを、スポーツシネマを事例として振り返ることである(第三、四節)。結びでは、こうした変化の意味をいくつかの角度から考察する。

一　黒人アスレティシズムの興隆

1　黎明期の状況

歴史的にみるなら、黒人は常に優秀なスポーツ選手だったわけではない。一九世紀後半の南北戦争後のアメリカ社会においてスポーツは、イギリスの影響を受け、有閑階級の健康維持法や余暇としての役割を期待されており、組織化の中心はニューヨーク・アスレチック・クラブに代表されるような社交クラブにあった(小澤 二〇〇五：二八)。当時の社会では、奴隷制の廃止を「骨肉の争い」によって実現したとはいえ、黒人に対する偏見が根強く残っていた。東部都市圏のスポーツクラブには、黒人の排除を規約で定めていた所も少なくなかった。

一八九六年の連邦最高裁によるいわゆる「プレッシー対ファーガソン判決」によって、人種間における「分離すれども平等」の原則が承認されると、スポーツにおいて人種分離を容認する風潮は強化され、さらにこれを制度化する動きも各地でみられた。「ナショナル・パスタイム」として文化的に認知されたベースボールにおいても、一八八七年に、当時「メジャーリーグ」としての地位を揺ぎないものとしたナショナル・リーグで、黒人選手の入団を禁止する「紳士協定」が了承され、世紀末までに黒人選手の排除が徹底された。

こうした差別に抗って、スポーツに成功の道を求めようとした黒人は、決して多くはなかった。奴隷制廃止後、政府による社会・経済的改革が不首尾に終わった結果、当時まだほとんどが南部に暮らしていた黒人たちは、貧困と不衛生のなかに取り残されていた。F・ホフマンによる、一九世紀の人種論に広く影響を与えた統計調査の報告書では、劣悪な生活環境ゆえに、黒人がやがて死滅するだろうとの予言がなされたほどである。食べるのさえやっとであった人々にとって、「健全なる身体」を作り上げる活動は、ほとんど無縁の世界のできごとであった。

全般的な状況がかくあるなかで、少数ながら、非白人に門戸を閉ざしていなかった北部の一部の大学や黒人大学の選抜チームで実績を築いた黒人アスリートもいた。その中には、一九〇四年にセントルイス五輪の陸上種目で銅メダルを獲得したG・ポージや、〇八年に同じく陸上種目で黒人初の金メダルを手中にしたJ・テーラー、あるいは、この頃までに大学スポーツの花形としての地位を不動のものとしていたアメフトにおいて、一七年と一八年に全米代表チームに選抜されたP・ロブスンらがいる。一八九一年にJ・ネイスミスが考案し、キリスト教青年会(YMCA)を通じて普及したバスケットボールを歓迎し、夢中になる黒人青少年もいた。

それでも、黒人スポーツ選手が例外的な存在であったことに異論の余地はない。名門高等教育機関の中には、プリンストン大学のように人種分離を固持する組織もあり、また二人以上の黒人選手を出場させる選抜チームを擁する大学もほとんどなかった。黒人選手はお飾り的《トークン》な地位を甘んじて受け入れざるを得ない状況におかれ、これを破るチームには、対戦拒否のような制裁が待ち受けていた。

2　黒人身体能力神話の起源

一九三〇年代になると、アマチュアとプロそれぞれの世界で、二人のアスリートが熱い注目を集めた。二人は圧倒的実力を誇示して、多くの国民に黒人固有の身体能力を想起させずにおかなかった。現在から振り返るなら、身体能力神話の起源の一つはこの時代に求められるのかもしれない。

その一人は、三六年のベルリン五輪において一〇〇メートル、二〇〇メートル、走り幅跳び、四〇〇メートルリレーの四種目で金メダルを獲得し、「アーリア人」の優越を信じるナチス・ドイツに衝撃を与えたJ・オーエンスである(4)。オーエンスの快挙を知ったアメリカ人の多くは、黒人特有の身体や体型があると確信した。それが俗説となって流布するのを憂慮した一人に、当時唯一の黒人人類学者だったW・コッブがいる。彼はオーエンスの身体を精密に計測して、それがいわゆる黒人型よりは白人型に近いと公表した。

もう一人は、アメリカボクシング史上屈指のヘビー級王者として三七年から四九年まで二五度タイトルを防衛した「褐色の爆撃機」J・ルイスである。ルイスに関する報道記事には、人種的な能力への示唆がちりばめられている。そこに、のちに神話として広く普及するテーゼの原型を見出すことができる。当時スポーツライターG・ライスは、ルイスのボクシングをこう解説した。「それは天性のものだ。偉大な黒人ボクサーは白人ボクサーとちがって、指導によって育つのではなく、生まれながらにしてボクサーなのだ」(ミード 一九八八［1985］：七四)。二人の活躍に新しい時代の到来を予感したものも少なくなかった。その一人詩人M・アンジェロウはルイスの勝利を「黒人が世界最強の民族である」ことの証明として称えた。

一九四〇年代後半になると、黒人兵の戦役での功労に対する賞賛、帰国後の待遇に対する黒人復員兵の不満の鬱積、ローズベルトからトルーマンへと続く民主党政権による反分離主義政策の漸進、そしてなにより国際社会において自由と民主主義を標榜しながら、国内に人種主義体制を抱える国家の矛盾に対する国内、国外からの告発など、人種統合を推進するさまざまな条件が整備された。スポーツ界は、政財界や学界に先駆けて、大衆文化の分野でもきわめて早い時期に人種統合を実現させた領域として注目に値する。

三大スポーツの中で黒人選手を最も早く入団させたのはアメフトである。一九四六年にロサンジェルス・ラムズは、NFL球団を拘束していた紳士協定を反故《ほご》にして、UCLA出身のK・ワシントンとW・ストロードを獲得した。翌四七年にブルックリン・ドジャースは、J・ロビンソンをデビューさせ、「初の黒人大リーガー」(5)を誕生させた。五〇年にNBAのボストン・セルティックスは、ドラフト会議でデュケーン大学のC・クーパーを指名した。当時なお人種分離の伝統に縛られていた大学スポーツ界は、黒人選手の出場に抵抗を続けたが、それでも、六〇年代末までに主要競技において人種統合を実現させた(川島 二〇〇七：一六八)。

一九九〇年代に黒人が三大スポーツでの数的優位を達成するまでには、このような分離体制下における差別と人種主義との闘いの長い歴史があった。つまり黒人アスリートの優勢は、一六一九年に最初のアフリカ人が北米イギリス植民地の土を踏んで以来四〇〇年近くに及ぶ人種関係の歴史の、ほんの一時期の現象に過ぎないのである。黒人身体能力神話を安易に受け入れる前に、わたしたちはこの事実を直視する必要がある。

二　一九九〇年代中葉におけるアスレティシズム礼賛と脱神話言説

1　天才プレイヤー時代の到来

とはいえ、一九九〇年代中葉における黒人アスリートの活躍は特筆に値する。とりわけこの時代に天才的な黒人選手が次々と出現し、先駆者の少なかったゴルフやテニスのような種目においても快挙を成し遂げたことと、神話が幅広い層の支持を受けたこととは無関係ではない。多くの観衆はこうしたアスリートのパフォーマンスを、黒人の身体能力の優越を示唆する具体的かつ直接的な証拠として受けとめた。神話を支えているのは、数値や比率である以上に、こうしたスターたちの鍛え抜かれた身体と、それが見せる実技の記憶なのである。

その代表的存在は、黒人スポーツの典型とみなされるようになったバスケットボールにおいて、キャリアのピークに到達しようとしていたM・ジョーダンである。彼への賛辞には「天性の素質」や「黒人特有の身体能力」という文句が惜しみなく用いられ、強靭な脚力が生み出す超人的な滞空時間は「跳躍《ジャンプ》」ではなく「飛翔《フライ》」と呼ばれた。その逸材ぶりを、社会学者H・エドワーズは、「宇宙人に人間の可能性、創造力、忍耐力、そして精神力の典型を紹介するとしたら、私はジョーダンにする」と称えた(Hersh 1995: 3)。ジョーダンは黒人身体能力の「権化」的存在になった。

それまでアフリカ系アメリカ人に縁遠かった競技の一つゴルフではT・ウッズが、一九九四年にUSアマチュアオープンに史上最年少で優勝して一躍脚光を浴びた。同年スタンフォード大学に進学後、彼は大学選手権で優勝を果たし、プロ転向後にマスターズで、二位に一二ストロークの大差をつけて優勝した。テニス界ではヴィーナス・ウィリアムスが、九七年のUSオープンで決勝まで勝ち進んでその名を轟かせた。翌九八年から彼女は、妹のセリーナと共に主要大会の優勝杯を独占するようになり、姉妹の黄金時代の幕が切って落とされる。

スポーツ界ではかねてから、ゴルフやテニスのようなクラブ組織を基盤として発展し、それゆえマイノリティの参加が制約されてきた競技と、三大プロスポーツのような教育活動を中心に広まり、それゆえ広い大衆参加の基盤を有していた競技との間に存在する、マイノリティへの普及率の格差が問題になっていた。ウッズやウィリアムスの優勝は、クラブスポーツにおけるマイノリティの勝利として、閉ざされた機会の否定を意味し、たしかに歓迎された一面もある。しかしそれが、黒人身体能力神話を補強するという皮肉な結果を招いたことにも留意しておきたい。二人の勝利は、黒人は優れた身体能力ゆえにあらゆるスポーツに強いという神話を強化する一面も有していたのである。

身体能力神話が広く浸透した背景には、それが黒人だけでなく、多くの白人にも支持されたという事情がある。自己の劣等を示唆する神話を白人たちが受容した理由は、この神話が、西洋の思想的伝統に深く根ざした人種観に基づいており、白人のスポーツ競技における敗北を弁解するだけでなく、二つの人種の関係を逆転させる役割を果たしたからにほかならない。「はじめに」でみた精神対身体二元論に立脚するなら、身体的敗北は精神的優越へと読み替えることが可能となる。黒人身体能力神話は、白人の劣位を優位に転換する論理に裏打ちされているのである。

2　偽科学説の登場と舌禍事件

黒人アスリートの数的優位を説明する方法として科学をもちだす動きが、すでにルイスやオーエンスの時代に見られたことは前述の通りである。その後も、オリンピックのような国際大会で黒人アスリートの活躍が目立つ度に、この種の説がジャーナリストによって新たな表現を与えられ、流通した。一九六四年の東京五輪直後に、『ライフ』誌に掲載されたM・スミスによる記事もその一つである。その中でスミスは、人類を「モンゴロイド」「ネグロイド」「コーカソイド」に大別し、各集団間の身体的差異を「科学的事実」として注目し、それが運動能力に与える影響について憶測をめぐらせた(Smith 1964)。七〇年代になると『スポーツ・イラストレイティッド』誌においてM・ケインが「人種の身体的差異が特定の運動種目でニグロに有利に作用したことを示唆する科学者の証言が増えている」と述べて反響を呼び(Kane 1971)、学界ではエドワーズがケインに体系的な反論を加えた。

一九八〇年代になると、黒人の運動能力と生物学を安直に接合させる試みは、メディアとしてさらに影響力のあるテレビを通じて伝えられたが、当事者は厳しい社会的制裁に見舞われた。一九八七年には、ロサンジェルス・ドジャースのゼネラル・マネジャーの職にあったA・カンパニスがニュース番組『ナイトライン』で、黒人の「運動能力はすごいが、監督になるために必要な資質がたりない」と語り、あたかもそれが生得的な特徴であるかの印象を与え、二日後に辞職に追い込まれた。翌八八年にはCBS放送解説者J・「グリーク」・スナイダーが、報道記者を相手取って「黒人の運動能力が優れているのは、奴隷制時代に身体強健な男女が人工的に掛け合された結果である」との自説を開陳して咎められ、解雇された。これらは軽口のつもりの発言が、予想以上の社会的制裁を招いた事例である。

一九九〇年代に入ると、ゴルフ界の「帝王」J・ニクラウスが、黒人ゴルファーが少ない理由を問われ、「黒人の筋肉もその反応も、白人とは異なる」と答え、厳しい批判に晒されてあわてて謝罪し、発言を取り消すという事件も起きた。これは、トップアスリートが人種神話を当然のように受け入れている事例として話題を呼んだ。

白人アスリートに対する監視は厳しいが、黒人アスリートによる同様の発言には、社会は寛容である。元NFL選手のO・J・シンプソン、元大リーガーのJ・モーガンと現役大リーガーのB・ボンズ、一九八四年ロサンジェルス五輪の陸上競技で四つの金メダルに輝いたC・ルイスらは、公式な場で、スポーツにおける黒人の成功は白人に対する身体的優越ゆえであると発言したが、一切咎められなかった。

一九九五年になると、一マイル走で四分を切った史上初の走者であり、神経医学者としても知られるR・バニスターが、「黒人の身体構造や生理に何か特別なものがあることは確実だ」と、イギリス科学向上協会での講演で発言し、やはり厳しい責めを負った。これは、先に見たワトソンによるアフリカ人の知能に関する発言のネガ版とみなすことができるが、白人知識人による、黒人身体能力に関する数少ない公言の一つである。

3　脱神話言説

以上の事例は、二〇世紀末までにアメリカの国内外において、身体能力神話が広く流布していた可能性を強く示唆するものである。アメリカ言論界は、これを黙認していたわけではない。むろん黒人アスリートの躍進を無邪気に称賛していたわけでもない。むしろ注目すべきは、国民が黒人アスレティシズムに熱中する最中にあって、運動競技における優越と生物学を冷静に切り離す主張や、その弊害を見据えて鋭い批判を展開する論者が存在したことである。

前出のエドワーズは、七〇年代から「黒人の若者とその家族の盲目的スポーツ信仰こそ、黒人社会における深刻な問題を生む元凶である」と主張し、スポーツ中心主義に対する批判の先陣を切った一人である(Edwards 2000: 9)。カリフォルニア大学バークレイ校に籍を置いたJ・オグブは、運動競技熱が学業面での黒人児童の落ちこぼれを生み出していると警鐘を鳴らし(Ogbu 2004)、D・ウィギンスは、科学的言説の危うさを歴史学の立場から検証し、身体能力神話をそうした危うい言説として一蹴した(Wiggins 1989)。G・セイルスは、研究史の検討に基づいて、運動選手としての優位における社会的要因の意義を再確認した(Sailes 1990)。

このような学界からの警告に共鳴するアスリートも現れた。一九九四年に、二人の黒人少年がNBA選手になることを夢見て過ごす青春時代を、五年間かけて追跡したドキュメンタリー映画『フープ・ドリームス』が封切られ、批評家に絶賛されると、当時NBAの花形選手だったC・バークレイは、この映画が青少年に与える悪影響を憂えて、「夢を見ることはいいことだけど、見過ぎないでほしい」との警告を残した(宮地　一九九八)。

J・ホバマンは、一九九七年に出版された著書において、一九世紀から二〇世紀に出版された医学者や科学者による文書を渉猟し、黒人身体能力に関する科学的な言説が恣意的に構築され、あるいは時代の価値観によって大きく左右されてきたことを実証した。また、こうした言説によって形成された神話が、一九九〇年代のアメリカにおいて運動競技熱を加熱させ、黒人コミュニティに深刻な弊害をもたらしていると告発した。その論調は、「アフリカ系アメリカ人はスポーツに愛着するあまり、二〇世紀のほとんどの間、自分たちの知的な能力に関心を向けてこなかった」、「黒人たちの多くは、巷に溢れる役割モデルの影響で、アスリートこそ自分の目指す職業だと思い込んでいる」、「アフリカ系アメリカ人の多くは、スポーツ界に閉じ込められている」など、白人研究者には稀なほど厳しいものである（ホバマン 二〇〇七［1997］：四九―五〇）。ホバマンの主張は、イギリス人研究者Ｂ・キャリントンらによって批判的に継承された（Carrington and McDonald 2001）。同編著の一章で彼は、神話に対するより理論的な批判を試みている。

これらの脱神話言説を発表する論者に共通するのは、スポーツへの執着がもたらす深刻な代償についての認識である。最たる犠牲者は、スポーツに熱中して学業不振に陥る児童である。ホバマン曰く、「多くの黒人は、黒人が出世するには運動選手になるしかないと、いとも簡単に思い込み」、その結果、「知的野心をきっぱり拒絶する」ようになると。また、「いい成績をとるために勉強したり、時間を厳守したりするものは「白人ぶってる」とみなされ、学業でがんばろうとする黒人生徒は「頭でっかち」というラベルを貼られ、乱暴な黒人たちに疎外され、仲間はずれにされ、暴力さえ振るわれたのである」と（ホバマン 二〇〇七［1997］：四九）。スポーツへの執着は、黒人の青少年を将来性のない袋小路へと追い立てている。最も成功の可能性が高いとされるアメフトでさえ、二〇歳から三九歳までの黒人男性でプロになれるのは、わずか四万七六〇〇人に一人に過ぎないし、黒人男性の弁護士と医師が六万人もいるのに比べ、プロアスリートはわずか三〇〇〇人に過ぎないのである。

一九九〇年代中葉における黒人身体能力神話をめぐる表象と言説の関係を整理すると、次のようになる。

メディアは、優れたアスリートのパフォーマンスを中継し、黒い肌の身体が能力的にも記録上も秀でている様子を伝えると同時に、解説やドキュメンタリーを通して、数値や比率的にも白い肌のアスリートに優越すると視聴者に語ってきた。その影響力は絶大であり、視聴者の多くは説得され、これをうのみにさえした。こうして身体能力神話が伝達される土壌が耕された。しかし他方で、神話を支える言説があからさまに人種差別的であるため、神話を公の席で口にするのは、それが黒人である場合を例外として、社会的に禁じられた。神話はタブーとなったのである。禁忌を犯した者には、解雇を含む容赦ない罰則が科された。同時に、神話の盲目的信奉が学業不振、怠慢、勤勉者への暴力行為、学校からのドロップアウトなどさまざまな弊害をもたらしてきたとの告発や警告が相次いだ。

かくして神話をめぐるアメリカ国内の文化的環境は、タブーとなってそれを表立って口にできなくなるような社会的プレッシャーを高じさせる一方で、神話そのものを社会悪であるかの如く扱う主張が、すくなくともアカデミズムの場で次々と行われるに至ったのである。その状況を換言するなら、黒人身体能力の優越をみせつけるメディアを通じての表象と、「いや実はそうではない」、「黒人身体能力なるものは存在しない」、「そう信じるがゆえに社会悪を生んでいる」などとする言説との対立、あるいは分裂とでも呼べるものであり、その中に置かれたアメリカ国民を深いジレンマ、混乱、あるいは緊張状態に陥れたことになる。その中にあって、黒人アスリートの表象にいかなる変化が生じたのかを、スポーツシネマを事例として模索するのが、次節以降の課題である。

三　従来のスポーツシネマにおける黒人アスリート表象

1　マイノリティとしての不可視性

一九九〇年代後半になると、黒人の身体能力を神話化する社会の風潮に抗うかのように、またそれまでのハリウッド映画に見られた安易で単純な身体能力礼賛の傾向を補正するかのように、アフリカ系アメリカ人の人間性や能力の多様性を照射する作品が次々と世に送り出されるようになる。映像化された黒人表象を、エドワーズからホバマンに至る脱神話言説への応答とみるべきかどうかは、興味深い問題である。因果関係を短絡することはできないが、映画会社のマーケット戦略、スポンサーの要求、原作者、脚本家、制作者、監督たちの価値観と創作意欲など、さまざまな思惑や意図が交錯する中でなお、もろもろの作品を結びつける一つの方向性を見出せることは注目に値する。

一九九〇年代末以降に封切られたスポーツシネマに(6)、それまでのものとは一線を画する趣向や役作りがみられたことを明らかにするために、まずそれ以前の主要な作品に目を向けたい。たとえば六〇年代を代表するものに、若い野心家の主人公が勝負と恋愛のジレンマに苦しみながら、ビリヤード界の王座を手に入れるまでを描いた『ハスラー』(一九六一)がある。R・ウィリアムスは著書でこの映画を首位に挙げ、「ロッテントマト」は九七％という高い評価を与えている。七〇年代の『ヤング・ゼネレーション』(一九七九、ウィリアムス八位、ロッテントマト九四％)は、田舎町を舞台に高校卒業後人生の目的を模索する中で、階級の壁に直面しながら自転車レースに熱中する若者たちの青春を描いた作品、八〇年代の『さよならゲーム』(一九八八、ウィリアムス二位、ロッテントマト一〇〇％)は、マイナーリーグチームに所属する二人の野球選手と、ファンの女性教師との三角関係を中心に展開するラブコメディである。

これらは、マスコミでお馴染みのベスト・スポーツシネマのセレクション企画で上位を占める常連であるが、興味深いことに、いずれの作品においても、主役とその仲間たちのやりとりが、ヨーロッパ系(白人)の人間関係の範囲内で進行し、人種・民族的マイノリティが映画の筋書きに深く関わることはない。

R・スタムらの映画史解釈に依拠するなら、このような配役をハリウッド映画誕生以来の主流に位置づけることが可能である。彼は、「映画表現における植民地主義と人種差別」を考察する論考で「服従を強いられてきた人々についての表現がない」と指摘し、ハリウッドの伝統におけるマイノリティの不可視性を強調する。たとえば、『キング・オブ・ジャズ』(一九三〇)はジャズの創始者を焦点とする映画であるにもかかわらず、「アフリカやアフリカ系アメリカ人についての言及は一切ない」、A・ヒッチコックによる『間違えられた男』(一九五六)は、「ドキュメンタリー調で撮られているものの、黒人の姿はまったくといっていいほどみあたらない」などと観察している(スタム 一九九八：一八二)。スポーツシネマも、非白人を不可視な存在であるかのように扱ってきた点で同罪であるといえよう。

2　ステレオタイプとしての身体能力

もちろん、黒人の存在感を伝えるスポーツシネマが存在しなかったわけではない。むしろそれは、人気作品の常連であったといってもよい。日本人にお馴染みの『ロッキー』(一九七六)は、「イタリアの種馬」の異名を持つ主人公ロッキー・バルボアという無名のボクサーが、無敵の世界ヘビー級王者アポロ・クリードを相手取って、タイトル戦を引き分けに持ち込むまでを描いている。クライマックスのリング上で白人と黒人が鍛え上げた肉体を殴りあう場面は、白人のロッキーが黒人のアポロに打ち勝つかの印象さえ与える。にもかかわらず、明らかに素質と身体能力で優るチャンピオンに、恋人エイドリアンに見守られながら気迫で挑む挑戦者という構図に鑑みるなら、この映画の筋書きもまた、黒人の身体対白人の精神というお馴染みの二元論に収まるものだったといえよう。

黒人の身体能力は、『勝利への旅立ち』(一九八七)では、バスケットボールの州大会決勝に出場するチームの黒人選手たちの跳躍力として強調される。また、ロビンソンのデビュー前夜のニグロリーグ選手たちの心理と行動をクローズアップした『栄光のスタジアム』(一九九六)では、登場人物たちを表象する上で重要な要素を構成している。黒人の身体能力と白人におけるその不在を最も直接的に取り上げた作品として知られるのが、『ハードプレイ』(一九九二)である。原題である「白人は跳べない(*White Men Can't Jump*)」は、「ダンク」というバスケットボールリングにボールを上から放り込むシュートを、黒人選手なら容易にこなすのに、白人選手がなかなかできない様子を捉えたもので、映画の封切後、身体能力の人種差を要約するスローガンとして流行になった。

ここまでに挙げた作品によって、一九九〇年代中葉までに上映された映像における黒人アスリート表象の特徴を集約することができないのはいうまでもない。数多いスポーツシネマの中から、典型的な作品を見つけ出すことは困難だし、たとえ見つけられたとしても、それをもって全体を語るのは無理というものである。しかし一般的な傾向として、この頃までのスポーツシネマが、黒人のフィジカルな強さ、とりわけ白人との比較において黒人の肉体面での優越性を好んで表象してきたことを否定するのは難しい。また、そのような傾向にあって、身体能力を肯定し、賞賛し、さらには美化さえした映画が少なくなかったこともまた事実である。

歴史的文脈に照らすなら、黒人身体能力に対する礼賛に傾く姿勢はある程度当然である。公民権運動が高揚した一九六〇年代以降、スポーツ界は黒人にとって経済的成功と社会的進出の最前線であった。J・ジャクソンの言葉を借用するなら、スポーツは「コミュニティの絶望を希望にかえ、低い評価を自信にかえ、地縁や人種の境界を超越する本物のコミュニティ意識を再構築する」ための拠り所であった(Berkow 1993)。都心のゲットーに生まれ、貧困にあえぐ環境で育ったものの中から、実際にスポーツの腕前に物を言わせて、一攫千金を実現するものが次々と誕生した。NBAやNFLの座を射止めた選手は、アメリカンドリームの体現者として英雄に祭り上げられた。

こうした躍進を可能とする原動力である身体能力は羨望の対象でありこそすれ、とがめを負うべきはずもなかった。スポーツシネマの制作者がこれを承認し、誇張さえしたとしても何ら不思議はない。銀幕の表象は、現実の業績や記録と相互に補完しつつ、身体能力神話の信憑性をますます高めることになった。だからこそ、九〇年代末から出現する新しい表象のあり方は、世の中の風潮や価値観の推移を示唆する変化として、注目に値するのである。

四　対抗表象の出現

新しい世紀が幕を開ける直前の映画界において、黒人の身体能力は、スポットライトの中心から少しずつ外されるようになった。外されなかった場合でも、ネガティヴな意味合いが含ませられたり、より高尚な資質として提示される精神力や知力と巧みに混合されたりするようになった。かくして、黒人表象は全体として複雑で重層的なものとなる。それを、身体能力の礼賛が中心だったそれまでに対抗するものとして、「対抗表象」と呼ぶこととしたい。対抗表象の種類やパターンは、場面設定、ジェンダー、登場人物の性格や役割などの観点からみて多様であるとはいえ、そこに共通する方向性を見出すことはそれほど困難ではない。いずれも、スポーツ界における黒人の躍進に伴って形成され、固定したステレオタイプを否定あるいは修正する方向へのベクトルを有していたといえる(7)。

二〇〇〇年に封切られた二つのスポーツシネマは、従来見られなかった競技を選択している点で注目に値する。

その一つ『バガー・ヴァンスの伝説』(図1)は、ウッズの快進撃が始まる一九九五年に出版された同名の小説を下敷きにしたゴルファーの物語である。映画化の決定に、この神童の出現の影響があったのかもしれない。この映画では、配役と役作りにも新しさが見られる。その筋書きは、第一次世界大戦出征の後遺症で引き籠る若い白人ゴルファーのランノルフ・ジューナと、どこからともなく現れ、ジューナを指導し、その才能を開花させる黒人バガー・ヴァンスの二人を中心に展開する。この二人は、白人と黒人でありながら、教わる側と教える側、パターナリズムの受け手と授け手、若輩と年輩、衝動的で不安定な性格と温和で安定した性格、さらには人間と「守護天使」という位置関係にも置かれ、いずれの図式においてもステレオタイプとは逆の配置がなされているわけである。

もう一つの作品『ザ・ダイバー』(図2)は、海軍潜水夫長《マスターダイバー》をめざす黒人青年ブラッシャーと教官サンデーとの、対立と相互理解をテーマとする作品である。潜水が直接競技として設定されているわけではないが、ここで試されているのは、むろん黒人の泳力である。つまり社会的に、黒人に縁遠い競技とみなされてきた水泳にスポットライトが向けられるわけである。少年時代の主人公が海中を自由自在に泳ぎまわる冒頭のロングショットが、「黒人は水に沈む」というステレオタイプに挑んだものであることに気づくのに、想像力は不要だろう。この映画でもステレオタイプを逆転する試みが、随所にみられる。海軍入隊後、ブラッシャーは、折あるごとに心肺機能と潜水能力で白人ダイバーを退け、遂にはサンデーをも負かしてしまう。ブラッシャーの優越は身体能力のレベルだけにとどまらない。中等教育を十分に受けていないというハンデを、女医をめざす黒人の友達ジョーの助けを受けて克服し、学業成績でもクラスメートを凌ぐに至るのである。ここにおいて、黒人の白人に対する知的優位も示唆されるといえるだろう。

二〇〇〇年には、アメフトというメジャースポーツを取り上げながら、右の二つにもまして対抗表象の宝庫として注目すべき作品が登場する。『タイタンズを忘れない』(図3)である。配役において、ヘッドコーチのブーンに黒人俳優のD・ワシントン、アシスタントコーチのヨーストに白人俳優のW・パットンを割り当てて、伝統的な主従関係を転倒させるだけでなく、選手たちの役作りにおいて、ステレオタイプを逆転させた性格を与える徹底ぶりは目を引く。いくつか例を挙げてみよう。頭が悪すぎて、人種差別の何たるかを理解できない白人選手ラスティクは、出来の悪さを自認しており、大学進学をあきらめていたが、練習のあとでヘッドコーチにこっそり勉強を教えてもらい、エンディングで大学進学を決めて歓喜することになる。でっぷりと太って動きの遅い黒人選手スタントン。カリフォルニアからの白人転校生でブロンド長髪のロニー・バスは、クォーターバックを務めることになるが、優れた身体能力の持ち主でボクシングの達人である。

ブロンクス育ちでバスケットボールの天才である黒人少年ウォーレスを主役に設定する『小説家を見つけたら』(二〇〇〇、図4)にも注意したい。少年の天分がバスケットボールだけにあるなら、この取り合わせはお馴染みのものだが、彼にはだれも思いつかないようなもう一つの才能、文才がある。本筋は、ブロンクスのアパートに蟄居するピューリッツアー賞作家フォレスターが、ウォーレスの才能を見出し、バスケットボールではなく作家としてのキャリアを歩ませるまでを描き出すが、伏線にいくつものステレオタイプ破りを潜ませている。ウォーレスが、フォレスターに必要物資を届ける白人弁護士を、彼の愛車BMWに関する博識ぶりをみせつけて退散させたり、マンハッタンのプレップスクールの誇り高き白人教師を、文学の知識で打ち負かしたりする場面などは、その最たるものである。これらの場面では、少年対成人、黒人対白人という二つの次元において、権力関係が逆転していることに留意したい。

二〇〇〇年代中葉における対抗表象作品としては、メジャースポーツを取り上げた以下の二作を挙げたい。

その第一は、地元高校のアメフトチームの戦績に一喜一憂する、テキサスの田舎町の人々の心理と行動を克明に描き出した作品『プライド 栄光への絆』(二〇〇四、図5)である。彼の地の熱狂ぶりは、日本における甲子園野球熱を彷彿とさせるが、規模と密度においてははるかに上手といえるだろう。スポーツシネマに共通する要素ともいえる、主役チームの対抗戦での浮き沈みが本筋で追跡される(結局、決勝戦で敗北する)が、同時に、あるいはそれ以上に記憶に刻み込まれるのは、スポーツ一筋の人生から落伍した者の描写である。黒人ランニングバックのブービー・マイルスは、花形選手として脚光を浴び、プロとしての将来を嘱望されながら、試合中に膝前十字靭帯を切断して再起不能となり、運命の暗転に翻弄される。その姿は、まちがいなく本作品の最も重要なサブテキストである。運動の才能に甘えて勉学を怠ってきた彼には、アメフトを奪われた今、何も残されていない。落ちこぼれとしての悲劇は、退部してロッカールームを後にする彼の後姿に象徴される。スポーツにかけた青春の危うさを視聴者に強烈に印象づける点で、次の作品への序曲としての位置づけも可能である。

第二は、「救済」を主題に設定した作品『コーチ・カーター』(二〇〇五、図6)である。主人公であるカーターは、

図1 『バガー・ヴァンスの伝説』

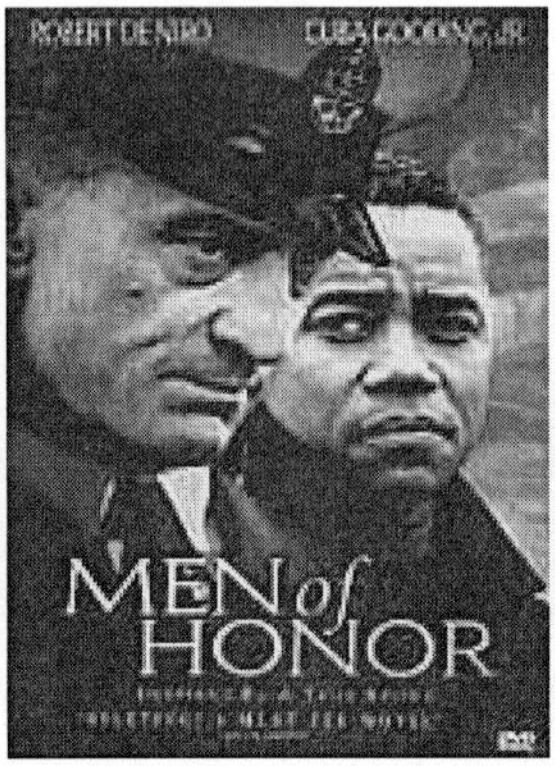

図2 『ザ・ダイバー』

図3 『タイタンズを忘れない』

図4 『小説家を見つけたら』

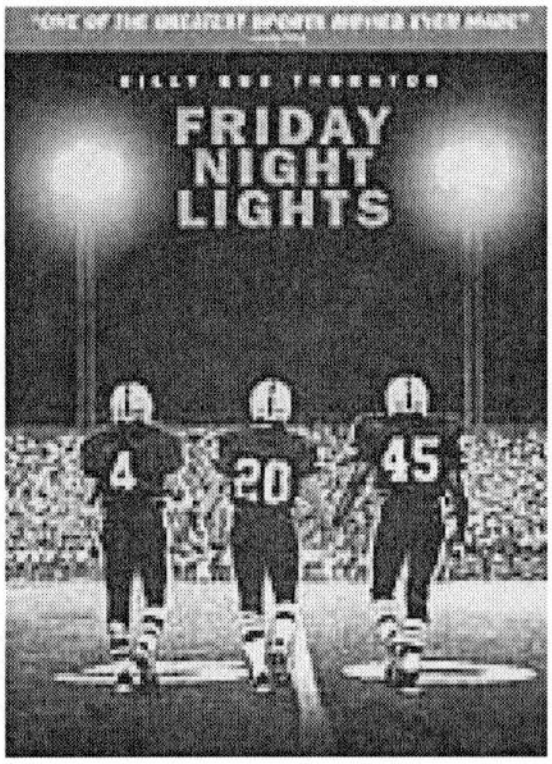

図5 『プライド 栄光への絆』

図6 『コーチ・カーター』

彼がコーチとして指揮するリッチモンド高校バスケットボール選抜チームの選手が、学業不振であるという理由から、試合への出場停止という過激な決定を下し、成績向上が見られない限りその決定を覆さないと宣言する。選手たちは、当初これに反抗するが、次第にコーチの真意を理解するようになり、クライマックスで、公聴会における出場停止撤回命令によって失意のうちに辞職を決めたカーターを、体育館で待ち受ける。そこでコートに机を並べ、指導を買って出た教師たちに助けられて、勉学に打ち込んでいる選手たちの光景を目の当たりにして、カーターは自分の信念が正しかったことを確信するのである。エンディングでは、五〇%の生徒しか卒業しない高校において、選手のうちの六名もが大学に進学したとの字幕が流れる。勉学の大切さが再確認され、明るい未来が展望されて幕が引かれるわけである。

以上、本節で紹介した対抗表象の特徴は次のようにまとめることができるだろう。

まず黒人アスリートの能力のありかが、三大スポーツやボクシングからゴルフや水泳へと広がっている。スポーツという領域に限ってみても、黒人アスリートの才能は、その多彩さや多様性が強調されるに至った。

次に黒人アスリートの能力が発現する場が、運動競技という身体的領域を離れて知的領域へと、従来の心身二元論の枠を超えて拡大し、その能力は、天分として備わる文学的想像力や文筆力、教室での勉学意欲や勤勉さ、そうした素質や態度が結実したものとしての学業成績、さらにはそうした成果の達成を促す指導力など、さまざまなかたちで表現されるようになった。その結果、運動能力は、個人の中で知的能力と共存し得るものとして提示されることになった。換言するなら、二つの能力の均衡が重視され、いずれかへの偏重、とりわけ身体能力に対する過信や盲目的依存は、若者の将来を脅かしさえするものとして排斥されるようになったわけである。

かくてスポーツシネマの主調であった黒人身体能力礼賛は、ここにおいて明らかに後景へと退かされる。そこに浮かび上がる新しい表象は、心身のバランスのとれた、いわゆる「文武両道的」な人間像である。往年の「運動バカ(jock)」は、「学ぶアスリート」、「知的アスリート」へと変貌を遂げたのである。

結　び――身体能力神話を超えて

黒人アスリートの新しい表象は、現代アメリカ社会における現実の動きとどのような関係にあるのか。それはいかに評価され、いかに解釈されるべきだろうか。本章を結ぶにあたって、これらの点について考察したい。

まず、新しい表象と現実との関連を検討するにあたって、スポーツに傾倒しすぎて学業を疎かにしてきたとされる黒人コミュニティの価値志向と、それに乗じて利益を享受してきた組織を改善、改革しようとする試みに注目したい。

こうした試みの大学レベルでの事例の一つは、ＮＣＡＡ(全米大学体育協会)が二〇〇五年に、三大スポーツを対象として導入した「成績向上率(Academic Progress Rate)」である。学生アスリートが大学に継続して在籍し、しかも一定以上の成績を維持するよう奨励するこの制度は、比喩的にいえば、コーチ・カーターの役割を果たすものである。

プロスポーツに目を移すと、黒人アスレティシズムの一大拠点であるＮＢＡは、二〇〇六年のドラフトから、選手との団体協約に基づき、高卒者はドラフトの資格を得る前に卒業後最低一年間は待機しなければならないとする新たな制度を導入した。そのねらいは、高校時代スポーツ漬けであった選手たちに最低一年間の猶予期間を与え、大学教育によって幅広い視野と新しい知識を獲得させるところにある(川島 二〇〇八：一七―一八)。

バスケットボールと並ぶアメリカスポーツの華アメフト界においては、二〇一〇年四月の開幕をめざす新リーグ、「全米フットボール連盟(All American Football League)」に期待が集まっている。現在のＮＦＬは、リクルートの条件として最低三年間の大学在籍を義務付けているため、入団を希望する大学選手は、三年間の在籍後、四年目を練習にあて、卒業資格を得ないまま入団を果たすことが少なくない。新リーグの最大の特徴は、入団するために選手は四年制大学の卒業資格をもっていなければならないと規定することで、プロを志望するアメフト選手に大学での学業を全うするよう促すところにある。

これらの組織改革が興味深いのは、「文武両道」的人間像を追求する点で、対抗表象との連携を想定することができるからである。対抗表象を時間軸でみる時、九〇年代の苦境・告発と、現在実施・継続されている改革とを介在する位置にあることに留意するなら、九〇年代の黒人身体能力のタブー視や脱神話言説に反応し、現実の改革を促して、社会的弊害を除去しようとする努力を後押ししたエージェントとみなすことも可能である。

新しい表象の及ぼす影響が顕在するもう一つの領域として、日米間における黒人観格差がある。たとえば対抗表象は、スポーツシネマをもっとも熱心に消費する年代である大学生に、無視できない影響を与えている。筆者が準備的に実施した大学キャンパスにおける調査は、この点を明らかにした。アメリカの大学生は一般に、黒人アスリートの躍進の原因を遺伝的形質に安易に帰することに慎重であるのに対し、日本の大学生はむしろそれを、人種に特有の形質に帰し、それゆえに黒人アスリートを無邪気に賞賛したり、英雄視したりする強い傾向を有している。むろんアメリカ社会においても、黒人の身体能力の遺伝説を支持する人々は少なくないが、そうした人々と慎重派が拮抗しているがゆえに、人間集団の形質と能力の関係に対する理解が複雑で多元的であり、大きな争点を成している点が特徴的である。それゆえ、こうした問題の理解が単調で、一元的な日本社会と顕著な対照をなしている（我妻・米山 一九六七：ラッセル 一九九一：九七）。

新しい表象が現実の社会改革を促している可能性は、右に示唆したとおりであるが、同時にこれらの表象が、賞賛よりもむしろ批判の、しかも左右両陣営による批判の対象となっている現実も見逃せない。

右派による批判の一例は、対抗表象を「ポリティカル・コレクトネス（PC）」であるとするものである。すでにみたように『タイタンズを忘れない』は対抗表象の宝庫であるが、同時に、PC的な映画として批判の矢面にも立たされた。そこに共通するのは、差別的表現を意識するあまり実際の傾向や役割を逆転させたため、かえって映画の価値を損なっているとする主張である。反対にリベラル派による批判としては、『コーチ・カーター』を槍玉に挙げたものがある。リッチモンド高校の生徒たちは、カーターの熱意にうたれて、教員のボランティアに助けられながらも自力で成績を上げることに成功した。しかしここに見られるように、個人の努力が事態を改善できると想定することは、社会の構造的不平等や差別を隠蔽し、社会や政府の責任を不問に付すことにつながると告発するわけである。前ファーストレディのL・ブッシュは、『コーチ・カーター』を高く評価して教育の場で度々引用していた。この事実も、この映画が保守層のイデオロギーとの親和性を有することを窺わせている。

最後に、二〇世紀末に出現した対抗表象を、黒人アスリートの歴史をその起源から現在まで、より長期的な視点に立って鳥瞰した時、いかに解釈すべきか。ここで想起したいのは、黒人アスリートの黎明期において、その数は少なかったとはいえ、否少なかったがゆえに、それが大学生であれば成績優秀者であり、大学外にあっても知的好奇心旺盛な人物であることが多かったという事実である。知的資質と運動能力の両者に恵まれ、話題となった人材は枚挙にいとまない。高学歴者としては、ラトガース大学出身で、優れたアスリートであると同時に、多言語を操る俳優として、歌手として、作家として、公民権運動家として、多彩な才能を発揮したP・ロブスン、アイオア大学出身で、アメフト選手として名を馳せ、その後シカゴで裁判官として法廷を司ったD・スレイター、アマースト大学時代にボクシングとクロスカントリーの大学選手権で優勝し、形質人類学で博士号を取得したW・コッブら、大学外からは、「世紀の人種対決」と謳われたボクシングヘビー級タイトルマッチを制しながら、オペラや歴史に関心を持ち、発明の才にも恵まれ、少なくとも三件の特許を保有していたといわれるJ・ジョンソンを、代表例としてあげることができる。

このような初期黒人アスリートの群像は、今日のスポーツシネマが映し出す黒人アスリート像と奇妙にもオーバーラップするとはいえないだろうか。だとするなら、一世紀あまりの人種主義との闘いを経て、黒人表象は出発点へと戻るかの印象を否めないともいえる。しかしこれは皮肉ではない。黒人アスリートが映画表象において、心身のバランスがとれた存在としての地位を奪還し得たことに、わたしたちは一〇〇年間以上に及ぶ闘争の成果をみるべきであろう。今出現しつつある銀幕の表象は、二一世紀のアメリカ社会の秩序と構造のあり方を占う一つの鍵を提供しているのである。

注

（1）「運動能力」をここでは、スポーツのような身体運動を行う能力と定義する。この能力は、よりあいまいなニュアンスを伴いつつ「身体能力」と呼ばれることもある。運動能力を、スポーツを行う能力を意味するもっとも一般的な名称であるとするなら、身体能力は「フィジカルな力」などとも言い換えられ、スポーツを行う能力のうちの身体に直接関連、または由来する部分を強調した名称であるといえよう。しかしここでは特に区別せず、互換的に用いるものとする。

（2）アメリカ合衆国で“African American”というアイデンティティを有する人々のこと。この集団の人々は、これまで時代の文脈に応じて、さまざまな名称で呼ばれてきた。今日 African American は、政治的に配慮しすぎた表現として、とりわけ知己や友人間では敬遠される傾向にある。本章では“black”の訳語として一般的に普及している「黒人」を、「アフリカ系アメリカ人」と互換的に用いるものとする。

（3）　二〇〇八年の夏に開催された北京オリンピックでは、ジャマイカのウサイン・ボルトが一〇〇メートルと二〇〇メートルで快走、ジャマイカ選手団は短距離種目で合計六つの金メダルを獲得し、黒人身体能力の優越を全世界の視聴者にまざまざと見せつけるかたちとなった。ジャマイカという人口三〇〇万足らずの小国が、短距離種目においてなぜこれだけ多くメダリストを輩出できるのか。この問いをめぐる考察の中で、奴隷制の歴史などとの関連が取り沙汰され、通俗的遺伝説は、今日息を吹き返した観さえある。こうした風潮に鑑みても、人間集団と運動能力の関係についての学究的な検討が、なお一層要請されているといえるだろう。

（4）　その二年後、ドイツのレニ・リーフェンシュタールは、独自の編集によってドキュメンタリー映画『オリンピア』を完成させた。その映像は、ベルリン五輪アスリートの身体美と躍動を鮮明にとらえ、ジェシー・オーエンスの快挙もクローズアップされた。第二次世界大戦後制作者とその作品は、ナチスのプロパガンダの担い手およびその手段として、厳しい政治的な糾弾に晒されることとなったが、芸術作品としての『オリンピア』は冬の時代を生き延び、現在でも全世界の人々に視聴されている。この映画もまた、黒人神話の黎明期における無視できない要素の一つである。

（5）　厳密にいうと、ロビンソンが「メジャーリーグ初の黒人選手」とは必ずしも言えない。一九世紀当時「メジャー」と見なされていたアメリカン・アソシエーションというリーグには、アフリカ系アメリカ人の先駆者が、少なからず存在していた。したがってより正確にいうなら、ロビンソンのデビューは、それ以前の五七年間に人種を隔てていた分離主義に終止符を打った出来事だったことになる。

（6）　映画評論家のR・ウィリアムス（Williams 2006）を援用して、「スポーツシネマ」を「「競争的身体運動」としてのスポーツが筋書きにおいて主要な役割を果たしている映画」とする広義の定義を採用し、できるだけ数多くの作品を検討の対象に含めるものとする。分析の対象とする作品の選択基準は、映画の人気と質それぞれについて一定の水準に達したものとし、具体的な基準として、人気の場合は三〇〇〇万ドル以上の興行売上、質の場合は映画評の集合サイトである「ロッテントマト（Rotten Tomatoes）」で四〇％（一〇名中四名が推薦）以上の評価とする。

（7）　以下で取り上げる映画作品もみな、右で設定した基準に達しているものである。以下の作品を全体として見る場合、興味深い特徴を二点指摘できる。第一に、『タイタンズを忘れない』を除くと、以下の作品は、海外であまり注目を浴びることがなかった。つまり、対抗表象はおおむね、アメリカ国内を中心として消費された。これは、対抗表象の受容や浸透の度合いに、アメリカの国内外でずれを生じさせる一因になっていると考えられる。第二に、対抗表象作品の上映は、今日までの約一〇年間において、一時的ではなく、むしろ連続的な現象であった。これは対抗表象に、一定のモーメンタムを伴う現象として注目すべき価値があることを示唆する。

参照文献

エンタイン、ジョン　二〇〇三［2000］『黒人アスリートはなぜ強いのか？——その身体の秘密と苦闘の歴史に迫る』星野裕一訳、創元社。

小澤英二　二〇〇五「第一〇章　スポーツにおける「人種」」川島正樹編『アメリカニズムと「人種」』名古屋大学出版会、二八〇—三〇三頁。

川島浩平　二〇〇七「第七章　バスケットボールと「アメリカの夢」——組織から見るアメリカンスポーツの形成と変容」久保文明・有賀夏紀編『個人と国家のあいだ〈家族・団体・運動〉』ミネルヴァ書房、一五七—一七九頁。

——　二〇〇八「『ダーウィンズ・アスリーツ』のその後一〇年——アメリカにおける人種とスポーツの間」『スポーツ社会学研究』第一六号、五—二〇頁。

スタム、ロバート／ルイス・スペンス　一九九八「映画表現における植民地主義と人種差別」岩本憲児・斉藤綾子・武田潔編『「新」映画理論集成〈一〉歴史・人種・ジェンダー』フィルムアート社、一七六—一九九頁。

ホバマン、ジョン　二〇〇七［1997］『アメリカのスポーツと人種——黒人身体能力の神話と現実』川島浩平訳、明石書店。

ミード、クリス　一九八八［1985］『チャンピオン——ジョー・ルイスの生涯』佐藤恵一訳、東京書籍。

ラッセル、ジョン・G　一九九一『日本人の黒人観——問題は『ちびくろサンボ』だけではない』新評論。

宮地陽子　一九九八　Hoop Dreams.（http://homepage1.nifty.com/yokomiyaji/attic/hoopdreams.html）（2009. 04.10）.

我妻洋・米山俊直　一九六七『偏見の構造——日本人の人種観』日本放送出版協会。

Berkow, Ira. 1993. “Sports of The Times: Jesse Jackson In the Sports Spotlight”, *New York Times*, April 14.

Carrington, Ben and Ian McDonald.（eds.）2001. *‘Race’, Sport and British Society*, London: Routledge.

Edwards, Harry. 2000. “Crisis of black athletes on the eve of the 21st century”, *Society*, 37-3, pp. 9-13.

Herrnstein, Richard J. and Charles Murray. 1994a. *Bell Curve: Intelligence and Class Structure in American Life*, New York: Free Press.

Herrnstein, Richard J. and Charles Murray. 1994b. "Race, Genes and I.Q. — An Apologia", *The New Republic*, Oct 31, pp. 27–37.

Hersh, Philip. 1995. "'Extraordinary Genius' Commands Our Love", *Chicago Tribune*, March 24, p. 3.

Kane, Martin. 1971. "An Assessment of 'Black Is Best", *Sports Illustrated*, January 18.

Ogbu, John. 2004. "Collective Identity and the Burden of "Acting White" in Black History, Community, and Education", *Urban Review*, 36–1, pp. 1–35.

Pitsiladis, Yannis P. and Robert Scott. 2005. "The makings of the perfect athlete", *Lancet*, 366, pp. 516–517.

Sailes, Gary A. 1990. "The Myth of Black Sports Supremacy", *Journal of Black Studies*, 21, pp. 480–487.

Smith, Marshall. 1964. "Giving the Olympics an Anthropological Once-Over", *Life*, October 23.

Wiggins, David. 1989. "'Great Speed but Little Stamina': The Historical Debate over Black Athletic Superiority", *Journal of Sport History*, 16, pp. 158–185.

Williams, Randy. 2006. *Sports Cinema 100 Movies: The Best of Hollywood's Athletic Heroes, Losers, Myths, and Misfits*, Prompton Plains, N. J.: Limelight Editions.

あとがき

本書は、京都大学人文科学研究所(人文研)において行ってきた共同研究「人種の表象と表現をめぐる学際的研究」の成果の一部である。これに先だって二〇〇一年から三年間、人種の「概念」を再検討する共同研究を行ったことから、その次の作業として、概念と不可分の関係にある「リアリティ(実在性)」を主眼に据えた共同研究を始めた。本書が生まれたのは、そのような経緯からである。

人種の社会的リアリティの問題は、社会構築主義への批判として一九九〇年代から指摘されていた。「人種が社会構築物だからといって、夜タクシーが止まらない現実を変えることができない」とは、当時アフリカ系アメリカ人やアジア系アメリカ人研究者の間でよく冗談交じりに語られた言葉であった。

個人的な話で恐縮だが、学術書としての本書と私たち一人一人の日常生活をつないだ問題提起として、あえて書きたいエピソードがある。今から一〇年ほど前、保育園を通してある有名な月刊絵本を購入していた頃のことである。ある時、届けられた絵本をみて愕然とした。やかんから生まれたという設定の主人公は、こげ茶色の肌に、分厚い唇、てっぺんで束ねられた髪には竹の櫛。そしてジャングルのなかを半裸で太鼓を叩きながら旅するという話である。その容貌といい、太鼓といい、未開のイメージといい、それが指しているものは一目瞭然であった(出版社に二度抗議の手紙を書いたが、私もそれ以上その問題を追う余裕がなかった)。大手の児童書出版社が平気でこのような絵本を世に送り出すことが許される社会、このような表象で溢れている社会で育てば、周囲がいくら注意しても、幼い子どもたちには無意識のうちに偏見が植えつけられてしまう、そう確信した。

その数年後、テレビを見て質問をする子どもに、矛盾を感じながらも、過去の差別を説明するために、「黒人」という言葉を教えざるをえない時が来た。彼女は、差別という理不尽な行為を、自分の親友が「キム・ジョンイル」

「韓国人」と呼ばれ、いじめを受けていたことにひきつけて考えたようだった。

偏見に満ちた絵本であれ、「黒人」であれ、金さん＝「キム・ジョンイル」であれ、大人が発した表象の言葉と枠を子どもたちは吸収していく。本書の読者も、そして私たち執筆者も、日常生活の実践において、意識的であれ、無意識的であれ、表象を通して現実を見、また表象を通して現実を作り出しているのである。本書が、基礎人文学や関連領域の学問にたとえ僅かでも貢献することができるならば、そして読者の方々が差異にもとづくさまざまな理不尽さを経験したり、目の当たりにした時、その理解の一助となることができるならば、執筆者全員の本望とするところである。

共同研究の成果である本書は、数多くの方々の協力なしには存在しえなかった。今や多人数になった研究班全員のお名前を書くことはできないが、とりわけ北原恵（大阪大学）、高階絵里加（人文研）、田辺明生（人文研）の各氏は、この数年間、編者や他の執筆者に対して、絶えずさまざまな形で、良き批判者であり続けてくれた。また表象の専門家である斉藤綾子氏（明治学院大学）や宜野座菜央見氏（鶴見大学非常勤）からも、編者や一部の執筆者は、示唆に富むコメントを頂いた。この他、蘭信三（上智大学）、石川禎浩（人文研）、木下昭（人文研非常勤）、スチュアート　ヘンリ（放送大学）、斎藤成也（国立遺伝学研究所）、西村寿子（部落解放・人権研究所）の各氏も、研究会発足当初または初期からの貴重なメンバーである。

二〇〇九年三月まで毎年十数回（一回に二報告）行ってきた研究会では、実に数多くの方々にゲストとしてご報告頂いた。五十嵐泰三（日本学術振興会特別研究員）、生井英考（共立女子大学）、大浦康介（人文研）、落合一泰（一橋大学）、金麗実（日本学術振興会特別研究員）、香原志勢（立命館大学名誉教授）、小林丈弘（京都市歴史資料館）、崎山政毅（立命館大学）、カレン・シマカワ（ニューヨーク大学）、マーヴィン・スターリング（人文研客員／インディアナ大学）、瀬口典子（モンタナ大学）、高橋哲（渋谷教育学園幕張高等学校）、竹沢尚一郎（国立民族学博物館）、田中雅一（人文研）、立木康介（人文研）、永渕康之（名古屋工業大学）、成田龍一（日本女子大学）、アルノ・ナンタ（フランス国立科学研究センター）、長谷川一年（同志社大学非常勤）、埴原恒彦（佐賀医科大学）、水谷智（神戸市外国語大学非常勤）、溝口優司（国立科学博物館）、ヨンスン・ミン（カリフォルニア大学アーヴァイン校）、森仁志（武蔵大学非常勤）、吉田憲司（国立民族学博物館）、吉村智博（大阪人権博物館）、與那覇潤（東京大学大学院）、ジョン・ラッセル（岐阜大学）、渡辺公三（立命館大学）、ポール・ワタナベ（マサチューセッツ大学ボストン校）（所属はいずれも当時）の各氏に感謝したい。このうち何名かは今やメンバーとして研究会に参加して下さっている。

さらに二〇〇八年一二月五日—六日、京都大学で行った「第一二回京都大学国際シンポジウム　変化する人種イメージ——表象から考える」では、基調講演に、エラ・ショハット（ニューヨーク大学）、トロイ・ダスター（カリフォルニア大学バークレー校／ニューヨーク大学）の両氏を迎え、また司会、報告、コメントは、上記のうちの数名と執筆者以外に、岩井茂樹（人文研）、坂元ひろ子（一橋大学）、マーガレット・スリーブーム＝フォークナー（サセックス大学）、土佐尚子（京都大学学術情報メディアセンター）、キャロライン・ハウ（京都大学東南アジア研究所）、馬場悠男（国立科学博物館）、松田文彦（京都大学附属ゲノム医学センター）、松田素二（京都大学文学研究科）の各氏が務めて下さり、京大若手研究者リレートークに参加したエルナーニ・オダ、小田雄二、東島仁、山本真也の各氏（いずれも京都大学大学院）、小谷幸子氏（人文研非常勤）とともに、シンポジウムを大いに盛り上げて下さった。またシンポジウムの開催にあたっては、松本紘京都大学総長、横山俊夫京都大学国際交流推進機構長、金文京人文研所長から多大なご支援とご協力を賜った。

数年間、さまざまな専門分野の研究者が出入りしたこの共同研究会は、まさにボーダーランドさながら、学問的衝突・交渉が繰り返されてきた場である。そこでは、代表者の能力不足ゆえに中心は存在せず、多方向に交わされる議論そのものが主役であった。関係者全員で作成したシンポジウムのポスターや本書の表紙デザインは、そのような多声性と協同性を象徴したものだと思う。

本書は、多くの課題も残している。地域的な不完全性もさることながら、とくに国際シンポジウムやその前後に白熱した議論が交わされた「科学と社会の共-生成」については、常時おつきあい頂ける自然科学者にまだあまりめぐり逢えないでいる。また日本や東アジアの視点を国際的に打ち出すためにも、これらの地域を強化することが必須である。二〇〇九年四月から短期間ながら「世界的視野から見る日本の人種民族表象」と題した研究会を立ち上げる。今後も、研究会のホームページなどを通して随時、情報を公開していくつもりであるが、新しいメンバーを交えて、今度は日本社会そのものについて考えていきたい。

なお、本研究は、二〇〇六年から四年間、文部科学省科学研究費による助成(課題番号一八二〇二〇二九)を受けている。最後になったが、藤原辰史、李昇燁、竹沢研究室の小林敦子、小谷幸子、木下昭、宮下芙美子の各氏には、共同研究会の事務やさまざまな関連プロジェクトを支えて頂いた。またゼミ生たちにも折あるごとに知恵と力をお借りした。岩波書店の吉田浩一氏は、論文集という手間のかかる編集作業を、忍耐強く手際よくこなして下さった。記して謝意を表したい。

二〇〇九年三月

竹沢泰子

■岩波オンデマンドブックス■

人種の表象と社会的リアリティ

2009年5月19日　第1刷発行
2018年1月11日　オンデマンド版発行

編　者　竹沢泰子《たけざわやすこ》

発行者　岡本　厚

発行所　株式会社　岩波書店
〒101-8002　東京都千代田区一ツ橋2-5-5
電話案内　03-5210-4000
http://www.iwanami.co.jp/

印刷／製本・法令印刷

ISBN 978-4-00-730718-8　　Printed in Japan

索　引

＊各論文において重要な事項・人物のみ記した
＊黒人，人種など多数登場する事項は省いた
＊(　)は注番号

事項索引

タ　行

ナ 行

ハ 行

マ 行

ヤ 行

ラ 行

ワ 行

人名索引